// STADTNATUR IM WANDEL – ARTENVIELFALT IN FRANKFURT AM MAIN

Indra Starke-Ottich, Dirk Bönsel, Thomas Gregor, Andreas Malten, Christina Müller, Georg Zizka

Mit Beiträgen von:

Nicole Frölich, Benjamin T. Hill, Egbert Korte, Hermine Lotz-Winter, Wolfgang A. Nässig, Meike Piepenbring, Helmut Sandau, Mandy Schneidewind, Koloman Stich, Franziska Walther, Petra Zub

Kleine Senckenberg-Reihe 55

Senckenberg Gesellschaft für Naturforschung

WIDMUNG

Zum 30-jährigen Jubiläum der Biotopkartierung von Frankfurt am Main all denen gewidmet, die ehrenamtlich zur Erfassung und Erhaltung der Stadtnatur in Frankfurt beigetragen haben.

VORWORT

Vor 30 Jahren, als das Senckenberg Institut die Biotopkartierung begann, hätte sich kaum jemand vorstellen können, dass Frankfurt am Main die Schwelle von 700.000 Einwohnern überschreitet. Auch weltweit zieht es immer mehr Menschen in die Metropolen. Deshalb ist es wichtig, genau hinzusehen, wie sich die Stadtnatur verändert, und unter welchen Bedingungen sich das Wachstum der Städte mit einer artenreichen Flora und Fauna verbinden lässt. Ich denke, Frankfurt kann hier gutes Vorbild sein, weil Forschung und Praxis – ganz im Sinne Johann Christian Senckenbergs – eng zusammenarbeiten und die Bevölkerung, speziell auch die Landwirte, in den Artenschutz einbeziehen.

Viele Pflanzen- und Tierarten, die mit einer bestimmten landwirtschaftlichen Nutzung verbunden waren, lassen sich heute nur mit großen Naturschutz-Anstrengungen erhalten. Zum Glück finden sich wieder Menschen und Vereine, die zum Beispiel Frankfurts Streuobstwiesen pflegen. So sind uns auf dem Berger Rücken oder dem Heiligenstock Kulturlandschaften mit vielen seltenen Arten erhalten geblieben. Neben diesem klassischen Naturschutz lassen wir heute auch der natürlichen Dynamik viel mehr Raum. Im Stadtwald werden etwa 300 Hektar so genannter Referenzflächen ganz sich selbst überlassen, überall im FSC-zertifizierten Wald bleiben wertvolle Habitatbäume stehen und auf Totholz kann sich neues Leben entwickeln.

Der Alte Flugplatz, die Nidda-Renaturierung und der zukünftige Altarm im Fechenheimer Mainbogen stehen für einen offensiven Naturschutz, der die Stadtbürger regelrecht begeistert und schon den Kindern die Freude an Fröschen, Vögeln, Libellen und den vielfältigen Pflanzen der Aue vermittelt. Die Frankfurterinnen und Frankfurter erleben Naturschutz hier nicht als Begrenzung, als Opfer, sondern als große Bereicherung. Viele freuen sich jetzt schon auf die Projekte von „Wildnis wagen" zu Füßen des Monte Scherbelino und im Nordpark Bonames.

Als Biologin weiß ich die Arbeit von Herrn Prof. Zizka und seines Teams ganz besonders zu schätzen. Sie haben einen großartigen Beitrag zur Green City geleistet: Dank ihrer Forschungsarbeit und der sympathischen, anregenden Vermittlung gilt Naturschutz in Frankfurt nicht als nostalgisches Hobby, sondern als etwas sehr Lebendiges und Urbanes. Dieses Buch, das den Wandel der Stadtnatur in den Mittelpunkt stellt, ist ein neues Beispiel dafür. Ich wünsche ihm viele interessierte Leserinnen und Leser!

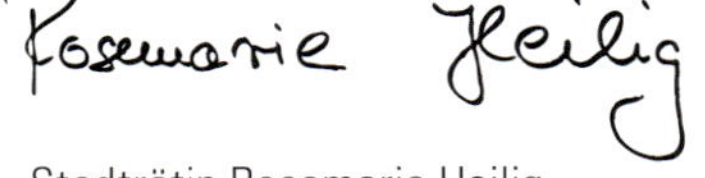

Stadträtin Rosemarie Heilig
Dezernentin für Umwelt, Gesundheit und Personal der Stadt Frankfurt am Main

VORWORT

Viele assoziieren mit Frankfurt am Main das europäische Bankenzentrum oder den verkehrsreichsten Verkehrsknotenpunkt Deutschlands. Dass die Stadt aber auch über ausgedehnte Wald- und Grünflächen verfügt und ihr hohe Lebensqualität und ein großes kulturelles Angebot bescheinigt werden, sind weitere wichtige Attribute, die erst in den letzten Jahrzehnten stark in den Vordergrund gerückt sind. Sie tragen ganz wesentlich zur Attraktivität von Deutschlands fünftgrößter Stadt bei.

In einer Großstadt leben nicht nur viele Menschen, Großstädte sind durch das Mosaik zahlreicher Lebensräume zugleich auch Orte hoher Arten- und Biotopvielfalt. Eine zentrale Aufgabe der Stadtplanung ist es, Stadtentwicklung im Einklang mit der Erhaltung und Entwicklung von Stadtnatur zu bewerkstelligen, um trotz der zunehmenden Verdichtung ein für die Menschen angemessenes Lebensumfeld zu erhalten. Senckenberg arbeitet seit 1985 im Auftrag der Stadt Frankfurt mit der Biotopkartierung unmittelbar an der Gestaltung der Zukunft mit. Die Kartierung der Lebensräume und Artenvielfalt, die Erfolgskontrolle von Naturschutzmaßnahmen und die Erarbeitung von Pflegeplänen sind wichtige Entscheidungshilfen und Konzepte für Umwelt- und Stadtplanung. Wir sind dankbar, dass in Frankfurt, also am Entstehungsort und im Zentrum der Senckenberg Gesellschaft für Naturforschung, die klassische senckenbergische Biodiversitätsforschung so eng mit dem Umweltamt der Stadt Frankfurt zum Wohle der Bürger zusammenarbeiten kann.

Es werden in diesem Band nicht nur Blütenpflanzen, sondern auch verschiedene Tiergruppen und Pilze behandelt (bei einigen haben schon die deutschen Namen Unterhaltungswert). Erfreulich zu erfahren, dass z. B. die Vielfalt der Fische in Main und Nidda in den letzten Jahrzehnten wieder zugenommen hat. Jedoch verzeichnet die Stadt in manchen Gruppen Rückgänge in der Artenvielfalt, z. B. bei den Pflanzen. Der stetige Zustrom von pflanzlichen und tierischen Neubürgern sowie der Klimawandel tragen ebenfalls zur „Biodiversitätsdynamik" in der Großstadt bei und machen die Dokumentation, Bewertung und Berücksichtigung der Stadtnatur zu einem Muss bei der Entwicklungsplanung.

Ich wünsche diesem Band der Kleinen Senckenberg-Reihe eine weite Verbreitung und den Lesern viel Freude bei der Entdeckung unserer Stadtnatur.

Prof. Dr. Dr. h. c. Volker Mosbrugger
Generaldirektor Senckenberg Forschungsinstitute und Naturmuseen

INHALT

// NEUE EINBLICKE
IN DIE STADTNATUR

„Natur vor der Haustür" war der Titel des ersten Buches, das sich mit der Stadtnatur Frankfurts beschäftigte (Ottich et al. 2009). Das Besondere: Es stellte die Vielfalt der Lebensräume in und um die Mainmetropole nicht nur vor, sondern lud auch dazu ein, die erstaunliche Biodiversität der Region in Spaziergängen hautnah zu erleben. Das vorliegende Buch setzt die Beschreibung der Stadtnatur Frankfurts fort, dieses Mal mit dem Schwerpunkt „Wandel".

Wir fragen uns: Welche Veränderungen sind in der Stadtflora zu beobachten? Wodurch werden sie hervorgerufen? Welche Rolle spielen Einwanderung und Entstehung neuer Arten im urbanen Raum? Der Tierwelt (Libellen, Schmetterlinge, Fische, Feldhamster) und den Pilzen im Stadtgebiet sind eigene Kapitel gewidmet, die sich ebenfalls mit diesen Aspekten beschäftigen. In Biotop-Portraits werden mit dem Harheimer Ried, dem Heiligenstock, den Schwanheimer Wiesen und dem Nidda-Ufer später naturnahe und besonders interessante Lebensräume vorgestellt. Den Abschluss bilden wieder drei biologische Spaziergänge, die dieses Mal an den Nidda-Ufern entlang führen.

Diesem Buch liegen aktuelle Analysen der Arbeitsgruppe Biotopkartierung zugrunde, ergänzt durch Berichte von weiteren Spezialisten und Ergebnisse aus wissenschaftlichen Abschlussarbeiten. Detaillierte Angaben zu den Lebensräumen, insbesondere Listen der vorkommenden Arten, wurden der besseren Lesbarkeit wegen im Anhang zusammengefasst.

Die Arbeitsgruppe Biotopkartierung ist Teil der Abteilung Botanik des Senckenberg Naturmuseums und Forschungsinstituts Frankfurt. Sie führt seit 1985 im Auftrag des Umweltamtes der Stadt Frankfurt Kartierungen durch, um die im Stadtgebiet vorhandenen Lebensräume sowie die darin vorkommenden Pflanzen- und Tierarten zu erfassen. Die Kartierung wird alle sechs Jahre wiederholt, um die Daten zu aktualisieren. Darüber hinaus vergibt und betreut die Arbeitsgruppe Biotopkartierung – in Zusammenarbeit mit dem Fachbereich Biowissenschaften der Goethe-Universität Frankfurt – regelmäßig Abschlussarbeiten (Bachelor-, Master- oder Doktorarbeiten), die sich mit speziellen Aspekten der Stadtnatur, ihrer Veränderung und Erhaltung befassen (z. B. zur Flora der Friedhöfe, zu Ackerwildkräutern oder zum Feldhamster).

Alle so erhaltenen Erkenntnisse werden digitalisiert und in eine Datenbank eingespeist. In ihrer Gesamtheit stellen sie eine unverzichtbare Grundlage für Stadtplanung und Stadtentwicklung sowie für naturschutzfachliche Bewertungen dar. Aber nicht nur städtische Ämter und Planungsbüros können auf die wissenschaftlichen Daten und ihre Auswertungen zugreifen: Informationen zu den Pflanzenarten im Stadtgebiet, zu ihrer Verbreitung und ihrer Geschichte in der Region sind jederzeit und für jedermann im Internet zugänglich (siehe dazu das Kapitel „Flora von Frankfurt" online – was Sie schon immer über unsere Pflanzen wissen wollten ...).

Abb. 1: Blick auf Frankfurt vom Berger Hang aus.

// FRANKFURTER FLORA IM WANDEL

VOM KOMMEN UND GEHEN
DER PFLANZEN

„Die Zeiten ändern sich und wir uns in ihnen." Dieses Sprichwort gilt nicht nur für den Menschen, sondern für die gesamte Natur. Doch um die Veränderungen genau zu analysieren, bedarf es des Vergleichs der Zustände zu verschiedenen Zeitpunkten. Für Aussagen über die Veränderungen der Pflanzenwelt einer Region sind Floren, gewissermaßen die Inventarbücher der Botaniker, und wissenschaftliche Pflanzensammlungen daher von unschätzbarem Wert. Nur wenige Großstädte verfügen über eine so vollständige – drei Jahrhunderte zurückreichende – Dokumentation ihrer Pflanzenwelt wie Frankfurt am Main. Diese Daten, die vor allem von Mitgliedern der naturwissenschaftlichen Bürgergesellschaften zusammengetragen wurden, erlauben es, den Florenwandel im Bereich der heutigen Stadtgrenzen, die seit 1979 bestehen, nachzuvollziehen.

BESTANDSAUFNAHME: FLOREN ALS BASIS FÜR VERGLEICHE

Die gründliche Erfassung der Frankfurter Flora begann im 18. Jahrhundert mit den beiden zu ihrer Zeit unveröffentlicht gebliebenen Floren von Johann Hartmann Senckenberg (1644–1730) und Johann Christian Senckenberg (1707–1772). Die Werke entstanden, noch bevor Carl von Linné ein einheitliches System für die Benennung der Pflanzen eingeführt hatte. Dass wir diese ersten Informationen heute auswerten können, ist der Beharrlichkeit von Ludwig Spilger zu verdanken: Er entzifferte J. C. Senckenbergs schwer lesbare Schrift, übersetzte die damals gebräuchlichen Bezeichnungen in die modernen wissenschaftlichen Namen und kommentierte die Funde (Spilger 1941).

1772 und 1778 erschien die erste gedruckte Frankfurter Flora, Johann Jacob Reichards „Flora Moeno-Francofurtana", ihr folgten schnell nacheinander weitere Floren: 1799–1802 die „Oekonomisch-technische Flora der Wetterau" von Gottfried Gärtner, Bernhard Meyer und Johannes Scherbius, 1827 und 1828 die „Flora der Gegend um Frankfurt am Main" von Johannes Becker und schließlich 1832 und 1833 das „Taschenbuch zum Gebrauche auf botanischen Excursionen in der Umgegend von

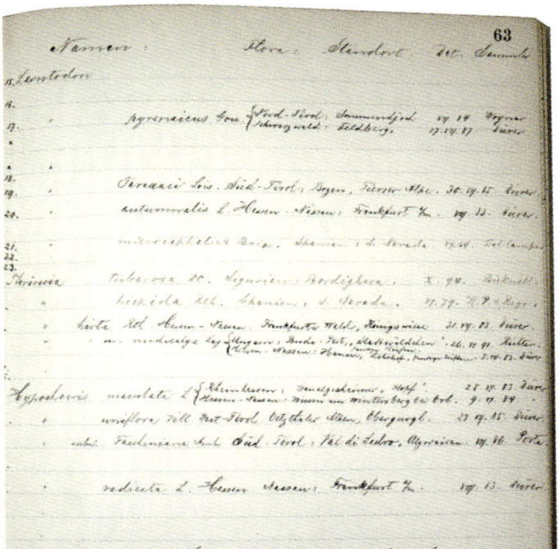

Abb. 3: Fundortkartei von Martin Dürer aus dem Herbarium Senckenbergianum.

Abb. 2: Bei den „Schwanheimer Eichen" von Fritz Wucherer, 1899 – am Waldpfad Schwanheimer Alteichen.

Frankfurt a. M." von Georg Fresenius. Von der Flora der Wetterau wurde eine sehr umfangreich kommentierte Bearbeitung erstellt (Buttler & Klein 2000). Damit liegen eine Fülle von Angaben vor, die uns ein umfassendes Bild der Pflanzenwelt des heutigen Stadtgebietes von Frankfurt vor rund zwei Jahrhunderten vermitteln. Danach klang die Phase der Florenerstellung langsam aus. In den folgenden Jahrzehnten stellten verschiedene Autoren Floren für größere Gebiete zusammen und übernahmen viele Angaben aus den vorgenannten Werken, brachten jedoch wenig Neues für Frankfurt. Zur Rekonstruktion der Pflanzenwelt um 1900 sind wir großenteils auf unveröffentlichte Angaben angewiesen.

Um 1880 begann die intensive floristische Tätigkeit des Apothekers Martin Dürer. Er war in Nordamerika zu Wohlstand gelangt und widmete sich nach seiner Rückkehr der Floristik. Er publizierte kaum etwas, sammelte aber ausgiebig Belege für das Senckenberg-Herbarium, führte eine Fundortkartei (Abb. 3) sowie Exkursionstagebücher und hielt seine Beobachtungen auch kartographisch fest. Seine intensive Beschäftigung mit der Pflanzenwelt der Umgebung von Frankfurt dauerte bis etwa 1920, als ihm ein schweres Augenleiden weiteres Botanisieren unmöglich machte. Aus den folgenden Jahrzehnten liegt nur wenig Material vor, die 1941 publizierte Flora von Otto Burck enthält kaum Fundortangaben. Erst die seit 1985 vom Forschungsinstitut Senckenberg im Auftrag der Stadt Frankfurt am Main durchgeführte Biotopkartierung sorgt dafür, dass wieder in größerem Maße floristische (und faunistische) Daten und Herbarbelege gesammelt werden (Malten et al. 1999). Bis heute wurde so eine umfangreiche Datensammlung zur Flora von Frankfurt zusammengetragen. Teilergebnisse sind mittlerweile im Internet publiziert (Bönsel et al. 2009).

Abb. 4: Intensiv bewirtschafteter Rübenacker in Frankfurt.

Was verraten nun all diese Daten über die Veränderung der Flora im heutigen Frankfurter Stadtgebiet?

DIE VERLUSTE: 400 VERSCHWUNDENE ARTEN

Nach unserer heutigen Kenntnis verschwanden seit 1800 mehr als 400 Arten (Gregor et al. 2012). Bei solchen Rekonstruktionen muss man allerdings Unsicherheiten berücksichtigen. Frühere Untersucher haben sich nicht an der heutigen Stadtgrenze orientiert und manche Art, die bei (Bad) Vilbel oder dem früher sogenannten „welschen Dorf" (Neu-Isenburg) notiert wurde, mag tatsächlich auf heutigem Frankfurter Stadtgebiet gewachsen sein. Außerdem ist die Einschätzung des Status, also die Frage, ob eine Pflanze als eingebürgert, unbeständig oder kultiviert zu betrachtet ist, in manchen Fällen nicht eindeutig zu beantworten. Wir haben für unsere Untersuchung die international üblichen Kriterien (Pyšek et al. 2004) angelegt. Es wird sich aber nie mehr klären lassen, ob sich einige Arten, die Johannes Becker bewusst angesät hatte, wie uns sein Nachfolger Georg Fresenius berichtete, zeitweise einbürgern konnten oder nicht. Im Zweifel haben wir uns daher stets für den „niedrigeren" Status entschieden, also für unbeständig statt eingebürgert, kultiviert statt unbeständig, d. h. sind eher von nur zeitweisem Vorkommen als von dauerhafter Einbürgerung ausgegangen. Zum Beispiel ist daher der von Becker unter anderem an den Bockenheimer Steinbrüchen ausgebrachte Wohlriechende Knöterich (*Erysimum odoratum*) unter den „unbeständigen" Pflanzen (Ephemerophyten) eingereiht.

WARUM VERSCHWINDEN SO VIELE PFLANZENARTEN?

Es mag überraschen, aber die Hauptursache des Artenrückgangs ist nicht spezifisch für den städtischen Lebensraum: Es ist die **Intensivierung des Ackerbaus** durch Saatgutreinigung sowie die Anwendung von Herbiziden und Mineraldünger auf ertragreichen Böden (Abb. 4), aber auch die Aufgabe der Bewirtschaftung ertragsarmer Standorte. Diese Veränderungen haben allein zum Aussterben von 68 Arten im Gebiet geführt.

Auch die zweitwichtigste Ursache ist nicht stadtspezifisch, wenn auch eine Besonderheit für Frankfurt. Es ist die **Aufgabe der Waldweide.** Noch bis zur Mitte des 19. Jahrhunderts

Abb. 5: Arnika (*Arnica montana*). Gouache von Elisabeth Schultz, 19. Jahrhundert.

wurde der Stadtwald intensiv als Weidegebiet für Schweine, Rinder, Schafe und Ziegen genutzt. Heute noch gebräuchliche Ortsnamen aus dieser Zeit sind die Unter- und Ober-Schweinstiege [ehemalige Schweineställe]. Gerade in den stadtnahen Gebieten bei Schwanheim und Niederrad entstanden dabei mit Magerrasen und Saumvegetation durchsetzte offene Wälder, teilweise waren es auch eher nährstoffarmes Grünland oder Magerrasen mit einzelnen Eichen. Bei Schwanheim konnte man derartige Landschaftsbilder noch Mitte des 20. Jahrhunderts bestaunen.

Da die Bodenverhältnisse im Stadtwald recht variabel sind, entstand durch die Beweidung eine vielfältige Vegetation. Manche Arten wie das Heideröschen (*Daphne cneorum*) oder der Ausdauernde Lein (*Linum perenne*) erreichten hier ihre nördliche Verbreitungsgrenze in Deutschland. Aber auch Arnika (*Arnica montana*, Abb. 5), die man heute eher mit Bergwiesen in Verbindung bringt, kam noch Anfang des 20. Jahrhunderts im Frankfurter Stadtwald vor. 60 Arten des Weidewaldes sind inzwischen verschwunden.

Auf Platz drei der Liste der Aussterbeursachen folgt mit der **Absenkung des Grundwasserspiegels** die erste eher stadtspezifische Ursache. Bereits Ende des 19. Jahrhunderts war der Wasserbedarf der stark gewachsenen Stadt so weit gestiegen, dass Tiefbrunnen im Stadtwald eingerichtet wurden. Erste Opfer unter der Pflanzenwelt waren bald zu beklagen (Müller-Knatz 1910): Der Königsfarn (*Osmunda regalis*) verschwand von seinem einzigen Frankfurter Wuchsort im Bereich des heutigen Golfplatzes Niederrad. Sehr bald sind sicher auch die Kleinmoore „hinter" dem Forsthaus verschwunden. Hier hatte Martin Dürer 1888 eine typische Moorart, den Mittleren Sonnentau (*Drosera intermedia*), gesammelt. Insgesamt wird das Verschwinden von 42 Arten mit der Absenkung des Grundwasserspiegels in Verbindung gebracht.

Weitere Aussterbeursachen sind wieder für die mitteleuropäische Landschaft als Ganzes typisch. Die Kanalisierung und Verschmutzung von Flüssen und Bächen sowie die Umgestaltung der Auen sind für das Aussterben von 40 Arten verantwortlich. 42 Arten fielen der Trockenlegung von Nasswiesen zum Opfer. Geringer als erwartet wirkte sich die Intensivierung oder Aufgabe der Nutzung von Grünland bzw. Magerrasen aus. Das Fehlen von „nur" 25 bzw. 16 Arten lässt sich damit in Verbindung bringen. Grünland-Arten überleben vielfach an Böschungen, Arten der Magerrasen werden effektiv in zwei Naturschutzgebieten geschützt, dem Berger Hang (Nawrath 2002) und der Schwanheimer Düne (Wittig et al. 2002). Hier wird die ehemalige Nutzung als Pflegemaßnahme weitergeführt. Allerdings hat Frankfurt 20 seiner 30 Orchideen-Arten verloren, die überwiegend im Grünland vorkamen.

Siedlungsspezifisch ist eine weitere Aussterbeursache: **größere Sauberkeit.** Ungeregelte Müll- und Abwasserentsorgung sowie Viehhaltung im dicht bebauten Innenstadtbereich schufen für uns heute unvorstellbare hygienische Verhältnisse, die aber Arten sehr nährstoff- und mineralstoffreicher Standorte begünstigten. Dass diese verschwunden sind, wird nicht jedermann bedauern und der Naturschutz unternimmt auch keine Anstrengungen, hier vergangene Verhältnisse wieder aufleben

Abb. 6: Die Früchte der Fächer-Zwergmispel (*Cotoneaster horizontalis*) werden durch Vögel verbreitet.

zu lassen. Es gibt übrigens in dieser Artengruppe eine bemerkenswerte Entwicklung: Der Salzschwaden kam im 19. Jahrhundert an Mineralquellen bei Bornheim vor (Becker 1827). Lange war die Pflanze verschwunden, bis sie das Stadtgebiet in den 1970er Jahren entlang der Autobahnen wieder besiedelte. Grundlage dieser bemerkenswerten Wiederbesiedlung ist die winterliche Streusalzanwendung auf den Straßen. Inzwischen haben sich weitere salztolerante Arten in diesem Lebensraum eingefunden.

DIE ZUGEWINNE: NEUE PFLANZENARTEN IM STADTGEBIET

Den mehr als 400 verschollenen Arten stehen 200 Arten gegenüber, die seit 1800 in Frankfurt heimisch werden konnten. Die Hauptursache für die Einfuhr neuer Arten steht bisher wenig im Fokus des öffentlichen Interesses. Anders als vielleicht erwartet spielen hier weder Bahnlinien, Straßen oder der Flughafen die wichtigste Rolle. Diese kommt vielmehr der Anpflanzung in Parkanlagen und Privatgärten zu. Von diesen Kulturstandorten breiten sich einige Arten dann aus: 93, also fast die Hälfte der Neubürger, stammen aus dieser Quelle. Stauden und Zwiebelgewächse verbreiten sich über entsorgte Gartenabfälle, Gehölze über ihre Früchte. Letzere werden vom Wind, wie bei Ahorn-Arten (z. B. beim Eschen-Ahorn, *Acer negundo*), oder über Vögel, wie bei den Zwergmispel-Arten (*Cotoneaster* spp., Abb. 6), verbreitet.

Nach der ursprünglichen Einführung zu Zierzwecken folgt als Einwanderungsweg mit großem Abstand die Einschleppung entlang

Abb. 7: Behaartes Franzosenkraut (*Galinsoga quadriradiata*).

von **Straßenrändern oder Bahnanlagen.** Hier finden sich einige spektakuläre Fälle wie die Massenausbreitung des aus Südafrika stammenden Schmalblättrigen Greiskrautes (*Senecio inaequidens*), das aufgrund seiner spätsommerlichen Gelbfärbung der Fahrbahnmittelstreifen zu dem Namen „Autobahngold" gekommen ist. Farblich nicht so auffällig, aber nicht weniger eindrucksvoll sind die Bestände der Verschiedensamigen Melde (*Atriplex micrantha*). Diese aus den asiatischen Trockengebieten stammende Pflanze dürfte diejenige Einjährige sein, die in Hessen die größten zusammenhängenden Bestände bildet: Sie findet sich über viele Kilometer entlang von Autobahnen.

Weitere Ursachen spielen nur eine untergeordnete Rolle: Einführung im Zusammenhang mit Ackerbau (10 Arten), Forstwirtschaft (8 Arten) und Grasansaaten (6 Arten) oder die Verwilderung von Nutzpflanzen (7 Arten). Die geringe Zahl von Arten, deren Einwanderung im Zusammenhang mit dem Ackerbau steht, verwundert. Schließlich hatten in der Vergangenheit im Gefolge des Ackerbaus Hunderte von Arten den Frankfurter Raum erreicht, nach 1800 ist diese Art der Einwanderung aber weitgehend zum Erliegen gekommen. Nur wenige Arten haben nach dieser Zeit noch als neue Ackerunkräuter Aufsehen erregt, z. B. die beiden Franzosenkraut-Arten (*Galinsoga parviflora, Galinsoga quadriradiata*, Abb. 7), über

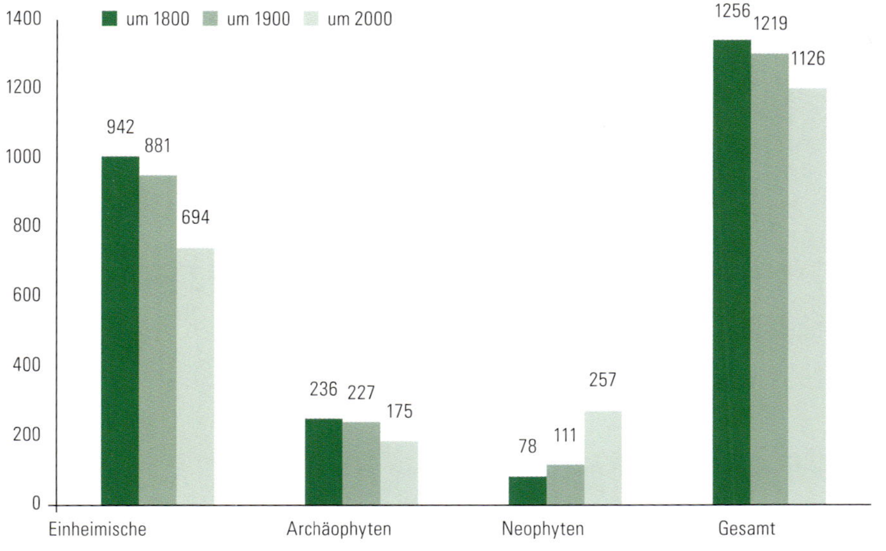

Abb. 8: Artenzahlen der Frankfurter Flora um 1800, 1900 und 2000 nach Statusgruppen. Arten, die direkt oder indirekt durch menschliches Zutun eingewandert sind, werden als Archäophyten (vor 1500 n. Chr.) bzw. Neophyten (nach 1500 n. Chr.) den Indigenen (Einheimischen) gegenübergestellt (Gregor et al. 2012).

deren zeitlich versetzte Ausbreitung Ludwig (1993) berichtete. Die Herkunft der wenig beliebten Kräuter vermutete man in Frankreich, weshalb sie ihren Volksnamen „Franzosenkraut" erhielten. Tatsächlich stammen sie jedoch aus Südamerika, breiteten sich aber in Europa ausgehend vom Pariser Botanischen Garten aus. Im Gefolge des Maisanbaus ist mit der Einwanderung weiterer Grasarten wie Fabers Borstenhirse (*Setaria faberi*) zu rechnen.

Die Arbeitsgruppe Biotopkartierung hat untersucht, in welchen städtischen Lebensräumen sich die in den letzten 200 Jahren eingewanderten Neophyten bevorzugt ansiedeln. Hier sind zwei Habitate von herausragender Bedeutung: konkurrenzarme, eher bodentrockene Ruderalstellen im Innenstadtbereich sowie Saumstandorte in Wäldchen und Parkanlagen. Eine Analyse der ursprünglichen Heimat der Neueinwanderer zeigt, dass sie bevorzugt aus Südeuropa sowie aus dem klimatisch ähnlichen Nordamerika stammen.

DIE BILANZ: ÜBERWIEGEND NEGATIV

In der Rückschau (Abb. 8) zeigt sich eine Verarmung der Flora des heutigen Stadtgebietes von Frankfurt am Main in den letzten 200 Jahren. Besonders Arten, die vor 1500 erst im Gefolge des Ackerbaus bei uns eingewandert waren, sind im 20. Jahrhundert verschwunden. Die Aufgabe der Waldweide im Stadtwald und die nachfolgende Aufforstung der parkartigen Waldteile haben zum Aussterben vieler Arten geführt, die den Frankfurter Raum in den letzten Jahrtausenden wahrscheinlich kontinuierlich besiedelt haben. Ein letzter Rest des Weidewaldes ringt gerade im Schwanheimer Wald an der Hinkelsteinschneise, entlang einer Bahnlinie, ums Überleben (Baumann et al. 2011). Noch bilden Diptam (*Dictamnus albus*), Großblütiger Fingerhut (*Digitalis grandiflora*) und Weißes Fingerkraut (*Potentilla alba*) hier eindrucksvolle blütenreiche Säume. Es wäre schade, wenn auch der letzte Rest des Frankfurter Weidewaldes hier verschwinden würde. Robinie (*Robinia pseudoacacia*) und Spätblühende Traubenkirsche (*Prunus serotina*), zwei erfolgreiche Neueinwanderer, sowie verschiedene Brombeer-Arten bedrängen heute die Bestände.

Trotz dieser Verluste ist Frankfurts Flora nach wie vor sehr artenreich, und es gibt weiterhin, natürlich vor allem unter den Neueinwanderern, viel zu entdecken, z. B. die im Stadtgebiet immer häufiger werdenden Tomatenpflanzen (*Lycopersicon esculentum*), die am Flussufer, in Hinterhöfen oder sogar an Straßenlaternen stehen und reife Früchte hervorbringen können. Der Strom der Neubürger wird nicht abreißen. Aber wir können uns auch über die Erfolge von Naturschutzbemühungen freuen. Bisher ist es gelungen, 36 Arten durch Schutzmaßnahmen vor dem Aussterben auf dem Gebiet der Stadt Frankfurt zu bewahren. Sollte es jemanden geben, der den Sinn dieser Maßnahme bezweifelt, dürfte ihn ein Maispaziergang durch das Naturschutzgebiet „Berger Hang" mit seiner Orchideenpracht überzeugen. Naturschutzbemühungen geben uns auf kleinen Flächen eine Vorstellung davon, wie unsere Landschaft zur Zeit unserer Vorfahren ausgesehen hat und dokumentieren damit auch ein Stück Stadtgeschichte.

FRISCH EINGETROFFEN – PFLANZLICHE EINWANDERER (UNTER MITARBEIT VON FRANZISKA WALTHER)

Abb. 9: Die Einwanderung des Drüsigen Weidenröschens (*Epilobium ciliatum*) verlief zunächst unbemerkt.

Florenwandel und die Ausdehnung von Pflanzenarealen vollziehen sich in der Regel über einen längeren Zeitraum und entziehen sich daher oft unserer unmittelbaren Beobachtung. Gerade bei vom Menschen verbreiteten, fremdländischen Arten erfolgt die Ausbreitung oft auch in „Sprüngen", bedingt durch den Transport von Samen oder Pflanzenteilen mit Handel und Verkehr. In solchen Fällen wird die neu eingetroffene Pflanze durch Beobachtungen oder Aufsammlungen dokumentiert. Erst im Verlauf von Jahren zeigt sich, ob die Art erfolgreich sein, d. h. sich ausbreiten und vermehren wird, ob sie stagniert oder wieder ganz verschwindet. Ein Beispiel für eine erfolgreiche Neuansiedlung in der Frankfurter Flora während der letzten Jahrzehnte ist das Schmalblättrige Greiskraut (*Senecio inaequidens*). Es stammt aus Südafrika und wurde 1988 zum ersten Mal in Frankfurt beobachtet, heute ist die Art im Stadtgebiet weit verbreitet.

Die Einwanderung von Neophyten wird oft nicht sofort bemerkt. Botaniker müssen die neue Art erst einmal erkennen und naturgemäß fehlt sie zunächst auch in den gängigen Bestimmungsbüchern. So verlief die Einwanderung des Drüsigen Weidenröschens (*Epilobium ciliatum*, Abb. 9) anfangs unbemerkt.

Die aus Nordamerika stammende Pflanze war in Hessen bereits weit verbreitet, als in den 1960er Jahren in Hessen erstmals über sie berichtet wurde (Ludwig 1962). Über Einwanderungswege konnte zu diesem Zeitpunkt nur noch spekuliert werden. Heute gehört das Drüsige Weidenröschen zu den am weitesten verbreiteten Pflanzen Deutschlands (BfN & NetPhyD 2013).

Abb. 10: Kaum zu fassen! Das Kurzfrüchtige Weidenröschen (*Epilobium brachycarpum*) ist eine filigrane Pflanze, die sich kaum fotografieren lässt.

DAS KURZFRÜCHTIGE WEIDENRÖSCHEN

Auch bei dem ebenfalls aus Nordamerika stammenden Kurzfrüchtigen Weidenröschen (*Epilobium brachycarpum*, Abb. 10) wissen wir nicht, wie die Art zu uns gelangte, aber über den Verlauf der Einbürgerung sind wir gut informiert. In Hessen wurde die recht auffällige Pflanze erstmals 1999 bei Wiesbaden, Eschborn und Darmstadt festgestellt (Lenker 2001). Die ersten Funde in Deutschland wurden nur wenige Jahre zuvor gemeldet: 1993 aus Rheinland-Pfalz bei Kirchheimbolanden (Lang & Wolff 2000).

Die Ausbreitung des Kurzfrüchtigen Weidenröschens ist danach gut dokumentiert. Bönsel & Ottich (2005) kannten bereits etliche, teilweise sehr individuenreiche Vorkommen in Frankfurt am Main, Emrich (2008) berichtete von einer Ausbreitung nach Norden, nach Mittelhessen, und Hillesheim-Kimmel (2007) beschrieb die ersten Funde im hessischen Mittelgebirgsraum. Die Ausbreitung verläuft vor allem entlang von Straßen und Bahnlinien (Abb. 11). Im Lahntal bilden Vorkommen auf Bahnhöfen eine auffällige Linie.

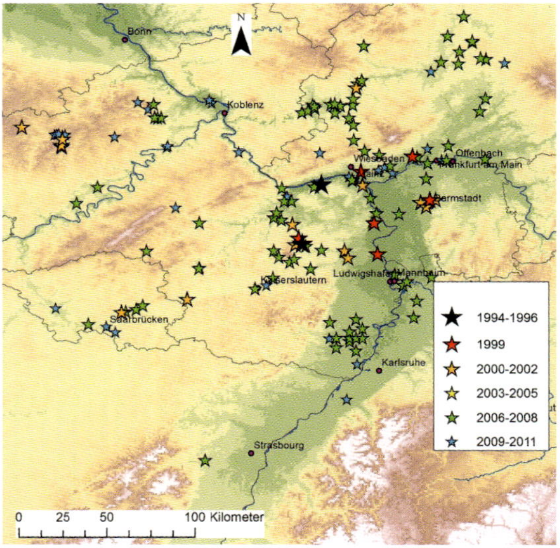

Abb. 11: Ausbreitung des Kurzfrüchtigen Weidenröschens in Hessen und Rheinland-Pfalz (Gregor et al. 2013).

Was die Art ökologisch auffällig macht, sind Massenvorkommen auf Bauerwartungsland wie dem ehemaligen Frankfurter Hauptgüterbahnhof. Das Kurzfrüchtige Weidenröschen (Abb. 12) bildete hier dichte Bestände, und wir

Abb. 12: Typisch für das Kurzfrüchtige Weidenröschen (*Epilobium brachycarpum*) ist die an der Stängelbasis reißende Rinde.

fanden 2009 im Durchschnitt 38 Pflanzen pro Quadratmeter. Jede Pflanze bildet im Mittel etwa 14.500 Samen. Damit ergab sich rechnerisch für das 48 ha große Gebiet die astronomische Zahl von 264 Milliarden Samen, die hier 2009 erzeugt wurden.

Die extrem leichten Samen, die über einen effektiven Flugapparat verfügen (Abb. 13), werden über große Distanzen verdriftet. Oliver Tackenberg von der Goethe-Universität in Frankfurt am Main schätzt, dass zirka 6 % der Samen über eine Entfernung von mehr als 1 km verdriftet werden. Dies waren 2009 auf dem ehemaligen Güterbahnhof immerhin 16 Milliarden Samen. Nicht wenige davon werden auch weiter als 10 km transportiert, so dürfte diese einzelne, jedoch riesige Population die Stadt Frankfurt und vielleicht auch ihr Umland mit einem stattlichen Samenniederschlag versorgt haben (Gregor et al. 2013).

Im Gegensatz zu allen anderen heimischen und eingebürgerten Weidenröschen ist *Epilobium brachycarpum* einjährig. Die Samen keimen von Oktober bis Dezember, überdauern den Winter als Keimpflanze. Von März bis Juni erreichen die Pflanzen ihre maximale Höhe von 1,3–1,8 m.

Ist dieser Neophyt eine Gefahr für die heimische Natur? Die beeindruckenden Massenbestände zeigen, dass die Pflanze auf bodentrockenen Standorten dichtere und höhere Bestände bilden kann als ihre Konkurrenten. Doch werden dabei andere Arten verdrängt? Wir haben auf dem Güterbahnhof keine Hinweise gefunden, dass andere Pflanzenarten verdrängt wurden. Aber der an niedrige Vegetation gebundene Flussregenpfeifer (*Charadrius dubius*) konnte die dichten Bestände auf dem Güterbahnhof nicht mehr besiedeln. 2010 gab es allerdings noch ein Revier im Bereich des ehemaligen Güterbahnhofs – an einer Stelle, an der die 2009 aufgewachsene Vege-

Abb. 13: Samen des Kurzfrüchtigen Weidenröschens (*Epilobium brachycarpum*) mit Samenhaaren.

tation zum Schutz der Mauereidechse (*Podarcis muralis*) abgemäht worden war.

Die Zukunft wird zeigen, ob sich das Kurzfrüchtige Weidenröschen harmonisch in unsere Pflanzenwelt einfügt, wie vor ihm viele andere Neubürger, oder ob es andere Arten verdrängt. Es erscheint nicht ausgeschlossen, dass die Pflanze in Mager- und Trockenrasen einwandert und diese verändert.

In vielen Fällen ermöglichen Untersuchungen zum Verhalten eines Neubürgers in seinem Ursprungsgebiet Aussagen zu seiner potenziellen Verbreitung im Einwanderungsgebiet. Beim Kurzfrüchtigen Weidenröschen waren wir mit dieser Methodik nur eingeschränkt erfolgreich. Die im Westen Nordamerikas vorkommende Pflanze besiedelt dort vor allem trockene Bereiche, ein Schwerpunkt besteht in lichten Kiefernwäldern. Demzufolge würde man die Art in Europa vor allem im Mittelmeerraum erwarten. Ihr Erfolg im milden und eher feuchten Hessen überrascht, auch wenn hier vor allem untypisch trockene Standorte wie Bahn- und Industriegelände besiedelt werden. Aktuelle Untersuchungen von Kai-Uwe Nierbauer zur genetischen Ähnlichkeit der Populationen werden hier Klarheit schaffen.

Für Botaniker und Ökologen ist es ein spannendes Thema, die weitere Ausbreitung der Art in Europa und vielleicht bald auch in Nordafrika und Vorderasien zu verfolgen.

DAS JAPANISCHE LIPPENMÄULCHEN

Ein weiterer Neueinwanderer wächst bisher erst mit mehreren Hundert Exemplaren in der Frankfurter Innenstadt. Während Kartierungsarbeiten für eine Masterarbeit wurden im Sommer 2013 auf einem verbreiterten Abschnitt eines Bürgersteiges in der Battonnstraße unscheinbare kleine, bereits verblühte Pflanzen entdeckt (Abb. 14). Sie bedeckten dort bereits mehrere Quadratmeter, daher war die Art vermutlich nicht wirklich „neu". Die konsultierte

Abb. 14: Fundort von *Mazus pumilus* auf dem Bürgersteig der Battonnstraße.

Abb. 15: Japanisches Lippenmäulchen (*Mazus pumilus*).

Bestimmungsliteratur half nicht weiter. Erst Thomas Raus vom Botanischen Garten und Botanischen Museum in Berlin-Dahlem gelang die Bestimmung als *Mazus pumilus*, Japanisches Lippenmäulchen.

Im Jahr 2014 war die Population noch an derselben Stelle vorhanden. Als sich Anfang Mai die ersten attraktiven Blüten zeigten, stellte sich der Name als gut gewählt heraus: Zierliche blau-violette Lippenblüten mit gelb gesprenkeltem weißem Schlund erschienen zu mehreren pro Pflanze (Abb. 15). Die einjährige Art gehört zu den bei uns nicht einheimischen Gauklerblumengewächsen (Phrymaceae) aus dem weiteren Verwandtschaftskreis der Braunwurzgewächse (Scrophulariaceae) und bildet bis zu 3 cm große, rundliche Blätter mit einem gebuchteten Rand aus (Cullen et al. 2011).

Das Japanische Lippenmäulchen ist urspünglich in den höheren Lagen Asiens, beispielsweise in China, Russland, Japan oder Vietnam, beheimatet. Dort besiedelt sie Grünland, Wald- und Wiesenränder (Zhengyi et al. 1998). Als bodendeckende Zierpflanze wird sie in vielen Ländern, darunter den USA, kultiviert. Von dort sind bereits verwilderte Populationen bekannt, diese sind allerdings zumeist auf regelmäßig kurz gemähten Rasenflächen und Feldern sowie an Wegrändern zu finden (New England Wildflower Society 2014). In Japan gilt die Art als Unkraut, da sie Nutzpflanzenschädlinge wie Insekten und Pathogene beherbergen kann und bereits Resistenzen gegen bestimmte Herbizide entwickelt hat (Tsuji et al. 2013).

Die Gattung umfasst insgesamt rund 30 Arten, die in Asien, Australien und Neuseeland verbreitet sind. Nach Deutschland wird *Mazus reptans*, ein naher Verwandter der Art, ebenfalls zu Zierzwecken eingeführt, doch bisher sind uns deutschlandweit keine Meldungen über Verwilderungen bekannt geworden. Der Frankfurter Fund von *Mazus pumilus* ist nach unserer Kenntnis der erste in Europa (siehe Abb. 16).

Wie genau die Einwanderung des Japanischen Lippenmäulchens vonstatten ging, ist ungeklärt. Es besteht die Möglichkeit, dass einige der zahlreichen kleinen Samen aus den runden Kapselfrüchten unabsichtlich hierher verschleppt wurden, z. B. in der Erde von anderen eingeführten Pflanzen. Oder die Art wurde absichtlich als Zierpflanze eingeführt und hat sich dann von ihrem heute vielleicht nicht mehr existierenden Kulturstandort ausgebreitet. Da die Pflanzen milden Frost in unseren Breiten unbeschadet überstehen können (Cullen et al. 2011), hat die Population in der Battonnstraße an ihrem geschützten Wuchsort für die nächsten Jahre gute Überlebenschancen. Wir werden sie weiter beobachten! Erst dann wird sich zeigen, ob das Japanische Lippenmäulchen wirklich dauerhaft Fuß gefasst hat oder doch nur zu den „Unbeständigen" (Ephemerophyten) zu zählen ist.

Abb. 16: Japanisches Lippenmäulchen (*Mazus pumilus*): Verbreitungskarte auf Basis der Daten der Global Biodiversity Information Facility (GBIF, www.gbif.org). Der einzige Fundpunkt in Europa ist die von Franziska Walther gemachte Aufsammlung (Herbarium Senckenbergianum).

NEOENDEMITEN – EVOLUTION VOR DER HAUSTÜR

Abb. 17: Schmalblättrige Nachtkerze (*Oenothera angustissima*).

Die Evolution von Arten ist nichts Abgeschlossenes, das nur in der Vergangenheit stattgefunden hat. Artbildung findet ständig statt. Beobachtbar ist dies trotzdem nur selten, zu langsam sind normalerweise die beteiligten Prozesse. Eine Ausnahme stellt die Bildung sogenannter Neoendemiten dar. Kowarik (2003) definiert Neoendemiten als durch Hybridisierung oder andere genetische Prozesse entstandene Arten, wenn dabei eine nichteinheimische Sippe beteiligt ist. Neoendemiten können also durch Hybridisierung nichteinheimischer Sippen untereinander oder bei der Hybridisierung einer nichteinheimischen mit einer einheimischen Art entstehen. Neoendemiten können aber auch durch Mutation aus einer nichteinheimischen Sippe hervorgehen. Als „Endemiten" werden üblicherweise auf einen begrenzten geografischen Raum festgelegte Sippen bezeichnet. So ist das Gelbe Galmei-Veilchen (*Viola calaminaria*) ein Endemit des Bereichs um Aachen. Das Violette Galmei-Veilchen (*Viola guestfalica*, Abb. 18) ist sogar auf nur einen Fundort etwa 25 km südöstlich von Paderborn beschränkt. Diese Art ist also ein Endemit im Kreis Paderborn, in Nordrhein-Westfalen und natürlich auch in Deutschland.

Abb. 18: Das Violette Galmei-Veilchen (*Viola guestfalica*) ist ein Endemit mit ganz eng begrenztem Verbreitungsgebiet.

BELIEBT, ABER NICHT ERFOLGREICH – UND UMGEKEHRT

Ein bekanntes Beispiel für einen Neoendemiten ist die Kultur-Erdbeere (*Fragaria ananassa*). Sie entstand im 18. Jahrhundert in Europa durch eine ungeplante Hybridisierung zwischen der nordamerikanischen Scharlach-Erdbeere (*Fragaria virginiana*) und der südamerikanischen Chile-Erdbeere (*Fragaria chiloensis*), wobei die nordamerikanische Art der Pollenpartner war. So erfolgreich diese ungeplante Neuzüchtung als Kulturplanze war (nach ihrer Entstehung wurden züchterisch Hunderte von Sorten entwickelt), so gering ist bisher ihr Erfolg als Wildpflanze. Über mehr oder weniger unbeständige Vorkommen, die in Frankfurt zum Beispiel auf Bahngelände beobachtet wurden, ist sie bisher nicht hinausgekommen.

Ganz anders verhält es sich beim Staudenknöterich (*Fallopia* spp., Abb. 22). Hier wurden bei uns nur weibliche Pflanzen des Japanischen Staudenknöterichs (*Fallopia japonica*, Abb. 19) sowie weibliche und männliche Pflanzen des Sachalin-Staudenknöterichs (*Fallopia sachalinensis*, Abb. 21) eingeführt. Beide Arten verwilderten, wobei der Japanische Staudenknöterich gebietsweise zur Problempflanze wurde, die besonders an Fließgewässern Reinbestände bildet.

Es dauerte einige Zeit, bis Botaniker bemerkten, dass in Mitteleuropa aus der Hybridisierung der beiden eingeführten Staudenknöterich-Species eine neue Art entstanden war. Wissenschaftlich beschrieben wurde die Hybride 1983 vom tschechischen Botaniker-Ehepaar Jindřich Chrtek und Anna Chrtková als *Reynoutria*× *bohemica* (Abb. 20). Obwohl die beiden Arten auch in ihrer ostasiatischen Heimat gemeinsam vorkommen, sind von dort keine Hybriden bekannt. Das „×" steht dabei für eine nur gelegentlich und normalerweise im Zusammenhang mit den Eltern vorkommende Hybride. Mittlerweile ist das „×" weggefallen und es hat sich aus der Hybride eine neue Art gebildet, die man aufgrund ihrer Entstehung als hybridogene Art bezeichnet. Der Artrang rechtfertigt sich dabei einerseits aus einer weitgehenden genetischen Isolierung von den Eltern (gelegentliche Rückkreuzungen sind allerdings bekannt) und andererseits der Bildung eines Areals, d.h. eines mehr oder weniger großen, zusammenhängenden Verbreitungsgebietes. Bereits in den 1980er Jahren erkannte der Marburger Botaniker Wolfgang Ludwig erstmals die gerade neu beschriebene Pflanze in Frankfurt. Die neue Art hat sich seitdem in

Frankfurt stark ausgebreitet und bildet wie ihre Eltern auffällige Dominanzbestände.

HYBRIDISIERUNGSFREUDIGE SIPPEN

Einen besonderen Fall stellen die Nachtkerzen der Gattung *Oenothera* dar, die mit mindestens 16 Sippen in Frankfurt vorkommen. Die Chromosomen bilden Ringe, wobei genetische Faktoren (sogenannte Lethalfaktoren) die Paarung identischer Chromosomenringe verhindern. Außerdem werden die Plastiden, Zellorganellen mit eigener DNA, von beiden Eltern vererbt. Die Arten sind untereinander generell kreuzbar. Bei Kreuzungen entstehen zwei sehr unterschiedlich aussehende Nachkommensgruppen, die in weiteren Generationen konstant bleiben. Alle Nachtkerzen sind bei uns Neubürger (Neophyten) und wurden aus Nordamerika eingeführt, ursprünglich als Zierpflanzen, aber auch wegen ihrer essbaren Wurzeln, die ihnen den weiteren Namen „Spanische Rapunzel" einbrachten (Reichard 1772). Aus

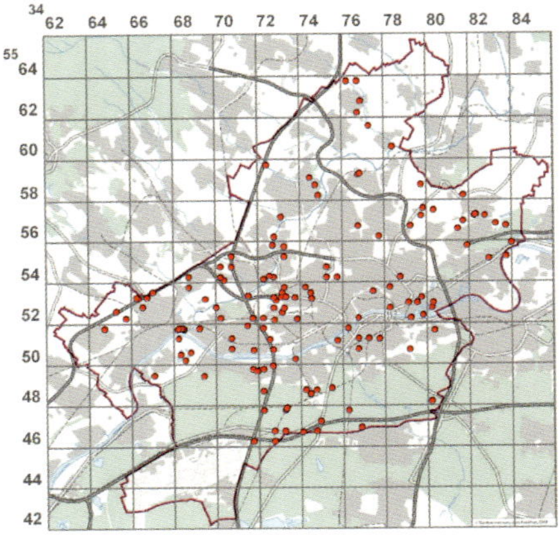

Abb. 22: Verbreitung der Staudenknöteriche (*Fallopia japonica, Fallopia sachalinensis, Fallopia bohemica*) im Stadtgebiet von Frankfurt. Kartengrundlage © Stadtvermessungsamt Frankfurt am Main.

den verschiedenen eingeführten Arten gingen im 20. Jahrhundert in Mitteleuropa hybridogene Arten hervor. Anfangs wurden diese nur in geringer Zahl gefunden, in den letzten Jahrzehnten hat sich die Zahl der neu entstandenen

Abb. 19: Blatt vom Japanischen Staudenknöterich (*Fallopia japonica*).

Abb. 20: Das Blatt vom Bastard-Staudenknöterich (*Fallopia bohemica*) steht in Größe und Form zwischen denen der Elternarten.

Abb. 21: Blatt vom Sachalin-Staudenknöterich (*Fallopia sachalinensis*).

Arten stark vermehrt. In einer Monographie der europäischen Arten der Gattung (Rostański et al. 2010) werden 38 bei uns durch Hybridisierung entstandene Neoendemiten aufgeführt, bei einigen weiteren Sippen ist der Status noch unklar. Weitere Neoendemiten werden entstehen, und es ist absehbar, dass die auch heute nur noch von wenigen überschaubare Formenvielfalt der Gattung bald kaum noch zu bewältigen sein wird. In Nordamerika ist man dazu übergegangen, die dort noch weitaus größere Formenvielfalt wenigen weit gefassten Arten zuzuordnen. In Frankfurt sind bisher neben der eingeführten *Oenothera biennis* die folgenden neoendemischen *Oenothera*-Sippen eingebürgert: *Oenothera acutifolia, Oenothera ersteinensis, Oenothera fallax, Oenothera issleri, Oenothera oehlkersii* und *Oenothera rubricaulis*, wobei von diesen Sippen nur *Oenothera fallax*, die Täuschende Nachtkerze, bei uns weit verbreitet und häufig ist.

Manchmal bleibt es einige Zeit lang unklar, ob es sich bei einer neu in Europa aufgefundenen Art um einen Neoendemiten oder um eine amerikanische Art handelt. Eine kleinblütige und schmalblättrige Nachtkerze ist seit dem 19. Jahrhundert vom Bahngelände zwischen Louisa und Neu-Isenburg bekannt. Diese vermeintlich neue Sippe wurde 1965 von Krysztof Rostański nach einem Namensvorschlag von Otto Renner als *Oenothera rubricuspis* beschrieben; später stellte sich die neu beschriebene Sippe als identisch mit der bereits 1913 von Reginald R. Gates aus Nordamerika beschriebenen *Oenothera angustissima* (Abb. 17) heraus. Übrigens sind die Bahngelände in Frankfurt immer noch die einzigen bislang in Deutschland bekannten Vorkommensorte. Da hessische Botanikerinnen und Botaniker *Oenothera*-Arten bisher kaum beachten, sind wir auf die Unterstützung durch auswärtige Spezialisten angewiesen, neben dem 2012 verstorbenen Krysztof Rostański (Polen) hat besonders Valerie Tokhtar (Ukraine) die hessische *Oenothera*-Flora erforscht (Rostański & Schnedler 1992, Wittig & Tokhtar 2003).

EVOLUTION AKTUELL

Schnelle Artbildung durch Mutation ist von einigen Grasgattungen bekannt, zu nennen sind hier beispielsweise Liebesgras (*Eragrostis*) und Trespe (*Bromus*). In den letzten Jahrzehnten ist, wahrscheinlich in mitteleuropäischen Flusstälern, das Elbe-Liebesgras (*Eragrostis albensis*) entstanden. Die Vorfahren dieses Neoendemiten kamen aus Ostasien. Die genaue Entstehungsgeschichte ist aber unbekannt. Die Art hat mittlerweile den Weg nach Frankfurt gefunden. Das Elbe-Liebesgras bildete am Güterbahnhof Sachsenhausen große Bestände und wurde dort bereits 1997 entdeckt (Scholz & Ristow 2005). Nach der Umnutzung dieses Bereichs ist es dort verschwunden, wurde aber bereits 2009 auf einem Gehweg im Westend entdeckt und dürfte bisher unerkannt auch auf anderen, für die Öffentlichkeit unzugänglichen Bahn- und Industrieflächen vorkommen. Hier zeigt sich der Wert botanischer Sammlungen. Das Vorkommen neu erkannter Arten kann oft rekonstruiert und rückwirkend dokumentiert werden. Vorausgesetzt, dass Botaniker regelmäßig und an möglichst vielen Örtlichkeiten Herbarbelege gesammelt haben.

Einige Rätsel gibt auch die Kanadische Felsenbirne (*Amelanchier lamarckii*, Abb. 23) auf, die – anders als es der Name vermuten lässt

Abb. 23: Kanadische Felsenbirne (*Amelanchier lamarckii*).

– heute nicht in Nordamerika vorkommt. Diese Art hat sich entweder aus eingeführten *Amelanchier*-Arten in Mitteleuropa neu entwickelt oder aber sie ist in Nordamerika mittlerweile ausgestorben (Schroeder 1995). Bei uns gehört sie wegen der schönen Herbstfärbung der Blätter zu den beliebtesten Ziergehölzen; vor allem an Straßenrändern wird sie gerne und oft angepflanzt. Ausgehend von Pflanzungen hat sich die Art in Wäldern und Gehölzen in Frankfurt eingebürgert, doch steht die Ausbreitung noch am Anfang, und die Art wird dementsprechend in der hessischen Florenliste (Hemm et al. 2008) als „in Einbürgerung begriffen" für die Region Südwest, zu der auch Frankfurt gehört, eingestuft.

Über Bouchons Fuchsschwanz (*Amaranthus bouchonii*) weiß man etwas mehr: Er hat sich wahrscheinlich aus dem bei uns vor allem auf Maisäckern häufigen, aus Nordamerika stammenden Zurückgebogenen Fuchsschwanz (*Amaranthus retroflexus*, Abb. 24) entwickelt. Die Standorte beider Arten sind ähnlich: Ruderalflächen und Äcker, wobei Bouchons Fuchsschwanz allerdings eher etwas wärmere Standorte besiedelt.

KONKURRENZLOS GLÜCKLICH

Schaut man sich die Habitate an, die von den Neoendemiten besiedelt werden, so sind es – die Ausnahme Kanadische Felsenbirne bestätigt die Regel – naturferne, oft extrem stark veränderte Standorte wie Schotteraufschüttungen auf Bahn- oder Industriegelände. Es sind noch zu wenige Beispiele untersucht, um klare Regeln zu formulieren. Aber eine Tendenz zeichnet sich ab: Die Neoendemiten scheinen bevorzugt dort zu entstehen, wo der Mensch großflächig neuartige Biotope geschaffen hat. Hier ist die Konkurrenz für die neuen Sippen wahrscheinlich geringer als in anderen Bereichen unserer Kulturlandschaft. In der Flora Deutschlands (Klotz et al. 2002) werden 20 in Deutschland entstandene Neoendemiten genannt, wobei es sich größtenteils um *Oenothera*-Arten handelt. Mit *Xanthium albinum*, der Elb-Spitzklette, wird nur eine bisher nicht in Frankfurt festgestellte Art aufgeführt.

Abb. 24: Zurückgebogener Fuchsschwanz (*Amaranthus retroflexus*).

FARBENFROHE NEUHEITEN
AUF FRANKFURTER FRIEDHÖFEN (KOLOMAN STICH)

Abb. 25: Massenvorkommen des Sibirischen Blausterns (*Scilla siberica*) auf dem Jüdischen Friedhof in der Rat-Beil-Straße.

Der Mensch ist – besonders in Mitteleuropa – zum wohl wichtigsten Umweltfaktor geworden. Sein Tun führt zu einer ständigen Veränderung der Tier- und Pflanzenwelt. Gerade in städtischen Lebensräumen ist der anthropogene Einfluss überall spürbar, denn nichteinheimische Arten, die direkt oder indirekt von Menschen eingeführt werden, nehmen dort zu. Frankfurt besitzt einen hohen Anteil an Grünflächen, wie z. B. den „GrünGürtel". Einen besonderen Grünflächentyp, der nicht in erster Linie zur Naherholung angelegt wird, stellen die Friedhöfe dar, die einige Besonderheiten in ihrer Flora aufweisen. Dies sind einerseits die Gehölze mit zahlreichen immergrünen Arten, die auf Friedhöfen verwildern, und andererseits die Frühlingsgeophyten, die oft in großer Zahl ausgebracht wurden und im zeitigen Frühjahr zu sprießen beginnen: Schneeglöckchen (*Galanthus* spp.), Winterlinge (*Eranthis hyemalis*) oder Krokusse (*Crocus* spp.).

Im Stadtgebiet von Frankfurt am Main gibt es 49 Friedhöfe mit einer Gesamtfläche von etwa 256 ha; sie machen rund 1 % der Stadt-

Abb. 26: Friedhof Kalbach. Beispiel für einen kleinen Friedhof ohne Altbaumbestand. Aber auch hier gibt es viele Frühblüher.

fläche aus. Die Friedhofsanlagen in Frankfurt sind vielfältig gestaltet: Es gibt Parkfriedhöfe mit lockerem Baumbestand, wie den Friedhof Heiligenstock. Im Norden des Stadtgebietes finden sich mehrere kleinere Friedhöfe ohne nennenswerten Baumbestand (Abb. 26). Hier sind meist Gräberfelder das dominierende strukturelle Element. Mit den Friedhöfen Oberrad (Abb. 27) und Goldstein besitzt Frankfurt zwei Waldfriedhöfe, welche in den vorhandenen Waldbestand hinein geplant wurden. Etwas ganz Besonderes ist der 70 ha große Hauptfriedhof mit seinem mächtigen Altbaumbestand in Innenstadtlage. Als „grüne Lunge" des nordöstlichen Stadtgebietes leistet der größte Friedhof Frankfurts einen wichtigen Beitrag für die Abkühlung und Reinhaltung der Luft. Mit nur 0,3 ha Fläche ist der Friedhof Eckenheim der kleinste Frankfurter Gottesacker (Fricke 1992, Stadt Frankfurt am Main 2012).

STINSENPFLANZEN: VERWILDERTE LIEBLINGE

Der Begriff „Stinsenpflanzen" leitet sich vom friesischen Wort „Stins" für ein mittelalterliches Steinhaus ab (Bakker & Boeve 1985). Als

Abb. 27: Waldfriedhof Oberrad. Der hohe Waldanteil gibt diesem Friedhof seinen Namen. Hier wachsen viele einheimische Frühblüher.

Abb. 28: Das Gewöhnliche Schneeglöckchen (*Galanthus nivalis*) war der am häufigsten verwildert gefundene Frühblüher auf Frankfurter Friedhöfen.

Stinsenpflanzen (auch Stinzenpflanzen, von niederländisch „stintenplanten" oder „stinzenplanten") werden Pflanzen bezeichnet, die früher in einem bestimmten Gebiet ausschließlich in alten Gärten, auf Landsitzen, Bauernhöfen, in Pfarrgärten, Kirchhöfen oder an ähnlichen Standorten anzutreffen waren (Sukopp & Kowarik 2007). In der Regel handelt es sich um Arten oder Sorten mit auffallenden Blüten (Abb. 28), die einmal gerne in einer Region angepflanzt wurden und sich lokal eingebürgert haben (Henker 2004).

Stinsenpflanzen bleiben nach ihrer Verwilderung in der Nähe ihres Kulturstandortes. So deuten Stinsenpflanzen als Kulturrelikte auf früheres Brauchtum, frühere Pflanzenkultur und Verwendung als Zier-, Nutz-, Arznei- und Gewürzpflanzen hin. Ausgangspunkt der Ausbreitung vieler Stinsenpflanzen waren, vor allem in den Niederlanden, Blumenzwiebelkulturen (Knitzel & Möller 2008).

Die meisten Stinsenpflanzen gehören zu den Geophyten. Diese sind ausdauernde, krautige Landpflanzen mit periodisch oberirdisch absterbenden Sprossen, die ihre Speicherorgane zum Überdauern im Boden haben (Dierschke 1994). Das bedeutet, dass die oberirdischen Teile der Pflanze nach jeder Vegetationsperiode absterben, während die Zwiebeln oder Knollen in der Erde überwintern. Darin kann die Pflanze über den Winter Nährstoffe speichern. Dieser Nährstoffvorrat erlaubt es der Pflanze, mit Beginn des Frühjahrs schnell auszutreiben und ihren Vegetationszyklus zügig abzuschließen.

Einige Stinsenpflanzen, die beispielsweise aus Kleinasien oder dem Kaukasus eingeführt wurden, haben sich an Trockenheit angepasst.

Abb. 29: Das Buschwindröschen (*Anemone nemorosa*) findet man hauptsächlich auf Friedhöfen mit viel Altbaumbestand.

Sie kommen natürlicherweise im Offenland oder im Gebirge vor und müssen ihren Lebenszyklus abschließen, solange durch die Schneeschmelze genug Wasser zur Verfügung steht. Danach wird es für diese Geophyten zu trocken (Raunkiaer 1977). Einheimische Frühblüher, wie das Buschwindröschen (Abb. 29), schließen ihren Lebenszyklus ab, solange zwischen den winterkahlen Zweigen der Bäume genug Licht auf den Waldboden trifft. Treiben die Blätter der Bäume aus, wird es am Waldboden zu dunkel (Raunkiaer 1977).

LEBENSRAUM FRIEDHOF

Welche Pflanzen gelten in einem so hochgradig vom Menschen beeinflussten Umfeld wie einem Friedhof als verwildert, welche nicht? Auf diese Frage gibt es verschiedene Antworten, je nach dem, welches Kriterium man anlegt. Pflanzen, die direkt auf Gräbern oder speziell gepflegten Beeten wachsen, werden als kultiviert angesehen. Haben die Pflanzen jedoch diese speziell bearbeiteten Wuchsorte verlassen und kommen sie dauerhaft außerhalb davon vor, so werden sie als verwildert eingestuft. Dennoch gibt es auch außerhalb der Grabflächen viele Pflanzenvorkommen, deren Status schwer zu beurteilen ist.

Der Bereich direkt um die Gräber ist zumindest unter dem Aspekt interessant, dass sich die Stinsenpflanzen von Gräbern oder Anpflanzungen aus verbreiten und dann in der direkten Umgebung ihres Anpflanzungsortes verwildert vorkommen. Deshalb kann man auf kurz gemähten Rasenwegen oder Flächen neben den Gräbern sowie in Ritzen zwischen Steinplatten Stinsenpflanzen finden, ebenso in grabnahen Gebüschen. In den Randbereichen des Friedhofsareals, an Böschungen oder Zäunen, findet man manchmal wilde „Kompoststellen". Auf den Gräbern nicht mehr erwünschte Pflanzen werden häufig unerlaubt auf diese Weise „entsorgt". Sie können wieder anwachsen und sich dann oft ohne weiteres Zutun des Menschen vermehren. Auch auf aufgelassenen und nicht mehr gepflegten, ehemaligen Gräbern kommen Stinsenpflanzen vor (Abb. 30). Sie wurden angepflanzt, als das Grab noch gepflegt wurde. Die Grabpflege wurde eingestellt, doch die Pflanze blieb. Solche schwierig zu beurteilenden Vorkommen werden als verwildert eingestuft, wenn das aufgelassene Grab keine kultivierte Fläche mehr darstellt und die Pflanze ohne menschliche Pflege auskommt.

Abb. 30: Mischtschenkos Blaustern (*Scilla mischtschenkoana*) verwildert auf einem aufgelassenen Grab.

FRÜHBLÜHER – EINE BUNTE GEMEINSCHAFT

Auf den Frankfurter Friedhöfen herrscht eine bunte Vielfalt an verwildernden Frühblühern: Neben einheimischen (indigenen) Arten begegnet man Alteinwanderern (sogenannten Archäophyten), die vor der Entdeckung Amerikas zu uns gekommen sind, und Neueinwanderern (Neophyten), die nach der Entdeckung Amerikas eingeführt wurden. Die einheimischen Arten auf den Friedhöfen sind normalerweise Elemente unserer heimischen Laubwälder. Diese Arten finden auf Friedhöfen mit viel Altbaumbestand Wuchsorte mitten in der Stadt. Beispiele hierfür sind Vertreter der Gattung Lerchensporn (*Corydalis*), das Buschwindröschen (*Anemone nemorosa*) und das Gewöhnliche Leberblümchen (*Hepatica nobilis*) (Bönsel et al. 2009).

Beispiele für Alteinwanderer sind Arten der Gattung der Gelbsterne (*Gagea* spp.). Friedhöfe können als Lebensraum für Arten dienen, die es im übrigen Stadtgebiet inzwischen schwer haben: Der Acker-Goldstern (*Gagea villosa*, Abb. 31) kommt infolge veränderter Bewirtschaftungsmethoden seit einigen Jahrzehnten kaum noch auf Äckern vor. Er findet auf alten Kirch- und Friedhöfen sowie in Parkanlagen einen Rückzugsort.

Die meisten Frühlingsgeophyten auf Friedhöfen lassen sich den Neueinwanderern

Abb. 31: Der Acker-Goldstern (*Gagea villosa*) kommt als Relikt früherer Ackernutzung auf Friedhöfen vor.

Abb. 32: Der Dalmatiner Krokus (*Crocus tommasinianus*) nimmt in der „Hitliste" der verwildernden Frühblüher auf Frankfurter Friedhöfen den dritten Platz ein.

zuordnen. Der in Frankfurt am häufigsten verwildernde Frühblüher ist das Gewöhnliche Schneeglöckchen (*Galanthus nivalis*, Abb. 28), gefolgt vom Sibirischen Blaustern (*Scilla siberica*), der zur Bildung von Massenbeständen neigt (Abb. 25), und dem Dalmatiner Krokus (*Crocus tommasinianus*, Abb. 32, Bönsel et al. 2009). Der Prozess Anpflanzung – Verwilderung – Einbürgerung läuft nach wie vor ab und ist allgegenwärtig. Pflanzen, die heute als Zierpflanzen in Mode sind und die auf Gräbern oder in Beeten verwendet werden, können in Nähe der ursprünglichen Pflanzung verwildern und so zu neuen Stinsenpflanzen werden (Sukopp & Kowarik 2007). Drei Arten, welche bisher in der Flora von Frankfurt noch nicht als verwildert

Abb. 33: Ein Neufund für die Frankfurter Flora: verwilderte Tarda-Tulpe (*Tulipa tarda*) auf dem Friedhof Höchst.

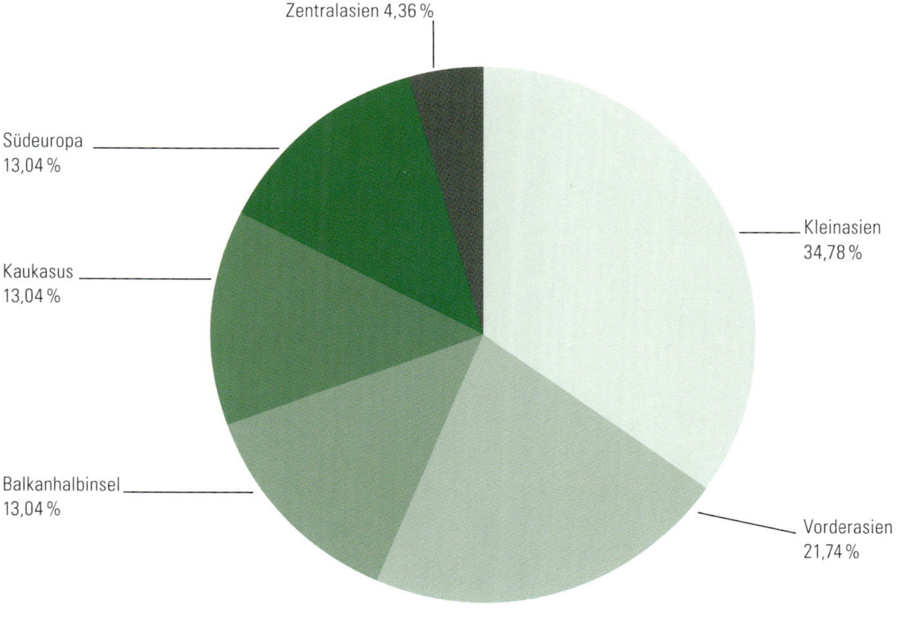

Abb. 34: Herkunftsregionen der Neophyten auf Frankfurter Friedhöfen (Stich 2012).

Abb. 35: Gräber auf dem größten Friedhof in Frankfurt am Main, dem Hauptfriedhof.

bekannt waren, sind auf dem Weg dahin: die Garten-Hyazinthe (*Hyacinthus orientalis*), die Tarda-Tulpe (*Tulipa tarda*, Abb. 33) und die Dreiteilige Waldsteinie (*Waldsteinia ternata*).

STINSENPFLANZEN – WOHER UND WOHIN?

Im Frühjahr 2012 wurden 13 Frankfurter Friedhöfe (insgesamt 156 ha) im Hinblick auf verwilderte Stinsenpflanzen untersucht. Dabei wurden 38 Arten gefunden (vgl. Tab. I im Anhang). Die meisten dieser Arten gehören zu den Neophyten, am zweithäufigsten waren indigene Arten, am seltensten Archäophyten. Nur zwei Arten zählen zu den sogenannten Anökophyten. Dies sind „heimatlose" Sippen, welche in der Kulturlandschaft entstanden sind und an natürlichen Standorten fehlen (Keil & Loos 2005).

Die meisten gefundenen Neophyten kommen ursprünglich aus Kleinasien (35 %), gefolgt von Vertretern aus Vorderasien (22 %). Die wenigsten (5 %) stammen aus Zentralasien (Abb. 34, Herkunftsgebiete nach Krausch 2007 und Jäger et al. 2008).

Stinsenpflanzen gehören nicht zu den ausbreitungsstarken Arten. Sie besitzen nur ein eingeschränktes Potenzial zur Fernausbreitung. Die meisten frühblühenden Stinsenpflanzen werden durch Ameisen verbreitet (Sukopp & Kowarik 2007). Ihre Samen besitzen ein nährstoffhaltiges Anhängsel (das sogenannte Elaiosom), das für Ameisen attraktiv ist und von

diesen mit den Samen verschleppt wird (Eberle 1972). Diese werden dann üblicherweise an Abfallplätzen der Ameisenvölker deponiert, wodurch lokal begrenzte, aber massenhafte Vorkommen entstehen. Viele Stinsenpflanzen vermehren sich auch vegetativ durch Zwiebeln, Knollen oder Ausläufer. Für Arten, die bei uns selten Samen bilden (z. B. *Tulipa sylvestris*), ist dies die übliche Form der Ausbreitung. Manchmal werden Stinsenpflanzen auch bewusst in angrenzende Gebüsche verpflanzt, wenn sie auf einem Grab nicht mehr erwünscht sind. Oder aufgelassene Gräber werden abgetragen und der Aushub mit Zwiebeln und Knollen an anderer Stelle verteilt (Raabe 1983).

AUSFLUGSTIPP HAUPTFRIEDHOF

Ein Friedhofsbesuch dient in erster Linie dem Gedenken, ist zum Innehalten und zur Besinnung gedacht. Friedhöfe sind aber auch wichtige Teile der Stadtnatur und besonders im Frühling lohnende Ausflugsziele. Der Hauptfriedhof als der größte Friedhof in Frankfurt besitzt eine besonders große Vielfalt an Frühblühern. Wenn man Stinsenpflanzen sehen möchte, ist der März der beste Monat. Dann sind die besonders früh blühenden Arten (wie z. B. die Krokusse), aber auch schon die etwas später blühenden Arten (wie z. B. die Tulpen) in voller Pracht zu erleben.

Den Hauptfriedhof betritt man am besten durch das alte Hauptportal. Gleich nach dem Durchschreiten der Mauern ist man von einer Ruhe umgeben, wie sie im städtischen Raum nur selten zu finden ist. Schon unter der großen Weide im Eingangsbereich breiten sich Schneeglöckchen und Blausterne aus (Stadt Frankfurt am Main 1993). Die angrenzenden Gräberfelder gehören zum ältesten Teil des Hauptfriedhofs (Abb. 35), hier verwildern viele Frühblüher, und die zum Teil moosgrünen und mit Efeu umrankten, prächtigen Grabsteine vermitteln eine besondere Atmosphäre. Der mächtige Altbaumbestand bietet insbesondere einheimischen Frühblühern wie dem Lerchensporn (*Corydalis solida*) oder dem Buschwindröschen (*Anemone nemorosa*) gute Bedingungen. Aber auch viele andere Frühblüher wie Milchsterne (*Ornithogalum* spp.) oder Tulpen (*Tulipa* spp.) haben sich hier eingefunden.

Im Frühling sorgen Blüten in vielen Farben für einen besonders schönen Anblick auf dem Soldaten- oder Kriegsgräberfriedhof innerhalb des Hauptfriedhofs. Auf der großen Scherrasenfläche zwischen den Grabmalen verwildern vor allem Zuchtformen der Primel (*Primula* spp.) in verschiedenen Farben (Abb. 36).

Abb. 36: Zuchtformen der Primel (*Primula* spec.) werden immer häufiger verwildert beobachtet.

ACKERWILDKRÄUTER –
BEGLEITER UNSERER KULTUR (MANDY SCHNEIDEWIND)

Abb. 37: Acker mit Ackerrandstreifen im Westen Frankfurts.

Die Naturlandschaft Mitteleuropas weist nirgends Wuchsorte mit einer Flora auf, die der unserer Äcker gleicht. Die besondere Artenvielfalt der Äcker geht natürlich nicht auf die wenigen Arten von Kulturpflanzen, sondern auf die aus landwirtschaftlicher Sicht eher unerwünschten „Unkräuter" zurück. Diese treten in charakteristischer Zusammensetzung auf, abhängig von der angebauten Feldfrucht und der Art der landwirtschaftlichen Bearbeitung. Diese Ackerunkrautgesellschaften sind ungewollt neu geschaffene, naturferne Lebensgemeinschaften, welche zahlreiche Arten beherbergen, die unserer Flora ohne Zutun des Menschen fehlen würden (Pötsch 1991). Durch die Intensivierung und Optimierung der Landwirtschaft (z. B. Saatgutreinigung, Einsatz von Herbiziden) nehmen diese Unkrautarten seit Jahrzehnten stetig in Zahl und Häufigkeit ab; viele Vertreter stehen auf den Roten Listen. Es werden daher Anstrengungen unternommen, den Ackerunkräutern das Überleben zu ermöglichen und so Biodiversität in der modernen Kulturlandschaft zu erhalten. Ein Beispiel dafür

ist die nur extensive Nutzung von Ackerrrandstreifen, die auch in Frankfurt auf einzelnen Flächen praktiziert wird (Abb. 37). Im Rahmen einer Diplomarbeit wurde die Diversität der Ackerunkrautflora im Stadtgebiet Frankfurt untersucht (Schneidewind 2010).

ACKERBAU UND WILDKRÄUTER, EINE HISTORISCHE BEZIEHUNG

Als Ackerwildkräuter oder „Segetalflora" (von lateinisch „seges", Saat, Saatfeld) bezeichnet man die Gesamtheit aller Pflanzen auf einer ackerbaulich genutzten Fläche, die zusammen mit den Nutzpflanzen auftreten und deren Lebensweise und Standortansprüche jenen der Kulturpflanzen ähneln. Sie sind eng an die Bearbeitung des Ackers gebunden.

In Mitteleuropa begann die Geschichte der Ackerwildkräuter vor ungefähr 7.000 Jahren mit den Anfängen des Ackerbaus (Willerding 1986). Mit den Nutzpflanzen wurden unbeabsichtigt auch Wildkräuter auf die Äcker gebracht. Dabei gehört nur ein Teil der Ackerwildkräuter zu den einheimischen Arten; diese waren jedoch die ersten, die sich auf Ackerflächen ausbreiteten. Ackerwildkräuter stammen – wie auch die Wildformen des Getreides, z. B. *Triticum monococcum* (Plarre 1976) – häufig aus den Steppen Vorderasiens, so die Sichelmöhre (*Falcaria vulgaris*, Abb. 38) und das Adonisröschen (*Adonis aestivalis*), andere sind im Mittelmeerraum beheimatet.

Einige Arten sind vermutlich überhaupt erst mit dem Ackerbau entstanden; sie werden daher als „Anökophyten" oder „heimatlose Unkräuter" bezeichnet (Scholz 1991). Hierzu gehören Kornrade (*Agrostemma githago*), Acker-Senf (*Sinapis arvensis*) oder Hederich (*Raphanus raphanistrum*). Derartige Artbildungsprozesse sind zum Teil noch nicht abgeschlossen, wir beobachten zum Beispiel in der Grasgattung *Bromus* aktuell die Entstehung neuer Sippen (Scholz & Thiel 2012). Die meisten Ackerunkräuter sind sehr früh zu uns gelangt und daher zur Gruppe der Archäophyten (Alteinwanderer) zu rechnen, andere wurden aus Nord- und Mittelamerika eingeschleppt.

Abb. 38: Die Sichelmöhre (*Falcaria vulgaris*) am Rand eines Ackers in Frankfurt.

Diese als „Neueinwanderer" (Neophyten) bezeichneten Arten sind erst nach der Entdeckung Amerikas (1492 n. Chr.) nach Europa gekommen. Die beiden Franzosenkraut-Arten (*Galinsoga parviflora, Galinsoga quadriradiata*, Abb. 39), das Berufkraut (*Erigeron canadensis*) und viele Hirse-Arten gehören zu dieser Gruppe.

DIE ACKERFLORA UND IHRE BESONDERHEITEN

Welche Eigenschaften helfen einer Wildpflanze, sich unter Kulturpflanzen und unter der Kultivierung zu behaupten? Wie sich gezeigt hat, sind folgende Merkmale für Ackerwildkräuter charakteristisch (Ellenberg 1996, Willerding 1986):

// Die Pflanzen müssen innerhalb einer kurzen Zeit bis zur Samenreife heranwachsen und sich in den Bearbeitungsrhythmus des Ackers einfügen.

// Pflanzen mit im Boden befindlichen Speicherorganen wie Rhizomen oder Pfahlwurzeln haben einen Vorteil, da sie nach Beschädigung der oberirdischen Teile wieder neu austreiben können.

// Vor allem unter den Bedingungen der intensiven Landwirtschaft muss die Pflanze in der Lage sein, zeitweilige Beschattung zu ertragen oder dieser durch Emporklettern zu entgehen wie die Acker-Winde (*Convolvulus arvensis*). Bei der früher üblichen geringeren Düngung stehen die Feldfrüchte auf den Äckern nicht so dicht, die Äcker sind eher licht, der Ertrag pro Fläche ist viel geringer. Viele der heute bei uns verschollenen Segetalpflanzen sind lichtliebende Arten.

// Die Pflanze muss in der Lage sein, sich trotz des Herbizideinsatzes zu behaupten oder diesem durch späte Keimung oder Wiederaustrieb zu widerstehen.

Die Arten, die sich zu sogenannten Ackerunkräutern entwickeln konnten, müssen ursprünglich auf Standorten gewachsen sein, die Eigenschaften von Äckern aufwiesen, z. B. häufige Bodenumlagerung und Reichtum an Mineralstoffen. Eine Kombination dieser Standortfaktoren war in der ursprünglichen Vegetation Mitteleuropas nur an wenigen speziellen Standorten, wie nitratreichen Spülsäumen der Flussufer zu finden (Ellenberg 1996). Zu den Segetalarten aus diesen Lebensräumen zählen unter anderem das Einjährige Rispengras (*Poa annua*), die Gewöhnliche Vogelmiere (*Stellaria media*) und der Weiße Gänsefuß (*Chenopodium album*).

Abb. 39: Das Einjährige Berufkraut (*Erigeron annuus*) ist ein neophytisches Segetalkraut.

WARUM SICH DIE ZUSAMMENSETZUNG DER ACKERFLORA VERÄNDERT

Die Ackerwildkrautgesellschaften veränderten sich in ihrer Zusammensetzung je nach Bewirtschaftungsform. Im Mittelalter entwickelte sich die Dreifelderwirtschaft (Otte 1984). Bei dieser Form der Bewirtschaftung lösen sich Sommergetreide, Wintergetreide und Brache in dreijähriger Folge ab. Damals dominierten eher mehrjährige Kräuter und Gräser (Otte 1984). Die Ackerkrume wurde mit einfachen Geräten nur flach und lückenhaft umgebrochen (Ellenberg 1996), und die Ackerwildkräuter wurden von dem nicht so dicht und hoch stehenden Getreide kaum beschattet. Über die Jahrhunderte, in denen die Dreifelderwirtschaft praktiziert wurde, änderte sich die Segetalflora nur wenig, es trat gewissermaßen eine Stabilisierung in der Artenzusammensetzung ein. Nach Einführung der Kartoffel wurde die „verbesserte" Dreifelderwirtschaft eingeführt und auf das Brachfeld wurden Kartoffeln, Klee oder Rüben gepflanzt.

Gravierende Veränderungen traten im 20. Jahrhundert ein, als man Stickstoffdünger synthetisch herstellen konnte und Phosphatdünger als Abfallprodukte der Industrie zur Verfügung standen. Durch den Einsatz moderner landwirtschaftlicher Geräte, verbunden mit intensiver Bodenbearbeitung und deutlich verstärkter Düngung wurden die ausdauernden Arten schließlich zugunsten vorwiegend einjähriger Arten verdrängt. Es kam zur Ausbildung spezifischer Getreide- und Hackfruchtgesellschaften (Ellenberg 1996). Von der verstärkten Düngung profitierten aber nicht nur die Kulturpflanzen, sondern auch manche Segetalarten. Für andere Segetalarten bedeutete dies jedoch Konkurrenznachteile, insbesondere für Magerkeitszeiger wie das Acker-Gipskraut (*Gypsophila muralis*). Da gerade diese Arten vor allem auf den sogenannten Grenzertragsstandorten wuchsen, wurden ihnen durch die Aufgabe der Bewirtschaftung dieser Flächen zudem weitere Lebensräume genommen.

Abb. 40: Getreidefelder mit so viel Klatsch-Mohn (*Papaver rhoeas*) wie hier in Frankfurt-Unterliederbach sind inzwischen selten geworden.

Bunte Getreidefelder mit manchmal üppigen Beständen von gelbem Hederich (*Raphanus raphanistrum*), rotem Mohn (*Papaver rhoeas*, Abb. 40), blauer Kornblume (*Centaurea cyanus*) und weißer Kamille (*Matricaria recutita*) bestimmten bis etwa zur Mitte des 20. Jahrhunderts das Bild der Landschaft. Danach führten steigende Düngerverwendung, Einsatz chemischer Pflanzenbehandlungsmittel, einseitige Fruchtfolgen

und Saatgutreinigung zu einer weiteren Veränderung der Ackerbeikrautvegetation (Hilbig & Bachthaler 1992). Bedingt durch tieferes Pflügen verschwanden auch Zwiebel- und Knollengeophyten wie Acker-Goldstern (*Gagea villosa*) und Dolden-Milchstern (*Ornithogalum umbellatum*) (Matthiesen 1988). Geprägt wird die heutige Ackerflora von nitrophilen (stickstoffliebenden) Arten wie dem Gewöhnlichen Klebkraut (*Galium aparine*) sowie herbizidresistenten Arten wie der Gewöhnlichen Vogelmiere (*Stellaria media*). Außerdem kommt es zum vermehrten Auftreten von Rhizom- und Wurzelunkräutern wie Kriechender Quecke (*Elymus repens*), Acker-Kratzdistel (*Cirsium arvense*) und Acker-Winde (*Convolvulus arvensis*) (Arlt & Eggers 1997), da sich diese außer über Samen (Hanf 1999) auch vegetativ durch unterirdische Sprosse oder Wurzelsprosse vermehren und deshalb schwer mit Herbiziden zu bekämpfen sind.

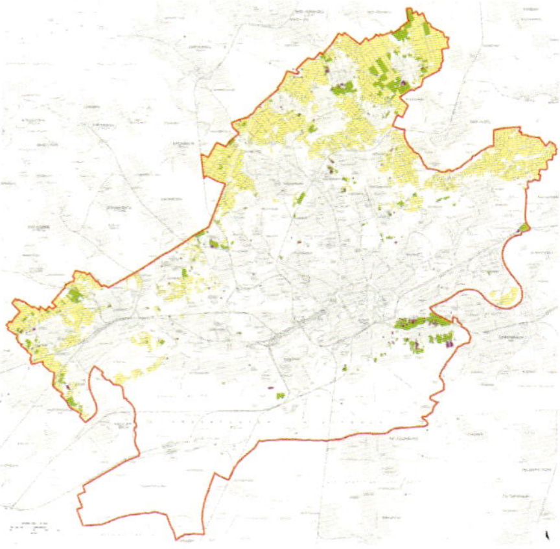

Abb. 41: Landwirtschaftliche Nutzflächen in Frankfurt. Gelb: Äcker, grün: Erwerbsgartenbau und landwirtschaftliche Sondernutzung, violett: stark versiegelte Flächen der Landwirtschaft oder des Erwerbsgartenbaus, rot: Stadtgrenze. © Umweltamt Frankfurt am Main.

ÄCKER IN UND UM FRANKFURT: LAGE UND NUTZUNG

Ungefähr 24 % des Stadtgebietes von Frankfurt (6.014 ha) werden landwirtschaftlich genutzt (Stand 2013, Stadt Frankfurt am Main 2014). Insbesondere in den 1928 und 1972 eingemeindeten Ortsteilen wie Zeilsheim, Schwanheim und Fechenheim bzw. Nieder-Erlenbach, Nieder-Eschbach und Bergen-Enkheim sind landwirtschaftliche Nutzflächen vorhanden (Abb. 41), ihr Flächenanteil sinkt jedoch stetig. Zwischen Kalbach und Niederursel wurden in jüngster Zeit landwirtschaftliche Nutzflächen, vor allem Äcker und Streuobstwiesen, mit dem neuen Stadtviertel „Riedberg" bebaut. Es gibt aber noch Bereiche, in denen sich bis heute eine kleinteilige und strukturreiche Kulturlandschaft mit Feldgehölzen und Streuobstwiesen erhalten hat, z. B. in Schwanheim, Sossenheim und Seckbach. Sonderkulturen wie Gemüse und Kräuter konzentrieren sich auf die Ackerflächen um die Stadtteile Oberrad sowie Nieder-Erlenbach und Nieder-Eschbach.

Die Arbeitsgruppe Biotopkartierung am Senckenberg Forschungsinstitut Frankfurt (Malten et al. 1999) hat von den 6.093 ha landwirtschaftlicher Nutzfläche ungefähr 3.960 ha (65 %) als Ackerflächen erfasst. Etwa 15 % des Stadtgebiets sind somit Ackerland.

Beim größten Teil der Ackerflächen in Frankfurt handelt es sich um intensiv bewirtschaftete Weizenäcker. Raps und Gerste sind die nächsthäufigen Anbaufrüchte. Die intensiv bewirtschafteten Äcker befinden sich hauptsächlich

im Norden und Osten des Stadtgebietes. Bei den Hackfruchtkulturen handelt es sich vornehmlich um Zuckerrüben. Auf den extensiv bewirtschafteten Äckern, die zum größten Teil im südwestlichen Stadtgebiet (vor allem in Schwanheim und Sossenheim) liegen, dominiert Gerste als Feldfrucht (Schneidewind 2010).

In die Untersuchungen von Schneidewind (2010) wurden nicht nur intensiv kultivierte Äcker einbezogen, sondern auch solche, die zum Schutz des Feldhamsters im Untersuchungsjahr oder im Vorjahr nicht gespritzt worden waren. Dabei bestätigte sich, dass die Herbizidbehandlung Einfluss auf die Diversität der Segetalflora hat. Bei herkömmlicher intensiver Bewirtschaftung wurden in den standardisierten Untersuchungsflächen am Ackerrand nur artenarme Bestände mit 1–5 Arten pro Untersuchungsfläche festgestellt. Dagegen besaßen 56 % der herbizidfreien Untersuchungsflächen eine mittlere Zahl von 11–15 Ackerwildkräuter-Arten pro Fläche. Erwartungsgemäß kommt die höchste Artenzahl (16–20) in Untersuchungsflächen ohne Herbizidbehandlung vor.

Die ausgebrachte Feldfrucht sowie die Exposition des Ackers wirken sich nur gering auf das Artenspektrum der Segetalarten aus. Wichtiger ist, wie schon Ellenberg (1996) feststellte, die Nährstoffversorgung und die Art und Weise der Bodenbearbeitung, insbesondere der Zeitpunkt des „letzten Hackens" bzw. der letzten tiefgreifenden Bearbeitung. Liegt dieser im späten Herbst oder im zeitigen Frühjahr, bildet sich eine Getreideunkrautgesellschaft aus. Wird im zeitigen und späten Sommer noch gehackt oder das Unkraut chemisch bekämpft, so bildet sich eine Hackunkrautgesellschaft aus (Ellenberg 1996).

Artenarme Aufnahmeflächen traten in allen untersuchten Kulturen auf, artenreiche fanden sich dagegen überwiegend in Getreideäckern, vor allem in weniger intensiv genutzten Weizen- und Gerstenäckern. Der größte Teil der Weizenäcker war allerdings sehr artenarm. Mineralische Düngung, vor allem mit Stick-

Abb. 42: Weizenacker mit sehr hohem Deckungsgrad in Sindlingen.

stoff, ermöglicht einen „dichteren" Wuchs des Getreides. Das gilt besonders für Weizen, der im Gegensatz zu Roggen und Gerste eine bis zu 100 %ige Bodenbedeckung erreichen kann (Matthiesen 1988, Abb. 42). Auf den untersuchten Äckern in Frankfurt hatte Weizen (62 %) als Feldfrucht nach Raps (80 %) die höchsten Deckungswerte, gefolgt von Gerste (58 %), Roggen und seinen Hybriden (51 %) sowie Mais (43 %). Die Hackfruchtäcker hatten mit 36 % den geringsten Deckungsgrad. Die höchste Artenvielfalt war vor allem in Gerstenäckern zu finden, möglicherweise infolge der geringeren Wuchsdichte des Getreides.

DAS ARTENINVENTAR AUF FRANKFURTS FELDERN

Auf den untersuchten Ackerflächen wurden 173 Arten aus 35 Familien erfasst (siehe Tab. II im Anhang). Von diesen Arten zählen nur 108 zu den sogenannten Segetalarten

Abb. 43: Die Acker-Winde (*Convolvulus arvensis*) gehört zu den häufigsten Segetalarten auf Frankfurter Äckern.

(Hofmeister & Garve 2006), die 55 anderen gehören Tritt-, Saum- und Wiesengesellschaften an. Von 306 in Mitteleuropa bekannten Segetalarten (Hofmeister & Garve 2006) konnten in Frankfurt 35,3 % nachgewiesen werden.

Die vier artenreichsten Pflanzenfamilien der Ackerbegleitflora in Frankfurt sind Korbblütler (Asteraceae), Süßgräser (Poaceae), Kreuzblütler (Brassicaceae) und Schmetterlingsblütler (Fabaceae). Diese gehören auch zu den fünf artenreichsten Pflanzenfamilien der Frankfurter Stadtflora insgesamt (Bönsel et al. 2008). Die Familien mit den meisten Einzelnachweisen in allen Untersuchungsflächen waren die Poaceae, gefolgt von den Asteraceae und den Knöterichgewächsen (Polygonaceae).

Nur vier Pflanzenarten sind auf Frankfurter Äckern noch so verbreitet, dass sie jeweils in ungefähr einem Viertel der Probeflächen dokumentiert werden konnten. Es handelt sich dabei um Acker-Winde (*Convolvulus arvensis*, Abb. 43), Vogel-Knöterich (*Polygonum aviculare* agg.), Kriechende Quecke (*Elymus repens*) und Geruchlose Kamille (*Tripleurospermum perforatum*).

Im Gegensatz zu diesen vier häufigen Arten wurden 68 Arten jeweils nur in einigen wenigen Untersuchungsflächen vorgefunden, z. B. seltene und geschützte Arten wie Niederliegender Krähenfuß (*Coronopus squamatus*), Mauer-Gipskraut (*Gypsophila muralis*) und Sand-Mohn (*Papaver argemone*, Abb. 44), aber auch Neophyten wie Garten-Rittersporn (*Consolida ajacis*, Abb. 45) und Ungarische Rauke (*Sisymbrium altissimum*, Abb. 46). Über 60 Segetalarten gelten inzwischen in Frankfurt als ausgestorben oder verschollen (Gregor et al. 2012).

Abb. 44: Sand-Mohn (*Papaver argemone*) auf einem Acker in Schwanheim.

Abb. 45: Garten-Rittersporn (*Consolida ajacis*) in Oberrad.

Abb. 46: Ungarische Rauke (*Sisymbrium altissimum*).

Viele gefährdete Ackerwildkräuter gehören zu den Wintereinjährigen, die sich mit ihrem Lebenszyklus an die herbstliche Bodenbearbeitung im Wintergetreideanbau angepasst haben. Im Gegensatz zu den verbreiteteren Sommereinjährigen keimen sie nicht im Frühjahr, sondern im Herbst zur Wintergetreideeinsaat und überdauern den Winter als Jungpflanze. Dazu zählen unter anderem Adonisröschen (*Adonis aestivalis*) und Kornblume (*Centaurea cyanus*). Dagegen sind verhältnismäßig wenige der gefährdeten Arten Sommereinjährige, so z. B. Saat-Wucherblume (*Chrysanthemum segetum*) oder Acker-Ziest (*Stachys arvensis*) (Matthiesen 1988).

WIE KANN MAN DIE VIELFALT DER ACKERWILDKRÄUTER ERHALTEN?

Wenn sie in Massen auftreten, können Ackerwildkräuter den Feldfrüchten Nährstoffe, Wasser und Licht streitig machen und den Ernteertrag deutlich schmälern. In begrenzter Zahl sind sie allerdings durchaus nützlich: Sie schützen den Boden vor Erosion und Austrocknung, sie können Schädlinge von den Kulturpflanzen ablenken und dienen zahlreichen Insekten und anderen Kleintieren als Nahrung. Damit erfüllen sie wichtige Funktionen im Ökosystem Acker (Matthiesen 1988). Deshalb ist es wichtig, den Artenrückgang der Segetalflora durch geeignete Schutzmaßnahmen aufzuhalten (Schneider et al. 1994, Hampicke et al. 2005). Dafür bietet sich eine auf die Erhaltung von Ackerwildkräutern ausgerichtete Bewirtschaftung einzelner Flächen an.

Als Charakteristika der Intensivlandwirtschaft gelten Herbizideinsatz und intensive mineralische Düngung (vor allem hohe Stickstoff- und Phosphorgaben). Beides sind wichtige Ursachen des Artenrückgangs der Segetalflora. Die übrigen Faktoren wie Saatgutreinigung, Aufgabe von Sonderkulturen, z. B. von Lein oder Buchweizen, sowie Meliorationsmaßnahmen, intensive Bodenbearbeitung und frühes Umpflügen von Stoppelfeldern spielen als Rückgangsursachen gegenüber den beiden Faktoren Herbizideinsatz und Düngung eine untergeordnete Rolle.

Verschiedene Schutzbemühungen wirken sich positiv auf die Segetalflora aus, etwa das Ackerrandstreifenprogramm, Feld-Flora-

Reservate und das Schutzprogramm „100 Äcker für die Vielfalt" (Meyer et al. 2010). Auch der biologische Landbau zeigt positive Resultate.

MÖGLICHE MASSNAHMEN
IN UND UM FRANKFURT:

// Grenzertragsstandorte verschiedener Bodentypen, saure Sandböden in Schwanheim und kalkreiche Böden in Bergen-Enkheim sollten weiterhin ackerbaulich bewirtschaftet werden.

// Vorhandene artenreiche Segetalflora-Bestände sollten durch vertraglich festgeschriebene Nutzungsextensivierung des gesamten Ackers (oder zumindest der Ackerränder) gesichert werden. Dies betrifft insbesondere Äcker in Schwanheim, in Sossenheim und an der Berger Warte nahe Bergen-Enkheim. So könnten Magerkeitszeiger und wärmeliebende Arten auf den sandigen Äckern in Schwanheim bzw. kalkliebende Arten an der Berger Warte gefördert werden.

Abb. 47: Nest der Feldlerche (*Alauda arvensis*) in Nieder-Erlenbach.

// Bei der Auswahl von Äckern für Schutzprogramme könnten benachbarte Biotopstrukturen (Grünlandstreifen, Hecken, Bäche oder Gräben) einbezogen werden. Wichtig für Erhaltung und Förderung einer artenreichen Segetalflora ist eine möglichst kleinteilige und strukturreiche Kulturlandschaft mit Feldgehölzen und Streuobstwiesen. Diese kommt nicht nur diversen Tierarten zugute, auch die Segetalflora konzentriert sich meist auf die Randbereiche der Äcker und profitiert von einer kleinteiligen Gliederung der Landschaft. Dass dieser Strukturreichtum Auswirkungen auf die Artenvielfalt hat, zeigt sich auch darin, dass sich die artenreichen mit den strukturreichen Gegenden von Frankfurt decken. Die artenreichsten Äcker finden sich bei Schwanheim, Sossenheim und an der Berger Warte bei Bergen-Enkheim (Schneidewind 2010).

// Die Ausweitung der Schutzkonzepte für Kleinsäuger („Hamsterschutz") oder Vögel („Lerchenfenster", Abb. 47) bieten ebenfalls eine Möglichkeit, die Diversität Höherer Pflanzen in Äckern zu erhöhen, da diese Gebiete nicht mit Herbiziden behandelt werden (Gall 2007, Gall et al. 2010). In solchen Schutzstreifen konnte von Schneidewind (2010) eine erhöhte Artenvielfalt festgestellt werden.

// TIERISCHE BESONDERHEITEN
IN FRANKFURT AM MAIN

LIBELLEN – BEDROHTE KUNSTFLIEGER

(BENJAMIN T. HILL, ANDREAS MALTEN)

Mit ihrem grazilen Körperbau, ihrer Farbigkeit und ihren tollkühn erscheinenden Flugkünsten üben Libellen eine besondere Faszination auf uns aus. Wie die meisten Insekten verfügen Libellen über zwei Flügelpaare, die sie unabhängig voneinander bewegen können. Das verleiht ihnen ihre besondere Wendigkeit. Sie können auf der Stelle fliegen, plötzliche Richtungswechsel durchführen oder sogar rückwärts fliegen.

Libellen fallen durch ihre Größe auf. Einige mitteleuropäische Arten bringen es auf Spannweiten über 10 cm, in den Tropen können Libellen sogar noch größer werden. Aus Mitteleuropa sind nur etwa 85 Libellenarten bekannt, obwohl weltweit weit über 5.500 Arten beschrieben wurden. Libellen werden in Kleinlibellen und Großlibellen unterteilt, wobei sich diese Einteilung nicht nach der tatsächlichen Größe richtet, sondern nach der Stellung ihrer Flügel: In Ruhe klappen Kleinlibellen ihre Flügel über dem Hinterleib zusammen (Abb. 48), während Großlibellen sie ausgebreitet lassen. In Mitteleuropa sind die Kleinlibellen tatsächlich die kleineren Arten und erreichen nur Flügelspannweiten bis zu 7 cm. Die weltweit größte bekannte Libelle ist allerdings auch eine Kleinlibelle – mit einer Spannweite von 19 cm!

Libellen leben räuberisch, ohne sich dabei auf eine bestimmte Beute zu spezialisieren. Sie fressen im Prinzip sämtliche anderen Insekten, die sie fangen und überwältigen können. Meist sind sie in der Nähe von Gewässern zu finden, ihr Jugendstadium entwickelt sich sogar darin. Libellenlarven sind an das Wasserleben gut angepasste Räuber. Mit ihrem Fangapparat (der stark verlängerten Unterlippe, die in Ruhe unter den Vorderleib geklappt wird) erbeuten sie Mückenlarven, Kleinkrebse, Insekten und sogar Kaulquappen. Wie bei vielen anderen Insekten, z. B. dem Hirschkäfer, leben die Larven viel länger als die ausgewachsenen Tiere. Die Entwicklungszeit im Wasser kann von drei Monaten bis zu fünf Jahren reichen. Zum Schlüpfen klettern die Larven schließlich aus

Abb. 49: Wenn die Libelle schlüpft – hier eine Zierliche Moosjungfer (*Leucorrhinia caudalis*) – bleibt die leere Larvenhülle als Exuvie zurück.

← Abb. 48: Kleinlibellen wie diese Gebänderte Prachtlibelle (*Calopteryx splendens*) klappen im Ruhezustand ihre Flügel über dem Hinterleib zusammen.

dem Wasser, z. B. auf Pflanzenstängel, Blätter oder Steine. Nach dem Schlüpfen bleibt die leere Larvenhülle als sogenannte Exuvie zurück (Abb. 49). Die meisten der heimischen Libellenarten lassen sich auch an diesen Exuvien unterscheiden, weshalb die Suche nach den leeren Larvenhüllen zu den wichtigen Methoden gehört, um Libellenarten nachzuweisen.

Libellenmännchen besetzen häufig Reviere, die sie gegen Eindringlinge verteidigen. An den Reviergrenzen kommt es nicht selten zu atemberaubenden Luftkämpfen zwischen zwei Konkurrenten. Dabei kann man oft sogar hören, wie die Libellen bzw. ihre Flügel aneinanderstoßen. Die Anzahl revierhaltender Männchen in einem Gebiet gilt als ein Maß für die Bestandsgröße einer Art.

Aufgrund ihrer oftmals speziellen Ansprüche an das Fortpflanzungsgewässer sind Libellen Indikatoren für Zustand und Strukturdiversität eines Weihers oder eines Fließgewässers. Umweltveränderungen, wie z. B. der Klimawandel, wirken sich bei dieser hoch mobilen Artengruppe besonders schnell aus. Aus beiden Gründen ist es sinnvoll, entsprechende Informationen über Libellen und ihre Vorkommen für das Stadtgebiet Frankfurt zusammenzufassen. Dazu wurden neben umfangreichen eigenen Erfassungsdaten die Ergebnisse der Hessenkartierung von Mitte der 1980er Jahre (vgl. Patrzich & Nitsch 1994) und alle Daten im Bestand des „Arbeitskreis Libellen in Hessen" (www.libellen-hessen.de) sowie die Daten engagierter ehrenamtlicher Libellenbeobachter berücksichtigt.

Alle Libellenarten sind in Deutschland durch die Bundesartenschutzverordnung besonders geschützt. Obwohl sich die Bestände einiger Arten in den letzten Jahrzehnten stabilisieren konnten, sind weiterhin zahlreiche Arten in Hessen bzw. in ganz Deutschland durch fortschreitenden Verlust ihrer Lebensräume gefährdet oder sogar vom Aussterben bedroht (Patrzich et al. 1996, Ott & Piper 1998).

VERLIERER UND GEWINNER

Insgesamt enthält die Datenbank des „Arbeitskreis Libellen in Hessen" für das Frankfurter Stadtgebiet ca. 1.750 Datensätze von Libellenbeobachtungen, die sich auf über 60 Gewässer, in der Mehrzahl Stillgewässer, verteilen. Zu den gut untersuchten Gewässertypen in Frankfurt zählen Park- und Waldweiher sowie ehemalige Abgrabungen und Altarme der Nidda.

Bis heute sind 49 Libellenarten in Frankfurt nachgewiesen worden (vgl. Tab. III im Anhang). Die Arten mit der höchsten Stetigkeit, d. h. an mehr als 50 % der untersuchten Gewässer

Abb. 50: Der Vierfleck (*Libellula quadrimaculata*) gehört zu den häufigen Libellenarten in Frankfurt.

nachgewiesen, sind Große Pechlibelle (*Ischnura elegans*), Große Königslibelle (*Anax imperator*), Blaugrüne Mosaikjungfer (*Aeshna cyanea*), Hufeisen-Azurjungfer (*Coenagrion puella*) und interessanterweise die Gebänderte Prachtlibelle (*Calopteryx splendens*). Dies gibt einen Hinweis auf die höhere Mobilität dieser Fließgewässerart – sie wird häufig weitab von Fließgewässern angetroffen, in denen sich ihre Larven entwickeln. Blutrote und Große Heidelibelle (*Sympetrum sanguineum, Sympetrum striolatum*), Großer Blaupfeil (*Orthetrum cancellatum*), Federlibelle (*Platycnemis pennipes*), Plattbauch (*Libellula depressa*), Becherjungfer (*Enallagma cyathigerum*), Weidenjungfer (*Lestes viridis*) und Vierfleck (*Libellula quadrimaculata*, Abb. 50) können ebenfalls als häufig eingestuft werden.

Zu den größten Seltenheiten zählen einige wärmeliebende, normalerweise eher im Mittelmeerraum verbreitete Arten mit Bindung an pflanzenreiche, unter Umständen nur temporär wasserführende Flachgewässer – ein Gewässertyp, der nur an sehr wenigen Stellen des Stadtgebietes anzutreffen ist. Es handelt sich um Südliche Binsenjungfer (*Lestes barbarus*), Südliche Mosaikjungfer (*Aeshna affinis*), Südlichen Blaupfeil (*Orthetrum brunneum*) und Frühe Heidelibelle (*Sympetrum fonscolombii*), die als Profiteure des Klimawandels überwiegend erst in der jüngeren Vergangenheit bei uns eingewandert sind. Nicht in allen Fällen ist klar, ob sie sich bei uns fortpflanzen. So liegen etwa von der Südlichen Mosaikjungfer bislang nur einzelne Beobachtungen vor, insbesondere seit 2000 im Bereich Rohsee im östlichen Schwanheimer Wald. Weitere Nachweise gelangen 2008 am Sausee im Riederwald sowie 2012 am Alten Flugplatz Kalbach/Bonames sowie im Palmengarten.

Abb. 51: Die Zierliche Moosjungfer (*Leucorrhinia caudalis*) profitiert vom Klimawandels: Sie ist erst in der jüngeren Vergangenheit bei uns eingewandert.

Ein weiterer Neueinwanderer mit Bindung an windgeschützte, pflanzenreiche und größere Gewässer ist die Zierliche Moosjungfer (*Leucorrhinia caudalis*, Abb. 51), die erstmals 2010 am Enkheimer Ried und 2011 am Klärwerk in Sindlingen gesehen wurde. Selten ist auch die Glänzende Smaragdlibelle (*Somatochlora metallica*), zumal die Mehrzahl der Fundmeldungen schon länger zurückliegt. Aktuelle Funde wurden von den Stadtwaldweihern, aus dem Ostpark sowie vom Schönungsteich des Klärwerks Sindlingen berichtet. Für sechs Arten, von denen ältere Nachweise vorliegen, blieb jedoch bislang jede Nachsuche erfolglos. Sie müssen im Stadtgebiet als verschollen gelten (Tab. 1).

Aufgrund der klimatischen Veränderungen deutlich häufiger geworden sind mehrere, ehemals sehr seltene Arten, die als charak-

teristisch für größere Stillgewässer mit Röhrichtzonen und/oder submerser Vegetation gelten. Hierzu zählen Spitzenfleck (*Libellula fulva*), Keilfleck (*Aeshna isosceles*), Kleine Königslibelle (*Anax parthenope*) und Feuerlibelle (*Crocothemis erythraea*, Abb. 52).

Die Kleine Königslibelle ist inzwischen an mindestens acht größeren Gewässern mit Verlandungsvegetation anzutreffen, die sich über das ganze Stadtgebiet verteilen. Man findet sie am Fechenheimer Waldsee im Osten und der Abwasserreinigungsanlage in Sindlingen im Westen, am Scherbelinoweiher im Süden und im Martin-Luther-King-Park im Norden. Der Schwerpunkt ihres Vorkommens liegt allerdings im Frankfurter Osten. Der Keilfleck tritt meist gemeinsam mit der Kleinen Königslibelle auf und ist mit mindestens neun besiedelten Gewässern sogar noch etwas weiter verbreitet.

Art	Letzte Nachweise
Fledermaus-Azurjungfer (*Coenagrion pulchellum*)	NSG „Enkheimer Ried" 1912 (Leonhardt 1913) und 1972 (Wagner 1982) sowie zuletzt am 24.5.1987 im NSG „Riedwiesen" von Niederursel (Datenbank des AK Libellen in Hessen).
Gefleckte Heidelibelle (*Sympetrum flaveolum*)	1987 Nachweise an 10 Gewässern im Stadtgebiet (Datenbank des AK Libellen in Hessen, A. Malten), darunter auch Parkgewässer; letzte Meldung 1995 für das Messtischblatt-Viertel 5817/3 (D. Diehl). 1997 stellte A. Malten die Art noch an den Wiesengräben bei Kalbach, nahe dem Alten Flugplatz Kalbach/Bonames und 2005 an den neu entstandenen Gewässern am Alten Flugplatz fest. Seither keine Nachweise.
Große Moosjungfer (*Leucorrhinia pectoralis*)	Nach Leonhardt (1929) und Nörpel (1982) bis in die 1970er Jahre an den Stadtwaldteichen „noch sehr häufig zu finden". Heute bestehen noch Vorkommen im benachbarten Kreis Groß-Gerau.
Kleine Moosjungfer (*Leucorrhinia dubia*)	Nach Auskunft von K. Möbus (pers. Mitt.) meldete M. Nörpel die Art in den 1970er Jahren als zahlreich im Stadtwald; schon 10 Jahre später gelang dort keine Bestätigung mehr.
Schwarze Heidelibelle (*Sympetrum danae*)	1987 noch Meldungen aus 6 Gebieten (Datenbank des AK Libellen in Hessen, A. Malten); neuere Beobachtungen gelangen an verschiedenen Gewässern bis 2005, zuletzt wurde sie am Alten Flugplatz gesehen. Die Art verzeichnet gerade in Südhessen massive Bestandsrückgänge. Auch gezielte Nachsuchen in 2012 durch R. Teuber blieben leider erfolglos.
Torf-Mosaikjungfer (*Aeshna juncea*)	Früher im NSG „Enkheimer Ried" (Leonhardt 1913). Aktuell nur in den mittel- und nordhessischen Mittelgebirgen bestätigt.

Tab. 1: Libellenarten, deren Vorkommen im Stadtgebiet von Frankfurt am Main vermutlich erloschen sind, und ihre letzten Nachweise.

Abb. 52: Vom Klimawandel profitiert auch die Feuerlibelle (*Crocothemis erythraea*), sie ist im Stadtgebiet deutlich häufiger anzutreffen als früher.

Zu den besonders auffälligen Neueinwanderern gehört die Feuerlibelle. Sie kommt ursprünglich aus dem Mittelmeerraum. Der eindeutige Nachweisschwerpunkt in Frankfurt ist das NSG „Enkheimer Ried". Die ersten Meldungen stammen allerdings erst aus dem Jahr 2009. Weitere Funde liegen vom Rebstockweiher, den Nidda-Altarmen nördlich Nied, dem Alten Flugplatz Kalbach/Bonames, dem Schönungsteich des Klärwerks Sindlingen sowie dem Umfeld des NSG „Schwanheimer Düne" vor. Der Spitzenfleck macht sich dagegen noch rar. Von dieser Art liegen ebenfalls ausschließlich Nachweise aus den letzten Jahren vor, doch hat sie bislang offenbar erst wenige Gewässer besiedeln können. Gesichtet wurde sie bisher im NSG „Enkheimer Ried", am Schönungsteich des Klärwerks Sindlingen, am NSG „Schwanheimer Düne" (hier mehrere Gewässer) sowie am Rohsee.

Eine weitere Gruppe mit positiver Bestandsentwicklung sind Arten, die an Fließgewässern leben und die in den letzten Jahren von verbesserter Wasserqualität und Gewässerstruktur profitieren: Grüne Flussjungfer (*Ophiogomphus cecilia*), Kleine Zangenlibelle (*Onychogomphus forcipatus*), Gemeine Keiljungfer (*Gomphus vulgatissimus*), Blauflügel-Prachtlibelle (*Calopteryx virgo*, Abb. 53) und Zweigestreifte Quelljungfer (*Cordulegaster boltonii*). Von vielen Vertretern dieser Gruppe ist die Verbreitung im Stadtgebiet allerdings noch nicht vollständig geklärt.

WIEDERFUNDE UND ANDERE ÜBERRASCHUNGEN

Libellen sind sehr mobile Tiere. Davon zeugen bemerkenswerte Beobachtungen wie die einer Braunen Mosaikjungfer (*Aeshna grandis*), die 2009 beim raschen Durchflug im Nordend beobachtet wurde. Die Art besiedelt verschiedene Gewässer im Frankfurter Osten, z. B. das Enkheimer Ried und den Fechenheimer Waldsee. Auch die Gemeine Keiljungfer (*Gomphus vulgatissimus*), eine typische Art der Fließgewässer, wurde fernab ihrer Entwicklungsgewässer beobachtet. 2009 wurde sie gleich zweimal, nämlich am Enkheimer Ried und am Berger Hang, gesehen. Vermutlich handelte es sich dabei um vagabundierende Einzeltiere. Am Main in Frankfurt ist die Art zwar bislang noch nicht nachgewiesen worden, doch wird ihr Vorkommen dort vermutet, da Nachweise sowohl flussauf- wie flussabwärts vorliegen (z. B. Malten et al. 2002b, Stübing & Hill 2008).

Bei manchen Arten muss der Libellenfreund jahrelang auf ein Wiedersehen warten. So

wurde der Frühe Schilfjäger (*Brachytron pratense*), eine sehr früh im Jahr fliegende Libelle, von der bis vor kurzem nur ein Fund vom Waldsee Fechenheim aus dem Jahre 1987 vorlag, in den letzten Jahren gleich an vier neuen Gewässern nachgewiesen: im NSG „Enkheimer Ried" (2010), im Bereich der Schwanheimer Düne (2009), im Erlenbruch (2010) und 2012 am Klärwerk in Sindlingen. Die Glänzende Binsenjungfer (*Lestes dryas*), die nach Funden der Hessenkartierung aus den 1980er Jahren ebenfalls nicht mehr gesichtet wurde, tauchte rund 20 Jahre später wieder in Frankfurt auf. Ihre Lebensraumansprüche – stark verwachsene, periodisch austrocknende Gewässer – werden in Frankfurt nur selten erfüllt. 2007 wurde sie jedoch am Alten Flugplatz Kalbach/Bonames beobachtet.

Noch länger ließ die Südliche Binsenjungfer (*Lestes barbarus*) auf sich warten. Sie wurde

Abb. 53: An Fließgewässern lebende Arten, zu denen die Blauflügel-Prachtlibelle (*Calopteryx virgo*) zählt, werden in den letzten Jahren häufiger gefunden.

Abb. 54: Der Plattbauch (*Libellula depressa*) gehört zu den Pionierarten, die häufig an vegetationsarmen Gewässern vorkommen.

bereits 1913 im Enkheimer Ried beobachtet (Leonhardt 1913). Bis zur nächsten Sichtung vergingen fast 100 Jahre! Erst 2005 wurde sie ebenfalls am Alten Flugplatz Kalbach/Bonames wieder entdeckt. Inzwischen gelangen weitere Nachweise am Scherbelinoweiher (2008), am Schönungsteich des Klärwerks Sindlingen (2009) sowie am Sausee (2010).

Viele Libellenarten bleiben nicht auf Dauer an ein und demselben Gewässer, da sich die Vegetation der Uferbereiche verändern kann, und so die Lebensraumansprüche der einzelnen Arten nur für eine gewisse Zeit erfüllt werden. Dies wird bei den sogenannten „Pionierarten" besonders deutlich (Abb. 54). Sie besiedeln als Erste neu entstandene Gewässer, die noch fast frei von Bewuchs sind. Nach einigen Jahren sind solche Gewässer aufgrund der inzwischen dichter gewordenen Vegetation für diese Arten nicht mehr geeignet. In Frankfurt gehört die Kleine Pechlibelle (*Ischnura pumilio*) zu den besonders ausgeprägten Pionierarten, die nur an vegetationsarmen Flachgewässern anzutreffen sind. So

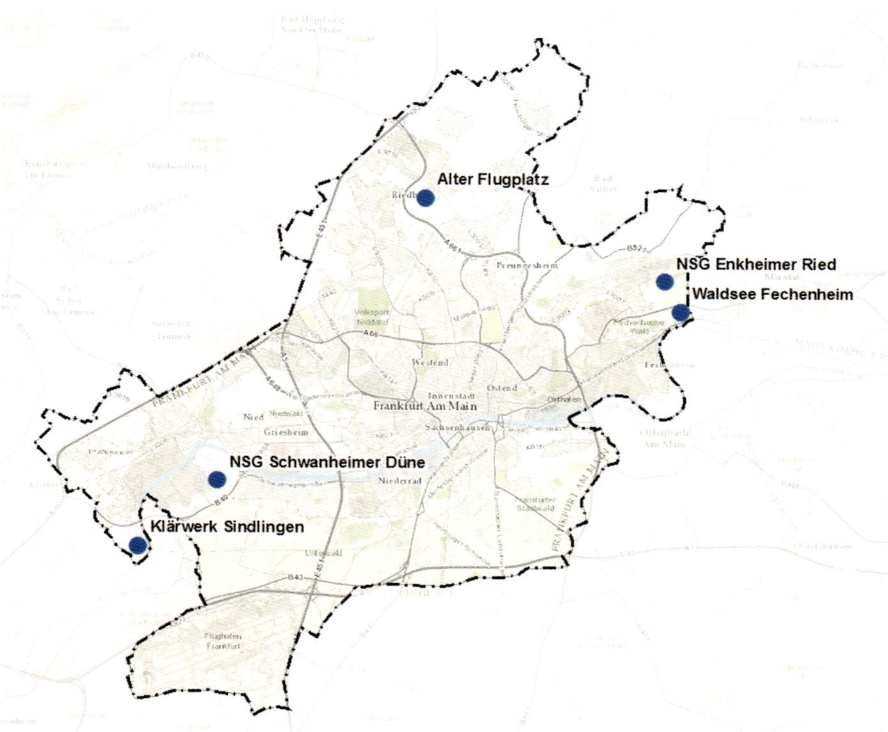

Abb. 55: Lage der Gewässer mit den meisten Libellennachweisen im Stadtgebiet von Frankfurt.

ist auch der Bestand dieser Art am Alten Flugplatz Kalbach/Bonames, wo 2005 noch über 100 Individuen registriert wurden, im Zuge der natürlichen Sukzession wieder im Rückgang begriffen. Die Art wurde jedoch in den letzten Jahren auch noch an anderen Gewässern im Stadtgebiet registriert.

WO IN FRANKFURT SIND LIBELLEN ZU FINDEN?

Aufgrund ihrer unterschiedlichen Lebensraumansprüche besiedeln die einzelnen Arten auch unterschiedliche Gewässer. Im Folgenden sollen die fünf Gewässer vorgestellt werden, an denen bislang die meisten Libellenarten nachgewiesen worden sind (Abb. 55). Dabei eignen sich durchaus nicht alle für einen Sonntagsausflug, denn wer möchte schon mit der Familie zu einem Klärwerk fahren? Manche Gewässer sind außerdem nicht zugänglich, wie etwa im NSG „Enkheimer Ried“. Hier kann man als Besucher nur von Ferne durch den Zaun schauen. Für Libellen ist aber gerade dieses ein besonders wichtiges Gewässer.

NSG „Enkheimer Ried". Das Enkheimer Ried (Abb. 56) ist ein Altarm des Mains im Osten Frankfurts, der jedoch durch eine lange Nutzung als Torfstich und zur Gewinnung von Natureis erheblich umgestaltet wurde. Bereits 1937 wurde es als Naturschutzgebiet ausgewiesen. Es ist heute das Gewässer in Frankfurt, an dem die meisten Libellenarten nachgewiesen wurden, nämlich bislang 38 Arten. Dazu zählen allerdings auch zahlreiche von Leonhardt (1913) beobachtete Arten, die bereits seit langer Zeit im Stadtgebiet verschollen sind (vgl. oben). Außerdem wurden diverse Gäste ohne Bodenständigkeit, wie z. B. Südlicher Blaupfeil (*Orthetrum brunneum*), Gemeine Keiljungfer (*Gomphus vulgatissimus*) und Kleine Zangenlibelle (*Onychogomphus forcipatus*) mitgezählt. Aber auch ohne diese Gäste ist das Enkheimer Ried unser bedeutendstes Gewässer für Libellen. Dazu kommt, dass weite Teile für eine Erfassung nicht erreichbar sind und somit noch Potenzial für das Vorkommen „unauffälliger" Arten besteht.

NSG „Schwanheimer Düne". Mit bislang 30 bestätigten Libellenarten liegt dieses Naturschutzgebiet in Frankfurt an zweiter Stelle. Es umfasst mehrere Gewässer (Dittmann 2002). Zum Biotopverbund in der Schwanheimer Düne gehören weiterhin einige im Umfeld liegende Angelgewässer. Bezieht man die Nachweise von diesen mit ein, so kommt man sogar auf 34 Arten. Die Schwanheimer Düne liegt im Westen Frankfurts, sie ist aus vielen Gründen einen Besuch wert, jedoch sind auch hier die Gewässer überwiegend eingezäunt und nicht zugänglich. Besonderheiten sind z. B. Spitzenfleck (*Libellula fulva*), Früher Schilfjäger (*Brachytron pratense*) und Keilfleck (*Aeshna isosceles*).

Alter Flugplatz Kalbach/Bonames. Erst 2003 wurde das ehemals von Amerikanern als Hubschrauberlandeplatz genutzte Gelände umgestaltet. Seither darf auf vielen Flächen eine natürliche Sukzession stattfinden. Die Fläche ist aber auch ein beliebtes und stark frequentiertes Ausflugsziel. Aufgrund der Biotopstrukturen ist das Gelände in Frankfurt einzigartig (vgl. Ottich et al. 2009). Es wurden bereits 28 Libellenarten registriert, wobei sich

Abb. 56: Am Enkheimer Ried im Osten Frankfurts wurden bereits 38 Libellenarten nachgewiesen.

einige Arten nur zeitweilig ansiedelten, z. B. die Gefleckte Heidelibelle (*Sympetrum flaveolum*). Das Gelände ist von großer Bedeutung für Binsenjungfern (*Lestes barbarus, Lestes dryas*) und verschiedene Pionierarten, z. B. die Kleine Pechlibelle (*Ischnura pumilio*). Es ist auch der einzige Ort in Frankfurt, an dem regelmäßige Nachweise vom Südlichen Blaupfeil (*Orthetrum brunneum*) gelingen. 2006 wurden mehr als zehn revierhaltende Männchen festgestellt.

Schönungsteich im Klärwerk Sindlingen. Ganz im Frankfurter Westen, kurz vor der Stadtgrenze, ist dieser Absetzteich auf dem Gelände des Klärwerks Sindlingen gelegen. Er ist nicht öffentlich zugänglich, wird aber intensiv untersucht. Möglicherweise aufgrund von höheren Wassertemperaturen hält dieses Gewässer eine ganze Reihe von phänologischen Rekorden, etwa besonders frühe Sichtungen im Jahr. Neben den typischen Arten größerer Weiher (siehe Schwanheimer Düne) finden sich unter den insgesamt 25 nachgewiesenen Arten auch einige Pionierlibellen wie Südliche Binsenjungfer (*Lestes barbarus*) und Kleine Pechlibelle (*Ischnura pumilio*).

Waldsee Fechenheim. Ebenso viele Libellenarten (25) wurden bislang am Waldsee Fechenheim nachgewiesen. Bei diesem handelt es sich um einen typischen Waldweiher, bei dem die Waldbäume direkt bis ans Ufer heranreichen. Der Waldsee Fechenheim ist im Frankfurter Osten im Enkheim-Fechenheimer Wald gelegen. Er ist erst in den 1970er Jahren durch Kiesabbau entstanden und an der tiefsten Stelle gut 4 m tief. Heute führt ein Lehrpfad, der über Fische und Wasservögel informiert, um den Waldsee. Zu den insgesamt 25 belegten Libellenarten gehört ein älterer Fund vom Frühen Schilfjäger (*Brachytron pratense*). Besonders bedeutsam ist das Gewässer für die Braune Mosaikjungfer (*Aeshna grandis*).

GUTE AUSSICHTEN FÜR LIBELLEN

Mit mindestens 49 nachgewiesenen Libellenarten beherbergt Frankfurt fast drei Viertel aller hessischen Arten, was bezogen auf die Flächengröße und den hohen Bebauungsgrad bemerkenswert viel ist. Die günstige klimatische Lage und die Existenz einiger hochwertiger Naturschutzgewässer machen sich positiv bemerkbar. Die insgesamt hohe Gesamtartenzahl sollte aber nicht darüber hinwegtäuschen, dass die Mehrzahl der stadttypischen Stillgewässer (z. B. Parkweiher) als Lebensraum für Libellen eine untergeordnete Bedeutung hat und allenfalls von anspruchslosen Arten genutzt werden kann. Dies liegt entweder in der Anwesenheit von Fischen und/oder der Strukturarmut der Gewässer (kaum Vegetation, fehlende Flachwasserzonen) begründet. Auch in Gartenteichen bewirkt der Besatz mit Zierfischen einen meist vollständigen Verlust der Libellenfauna.

Durch den fortschreitenden Klimawandel ist mit weiteren Verschiebungen in der Artenzusammensetzung der Libellen an Frankfurter Gewässern zu rechnen. Darüber hinaus ist zu vermuten und zu hoffen, dass sich die Bedingungen für Libellenarten der Fließgewässer durch weitere Renaturierungsprojekte und -maßnahmen, wie beispielsweise an Nidda und Main, weiter verbessern werden.

SCHMETTERLINGE – VIELFALT EINST UND JETZT (PETRA ZUB, WOLFGANG A. NÄSSIG)

Abb. 57: Das Kleine Eichenkarmin (*Catocala promissa*), ein Eulenfalter, kommt bevorzugt in warmen Eichenwäldern vor.

Mit weltweit über 160.000 beschriebenen Arten sind Schmetterlinge eine artenreiche Ordnung der Insekten, die traditionell in Groß- und Kleinschmetterlinge unterteilt wird. Zu den Großschmetterlingen gehören unter anderem die Tagfalter, die einen hohen Sympathiewert besitzen – wie der Kleine Fuchs (*Aglais urticae*, Abb. 58) –, außerdem eine Reihe von Familien, bei denen die Falter eine solche Körpergröße erreichen, dass man sie im Gelände leicht finden kann.

In vielen Bestimmungsbüchern sind die **Großschmetterlinge** ihrerseits in vier Gruppen unterteilt: Tagfalter, Eulen (Abb. 57), Spanner sowie viertens die übrigen Familiengruppen, die als „Spinner und Schwärmer" zusammengefasst werden. Das entspricht zwar nicht den heutigen Kenntnissen der sys-

Abb. 58: Kleiner Fuchs (*Aglais urticae*).

tematischen Anordnung der Familien, die auf der phylogenetischen Verwandtschaft basiert, ist aber immer noch weit verbreitet. Eulen, Spanner und die Vertreter der „Spinner und Schwärmer" sind als Falter zu einem großen Teil nachtaktiv, doch gibt es bei allen Gruppen auch tagaktive Arten. Bei manchen Arten ist das Männchen tagaktiv und wird von Duftstoffen des Weibchens angelockt; dieses fliegt jedoch erst in der Dunkelheit zur Eiablage.

Zu den **Kleinschmetterlingen** zählen viele Familien, bei denen die Falter sehr klein sind. Ein Beispiel dafür ist die in den letzten Jahren bei uns eingewanderte und jahrweise häufig auftretende Kastanienminiermotte (*Cameraria ohridella*), deren Raupen in den Blättern der Gewöhnlichen Rosskastanie (*Aesculus hippocastanum*) Fraßgänge anlegen, wodurch die Blätter vorzeitig braun werden. Es gibt jedoch auch Kleinschmetterlingsfamilien, bei denen die Falter eine Flügelspannweite von 1–2 cm erreichen, beispielsweise einige Wickler (Tortricidae) und Zünsler (Pyralidae). Kleinschmetterlinge werden bei faunistischen Untersuchungen meist nicht mit berücksichtigt, weil sie schwierig nachzuweisen und zu bestimmen sind.

In Deutschland gibt es mehr als 3.600 Schmetterlingsarten (Gaedike & Heinicke 1999), davon ca. 1.400 Großschmetterlinge. In Hessen liegt die Zahl der Großschmetterlingsarten bei etwas über 1.000. Da sich zur Zeit niemand in Hessen intensiv mit Kleinschmetterlingen beschäftigt, ist deren aktuelle Artenzahl nicht bekannt.

FRANKFURTER SCHMETTERLINGSKUNDLER IM 18. UND 19. JAHRHUNDERT

Die ältesten Angaben zur Schmetterlingsfauna in Frankfurt am Main finden sich im Tagebuch von Maria Sibylla Merian. Sie sammelte Raupen, züchtete sie zum Falter und fertigte Zeichnungen an, die sie mit genauen Fundortangaben in ihr Tagebuch einfügte. Doch da sie ihre Aufzeichnungen vor der Einführung der einheitlichen zoologischen Nomenklatur (Linnaeus 1758) machte, sind ihre Angaben nicht ohne Weiteres zuzuordnen. Allerdings verfügte Maria Sibylla Merian über eine ausgezeichnete Beobachtungsgabe und zeichnete die Raupen und Falter äußerst detailreich. Daher sollte es möglich sein, aus ihren Tagebüchern eine Artenliste für Frankfurt zu fertigen – es müsste sich nur ein Schmetterlingskenner die Zeit dafür nehmen.

Viele Schmetterlingskundler der letzten 200 Jahre waren keine Wissenschaftler, sondern Laien, die neben ihrem Brotberuf Schmetterlinge sammelten und beobachteten. Glücklicherweise fanden einige von ihnen Zeit und Möglichkeit, ihre Kenntnisse in einem Buch oder einer Zeitschrift zu publizieren. Für das Stadtgebiet und die Umgebung von Frankfurt am Main gibt es sogar mehrere solcher Zusammenfassungen. Die früheste stammt von Benedict Jacob Römer-Büchner aus dem Jahr 1827 und trägt den Titel „Verzeichniss der Steine und Thiere, welche in dem Gebiete der freien Stadt Frankfurt und deren nächsten Umgebung gefunden werden" (Römer-Büchner 1827). Benedict Römer-Büchner (1792–1853) war ein Doktor der Rechte und Landamtsschreiber, der sonst vor allem lokalhistorische Werke verfasste. Etwa 400 Schmetterlingsarten werden in seiner Liste aufgeführt, davon über 70 Tagfalter und einige wenige Wickler- und Geistchenarten (Kleinschmetterlingsfamilien). Leider gibt er keine genauen Fundorte, sondern nur Flugzeiten an.

Ein weiterer Schmetterlingskundler aus Frankfurt war der Klempnermeister Gabriel Koch (1807–1881), der seine Kenntnisse vor allem der südhessischen Fauna nach 25 Jahren des Sammelns und Beobachtens in einem über 500 Seiten umfassenden Buch zusammenfasste (Koch 1856). Dort werden insgesamt über 1.700 Schmetterlingsarten mit Fundorten von der Bergstraße bis nach Gießen und von Wiesbaden bis zum heutigen Main-Kinzig-Kreis aufgeführt, bei einer für Deutschland angegebenen Gesamtartenzahl von 2.840. Für das südliche Hessen werden 831 Großschmetterlingsarten aufgeführt. Eine Reihe von Arten,

Abb. 59: Frankfurter Ringelspinner (*Malacosoma franconica*). Links ein Weibchen aus der Sammlung von Gabriel Koch, rechts ein Männchen aus dem Frankfurter Stadtwald von 1929.

die heute zu den Eulenfaltern gezählt werden, steht bei Koch jedoch noch in der Kleinschmetterlingsfamilie der Pyralidae (Zünsler). Legt man die heute gültige Nomenklatur zugrunde, so hat Koch 707 Großschmetterlingsarten für das heutige Stadtgebiet von Frankfurt, den Schwanheimer Wald, den Stadtwald und die nähere Umgebung (Isenburg, Sprendlingen, Offenbach und Bieber) aufgelistet (Tab. 2).

Viele Arten, die zu Kochs Zeiten in Frankfurt nachgewiesen wurden, sind auch heute noch allgemein verbreitet. Andere dagegen haben sehr spezifische Biotopansprüche, beispielsweise typische Feuchtgebietsarten, die im Niederräder Bruch und ähnlichen Lebensräumen zu finden waren, die es längst nicht mehr gibt. Desgleichen wurden wärmeliebende Arten warmer und trockener Standorte auf der spärlich bewachsenen Schwanheimer Düne oder typische Arten auf der Bornheimer Heide aufgeführt. Der Frankfurter Ringelspinner (*Malacosoma franconica*), von dem noch ein Exemplar aus Kochs Sammlung im Senckenberg-Museum vorhanden ist (Abb. 59), ist ein Beispiel für in Frankfurt verschwundene Arten. Koch schreibt dazu: „Vor 20 Jahren fand man die Raupen nesterweise an Quecken auf den Brachfeldern des eine Stunde von Frankfurt entfernten Neu-Isenburg."

Außer Angaben zu Fundorten finden sich bei Koch auch Beschreibungen der Lebensräume der Arten, beispielsweise Flugplätze der Falter, Nahrungspflanzen der Raupen im Freiland und bei der Aufzucht im Haus und auch, wie und wo man die oft versteckten Raupen finden kann. Die Raupen wurden nach Hause verbracht, da man sie oft nicht bis zur Art bestimmen kann, und in speziellen, selbstgebauten Zuchtgefäßen bis zur Puppe gehalten. Diese kamen bis zum Schlupf der Falter in einen ebenfalls selbst konstruierten sogenannten Puppenkasten.

FAUNENLISTEN DES 20. JAHRHUNDERTS

Zu Beginn des 20. Jahrhunderts erschienen in entomologischen Zeitschriften, die für die Pu-

	„allenthalben"	Wald	Stadtgebiet	Umgebung	Summe
Tagfalter	44	36	13	1	**94**
Spinner und Schwärmer	46	39	47	9	**141**
Eulen	43	57	149	4	**253**
Spanner	25	91	88	15	**219**
Summe	**158**	**223**	**297**	**29**	**707**

Tab. 2: Zahl der von Koch (1856) angegebenen Schmetterlingsarten, aufgeschlüsselt nach Kochs Fundorten: „allenthalben" = allgemein verbreitet, Wald = Schwanheimer Wald und Stadtwald, heutiges Stadtgebiet von Frankfurt, die nähere Umgebung von Frankfurt. Die von Koch angeführten Fundorte wurden in der Rangfolge wie in der Tabelle (von links nach rechts) übernommen; bei mehreren Fundortangaben wird die betreffende Art nicht mehrfach gewertet.

blikation von Regionalfaunen offen waren, Berichte von verschiedenen in und um Frankfurt aktiven Schmetterlingskundlern und -sammlern. Eine Zusammenstellung von Veröffentlichungen zur Lepidopteren-Fauna in Hessen bis in die 1980er Jahre bietet Brockmann (1990), eine Weiterführung ist in Arbeit (Arbeitsgemeinschaft Hessischer Lepidopterologen).

Die umfangreichsten Faunenlisten im 20. Jahrhundert stammen von Albert Hepp und Wilhelm Lommatzsch. Die Nachweise von Tagfaltern und Eulen über einen Zeitraum von zehn Jahren von Hepp (1930–31) sowie die Liste von Lommatzsch (1930–31) aus dem Jahr 1929 sind immer noch sehr umfangreich (Tab. 3). Albert Hepp (1883–1941) war zeitweilig als Postbeamter in Frankfurt tätig. Seine Nachweise stammen aus Frankfurt und Umgebung, Gravenbruch, Heusenstamm, Mitteldick. Er weist auf die Veränderungen seit Kochs Zeiten hin: die Raserei der Autos auf der Babenhäuser Landstraße (in den 1920er und 1930er Jahren!), einige Fundorte von Koch (wie der Rödelheimer Damm) sind nicht mehr vorhanden, die Bornheimer Heide und der Röderberg sind bebaut und der Seckbacher Sumpf zugeschüttet. Es wurden jedoch in dieser Zeit vielfach Arten „am Licht", nämlich der Straßenbeleuchtung, registriert, wodurch viele Funde aus dem Stadtgebiet selbst zustande kommen.

Vielversprechend klingt der Titel der Arbeit von Steeg (1961, mit Ergänzung 1972): „Die Schmetterlinge von Frankfurt am Main und Umgebung". Tatsächlich werden hier vor allem Funde aus der näheren und weiteren Umgebung von Frankfurt angegeben, vor allem aus dem Taunus, der Wetterau, der Umgebung von Hanau und Darmstadt. Die wenigen Funde aus Frankfurt selbst stammen aus den 1930er Jahren.

Für viele Jahre waren die Schmetterlingskundler nach dem Krieg nur weit außerhalb von Frankfurt aktiv, dort, wo man eine große Artenvielfalt erwartete. Der städtische Wald rückte erst wieder in den Blick, als er 1993 und 1994 teilweise von Schwammspinnern

Sammler und Zeitraum	Stadtwald	Stadtgebiet + „gemein"	Summe
Hepp (ca. 1920–1930)			
Tagfalter	29	29	89
Eulen	40	110	229
Summe Hepp:	**69**	**139**	**318**
Lommatzsch (1929)			
Tagfalter	25	25	58
Spinner und Schwärmer	28	29	69
Eulen	44	65	118
Spanner	67	28	109
Summe Lommatzsch:	**164**	**147**	**354**

Tab. 3: Zahl der von Hepp und Lommatzsch gefundenen Lepidopteren-Arten im Stadtgebiet und der näheren Umgebung von Frankfurt.

kahlgefressen wurde. Danach kam der Plan auf, eine Landebahn des Flughafens in den Schwanheimer Wald zu bauen, und in den letzten Jahren macht sich der Eichenprozessionsspinner breit. Seitdem finden auch immer wieder schmetterlingskundliche Untersuchungen statt, vor allem im Schwanheimer Wald und im Frankfurter Oberwald.

Tagfalter werden nach wie vor mit einem Netz gefangen und bestimmt. Nachtaktive Arten werden heute in der Regel mit Licht angelockt. Zu diesem Zweck stellt man Lampen (meist Leuchstoffröhren) mit hohem UV-Anteil auf und umgibt sie mit einem Gazeturm. Die angelockten Falter setzen sich auf die Gaze und können mit Taschenlampen angeleuchtet, bestimmt und protokolliert werden. Eine weitere Methode zum Nachweis von Nachtfaltern, die sich über viele Jahrzehnte erhalten hat, ist der Köderfang: Man bietet den Faltern, die mit ihren Saugrüsseln nur flüssige Nahrung aufnehmen können, Wasser, Zucker und Elektrolyte an. Besonders geeignet sind fruchtig duftende alkoholhaltige Flüssigkeiten, die im Geruch vergorenem Obst ähneln. Einige Arten bevorzugen allerdings stinkende Käsesorten oder Urin. Bei manchen Arten besitzen die Falter keinen Saugrüssel und nehmen keine Nahrung mehr auf.

DIE SCHMETTERLINGSFORSCHUNG IM FRANKFURTER WALD AB 1995

Die ersten eigenen Schmetterlingsuntersuchungen, die diesem Beitrag zugrunde liegen, wurden in den Jahren 1995 und 1996 durchgeführt, und zwar je zehn Lichtfänge am Rohsee und im Neuheeg zur Erfassung der Nachtfalterfauna und fünf Begehungen der Schwanheimer Wiesen zur Registrierung tagaktiver Arten (Zub & Nässig 1996). Dann erfolgten je drei Lichtfänge 1998 und 1999 im Schwanheimer Unterwald. Im Rahmen des geplanten Flughafenausbaus wurden in den Jahren 2000 und 2001 insgesamt 32 Lichtfänge im Schwanheimer Wald durchgeführt, dazu kamen in derselben Zeit ergänzende Erhebungen mittels Bodenfallen und Stammeklektoren (Apparaturen zum Fang von Wirbellosen an Bäumen) im gesamten Stadtwald (Zub 2002). Im Jahr 2004 erfolgten zwölf Lichtfänge im Gundwald und Markwald südlich des Flughafens, dazu Fallenfänge im Flughafenwald und auf dem

	1995/1996	bis 2004	bis 2009
Tagfalter und Widderchen	24	44	(44)*
Spinner und Schwärmer	32	69	76
Eulen	111	153	182
Spanner	104	134	136
Summe	**271**	**400**	**438**

Tab. 4: In den Jahren 1995 bis 2009 nachgewiesene Schmetterlingsarten in Schwanheimer Wald, Stadtwald und im Bereich des Flughafens von Frankfurt am Main (Artenzahl kumulativ aufaddiert). * = nicht erfasst.

Parallelbahnsystem des Flughafens (Zub in Malten et al. 2005). Im Rahmen eines Monitorings zur Bekämpfung des Eichenprozessionsspinners erfolgten im Jahr 2009 Fallenfänge im Schwanheimer Wald und im Stadtwald.

Alle diese Untersuchungen zusammengenommen, wurden im Bereich des Frankfurter Stadtwalds zwischen 1995 und 2009 394 Nachtfalterarten nachgewiesen, fünf dieser Arten ausschließlich auf dem Flughafengelände selbst. Dazu kommen noch 44 Tagfalter- und Widderchenarten (Fehlow 2002, Malten et al. 2005) (Tab. 4).

Trotz des hohen Untersuchungsaufwands in den Jahren 2000 und 2001 kamen in den Folgejahren immer noch neue Arten zum Gesamtinventar hinzu (Tab. 4). Das liegt daran, dass Schmetterlingsarten nicht in jedem Jahr gleich häufig sind. Das gilt nicht nur für Arten mit periodischen Massenentwicklungen wie Schwammspinner oder Eichenwickler, die so hohe Individuenzahlen erreichen können, dass sie im Wald für Kahlfraß sorgen, bis die Gegenspieler wie Parasitoide, Bakterien, Viren und Pilze den Bestand wieder regulieren. Manche Schmetterlingsarten sind jahrweise häufig bei Lichtfängen, dann wieder für einige Jahre scheinbar verschwunden. Die Ursachen für solche Populationsschwankungen sind nicht immer bekannt, das Phänomen wird jedoch bei den meisten Insektenarten beobachtet. Für Schmetterlingsuntersuchungen bedeutet das, dass man mehrere Untersuchungsjahre benötigt, um den Artenbestand annähernd zu erfassen.

Dazu kommt, dass Arten, bei denen die Falter im späten Herbst und nach den ersten Frösten im Winter oder im zeitigen Frühjahr aus der Puppe schlüpfen, schlecht nachweisbar sind. Es braucht schon unentwegte und wetterfeste Lepidopterologen, um bei Nässe und Kälte auf Lichtfang zu gehen, nur um die geringen Arten- und Individuenzahlen dieser Jahreszeiten zu erfassen.

WIE VERGLEICHBAR SIND ALTE UND NEUE DATEN?

Zum Vergleich der Nachweise aus den letzten 150 Jahren wurden die heutigen Fänge in die gleichen Gruppen aufgeteilt, wie das früher üblich war: „Spinner und Schwärmer", Eulen, Spanner (Tab. 4). Vergleicht man die Artenzahlen von Koch (1856, Tab. 2) mit den heute ermittelten, zeigt sich, dass bei Koch in allen Gruppen mehr Arten zu finden sind, als in den letzten zwei Jahrzehnten nachgewiesen wurden. Woran liegt das?

Zum einen beträgt der Bearbeitungszeitraum von Koch 25 Jahre, eine lange Zeit für unsere schnelllebigen Tage. Zum anderen war sein Bearbeitungsgebiet viel größer. Die hier dokumentierten Untersuchungen der letzten 20 Jahre fanden nur im Bereich des heutigen Stadtwalds (einschließlich Teilen des Flughafengeländes) statt. Allerdings würde es sich kaum lohnen, alle von Koch angegebenen Fundorte aufzusuchen, da viele schon lange bebaut sind.

Vergleicht man dagegen allein die Nachweise von nachtaktiven Arten im Stadtwald (Koch vs. eigene Untersuchungen), fällt auf, dass Koch bei „Spinnern und Schwärmern", Eulen und Spannern viel weniger Arten anführt. Dies ist nicht verwunderlich, denn im Gegensatz zu heute war es seinerzeit eine

Herausforderung, nachtaktive Falter nachzuweisen. Es standen keine handlichen Möglichkeiten zur Verfügung, Stromquellen weitab vom bebauten Raum mitzunehmen bzw. eine Lichtquelle mit hohem UV-Anteil zu betreiben. Wenn mit Licht gefangen wurde, geschah dies mit Petromaxlampen mit Glühstrümpfen oder Karbidleuchten, bei denen der UV-Anteil im Licht jedoch gering ist. Eine weitverbreitete Methode war das Raupenleuchten: Nach Einbruch der Dämmerung suchte man potenzielle Nahrungspflanzen mit einer Laterne ab, da viele Raupen während des Tages in einem Versteck ruhen und erst in der Dämmerung auf Nahrungssuche gehen. Weitaus aufwendiger war die Raupen- und Puppensuche mit Hilfe von Werkzeugen wie Hacken und Spaten; in der entomologischen Literatur werden sogar spezielle Puppenkratzer beschrieben.

Zu Zeiten von Hepp und Lommatzsch inspizierte man regelmäßig die Straßenbeleuchtung in der näheren Umgebung, angelte mit langen Stöcken nach Faltern an Hauswänden und suchte den Boden im Bereich des Lichtkegels ab. So hat Hepp viele nachtaktive Arten im Stadtgebiet von Frankfurt nachgewiesen. Heutzutage lohnt das nur noch in Stadtrandbezirken, weil es mittlerweile einfach zu viele Lichtquellen im Stadtgebiet gibt.

WAR FRÜHER ALLES BESSER?

Gravierend ist der Rückgang der Tagfalterarten von Koch (1856) über Hepp und Lommatzsch bis heute. Über das „Verschwinden der Schmetterlinge" wird schon viele Jahre berichtet, wobei meist Tagfalter gemeint sind. Generell ist dies auf das Verschwinden von geeigneten Lebensräumen oder deren tiefgreifende Veränderung, beispielsweise die Eutrophierung der Magerwiesen früherer Jahrhunderte, zurückzuführen.

Nur wenige Tagfalterarten sind im Wald zu finden, die meisten Arten sind Bewohner der offenen Landschaften. Zu Kochs Zeiten gab es in und um Frankfurt sehr unterschiedliche Formen von Offenland: Sumpf- oder Moorgebiete mit einer speziellen Flora boten beispielsweise Lebensraum für das Große Wiesenvögelchen (*Coenonympha tullia*, Abb. 60), dessen Raupe an Wollgras (*Eriophorum* spp.) lebt. Koch gibt als Fundort „Seckbacher Höhe" an, Hepp das

Abb. 60: Großer Heufalter oder Großes Wiesenvögelchen (*Coenonympha tullia*) vom Taunus, Falkenstein, 18. VI. [18]88, Sammlung A. Seitz.

Abb. 61: Wald-Wiesenvögelchen (*Coenonympha hero*) aus Köppern/Taunus, Sammlung Dr. Ruhland, Mai [19]19.

Abb. 62: Die Eichenglucke (*Phyllodesma tremulifolia*), eine gefährdete Art, wird im Stadtwald selten nachgewiesen.

Deutschherrnufer. Diese Art ist in Hessen in den letzten drei bis fünf Jahrzehnten ausgestorben.

Auch der Wald selbst bot in großen Teilen ein anderes Bild als heute. Bis weit ins 19. Jahrhundert wurde der Wald zur Waldweide genutzt. Rinder, und mehr noch Schafe und Ziegen, weideten die nachwachsenden jungen Bäume ab. Dies führte zu Auflichtung, Ausmagerung bis hin zur Verwüstung von Teilen des Waldes, besonders auf den Mainsanden und -kiesen des nördlichen Schwanheimer Waldes und des Unterwaldes. Daran änderte auch die Verpflichtung zur „Waldhege" nichts (Ebert & Langer 1992). Die Nutzung als Waldweide begünstigte wärmeliebende Arten, insbesondere Tagfalter.

Die Waldweide durch Schweine, die ebenfalls in großer Zahl seit dem 14. Jahrhundert in den Wald eingetrieben wurden (siehe etwa die Ortsbezeichnungen „Unter-" und „Oberschweinstiege"), schadete unter forstwirtschaftlichen Gesichtspunkten dem Wald nicht, sondern diente durch das Umbrechen des Bodens der Naturverjüngung, zumal die Zahl der eingetriebenen Schweine je nach Ertrag der Baumfrüchte begrenzt wurde (Ebert & Langer 1992). Schweine dezimieren allenfalls die Zahl der im Boden überwinternden Schmetterlingspuppen. Das erledigen in neuerer Zeit die stark gestiegenen Wildschweinbestände im Frankfurter Stadtwald mindestens genauso gut.

Der Rückgang der Tagfalterarten seit Kochs Zeiten bis heute ist also nicht verwunderlich, denn der Frankfurter Stadtwald wird heute nicht mehr durch Waldweide ausgemagert, auch nicht durch Laubstreuentnahme zum Einstreuen in die Ställe im Winter oder durch Leseholzsammeln. Im Gegenteil, der überall vorhandene anthropogene Stickstoffeintrag aus der Luft düngt den Waldboden zusätzlich. Wald, so wie wir ihn heute kennen, ist für die meisten Tagfalterarten kein geeigneter Lebensraum. Daher sind die Arten verschwunden, die von der Waldweide profitierten, wie das Wald-Wiesenvögelchen (*Coenonympha hero*, Abb. 61). Koch schreibt: „Flog früher an unserem Lerchesberg, ist aber, seitdem dieser urbar gemacht worden, von da verschwunden; kommt zunächst in der Niederung bei Seckbach vor; häufiger wird er im Taunus." Die Art ist heute in Hessen ausgestorben.

Das Gebiet des heutigen Frankfurter Stadtwaldes ist offenbar seit der Eiszeit immer von Wald bestanden gewesen. Es wurde nie komplett abgeholzt. Die waldlebende Fauna musste also nicht nach anthropogener Ausrottung neu einwandern, sondern konnte sich postglazial bis zu einem gewissen, sicherlich je nach Waldtyp schwankenden, Maximalstand anreichern.

Der östliche Stadtwald (Oberwald) unterscheidet sich gravierend vom westlichen Teil. Im Oberwald wird der Untergrund von tertiärem Kalk gebildet, und waldbaulich wurde hier in historischer Zeit mehr Wert auf den Ertrag des „edlen" Holzes gelegt (Langer & Ebert 1984, Reck 1991). Hier wurde der Wald viel weniger devastiert als im Bereich des Schwanheimer Waldes.

Von Koch und Hepp oft besammelte Orte im Bereich des Oberwaldes waren die Isenburger Chaussee, die Mörfelder Landstraße und die Babenhäuser Landstraße – damals noch ohne Autoverkehr, einfach nur Schneisen im dichten Waldbestand. Hier konnte Licht einfallen und sich eine Waldrandflora ausbilden, die vielen Schmetterlingsarten Lebensraum bot. Eine typische Art der Waldränder ist die Eichenglucke (*Phyllodesma tremulifolia*, Abb. 62).

Im westlichen Unterwald bilden Kiese und Sande aus eiszeitlichen Ablagerungen des Mains den Untergrund (Reck 1991). Dies führt zu einer besonderen Flora und Fauna. Beispielsweise lebt die Silbergraue Bandeule (*Epilecta linogrisea*, Abb. 63) in lichten Eichenwäldern, vorzugsweise auf Sandböden. Das immer noch große geschlossene Waldgebiet wird vielfach durch Straßen und Bahngleise durchschnitten. Die Zerschneidungen sowie auch Grundwasserabsenkungen (Kossler 1991) und Schadstoffeintrag aus der Luft (bereits als schädlich für die Insektenwelt dargestellt bei Kobelt 1912) führen zu Kronenverlichtungen. Dies bietet auch heute noch thermophilen Arten Lebensraum und fördert in besonders warmen, günstigen Jahren Massenentwicklungen bestimmter Arten wie etwa des Schwammspinners – eine Art, die schon zu Kochs (1856) Zeit „allenthalben" zu finden war und über die Kobelt (1912) schreibt: „... dessen schwammartige Eierhaufen man fast an jeder Eiche sah. Doch kann er allein dem Walde keinen großen Schaden tun."

NEUE VORSCHRIFTEN, NEUE ENTWICKLUNGEN

Noch bis vor etwa 50 Jahren sammelte so mancher kleiner Junge Schmetterlinge und lernte, wie man Falter nadelt, die Flügel spannt und eine Sammlung davor bewahrt, von Schadinsekten aufgefressen zu werden. Besonders wertvoll sind solche Sammlungen, wenn die Falter mit einem Etikett mit genauem Fundort und Funddatum versehen sind. Ein Glücksfall, wenn die Falter einem Museum gespendet wurden, das sich um den Erhalt der Funde kümmerte. In der lepidopterologischen Sektion des Forschungsinstituts und Naturmuseums Senckenberg in Frankfurt befinden sich einige solcher gespendeten Sammlungen und warten darauf, dass sie ausgewertet und die Daten damit zugänglich gemacht werden. Seit 1996 gibt es eine separate „Hessensammlung", in der hessische Beleg- und Vergleichstiere aus der faunistischen Tätigkeit der Mitarbeiter der Arbeitsgemeinschaft Hessischer Lepidopterologen (Arge HeLep, siehe unter www.arge-helep.de) zusammengetragen werden, aber es sind dort auch ältere hessische Belege aus den Beständen des Senckenberg-Museums mit eingeflossen.

Das Sammeln und Präparieren von Schmetterlingen, das früher viele als Hobby betrieben, ist heute verpönt, und manche Arten sind gesetzlich geschützt. Die Bundesartenschutz-

Abb. 63: Die Silbergraue Bandeule (*Epilecta linogrisea*) ist in ihrem Bestand deutschlandweit rückläufig.

verordnung, deren erste Fassung 1986 in Kraft trat, stellt im Anhang 1 eine lange Liste von Schmetterlingsarten unter einen besonderen Schutz, der auch das Anlocken und das Fangen zur Bestimmung verbietet, selbst wenn die Tiere danach wieder freigelassen werden. Diese Liste wurde mehrfach, zuletzt 2009, geändert (und ist heute kürzer als 1986). Weitere Schutzbestimmungen stammen von der Europäischen Union.

Ein Anfänger, der sich mit Schmetterlingen beschäftigen möchte, kann zunächst noch nicht beurteilen, ob er eine geschützte oder eine nicht geschützte Art vor sich hat. So wird er vermutlich lieber gar nicht erst mit dem Erfassen beginnen. Damit fehlt es an jungen Menschen, die sich durch jahrelange Übung faunistische Kenntnisse aneignen. Durch die strenge Unterschutzstellung allein wird jedoch keine Art gerettet, wenn nicht auch gleichzeitig der Lebensraum der geschützten Art unter Schutz gestellt wird. Zudem bedarf jede Schutzmaßnahme einer regelmäßigen, intensiven Überwachung durch erfahrene Fachleute – eine Überwachung, die nicht vor allem die Sammler betreffen sollte, sondern in erster Linie die lebendigen, fortpflanzungsfähigen Bestände der geschützten Arten im Freiland (Monitoring).

Doch es gibt auch neue Entwicklungen, an die vor ein paar Jahren noch gar nicht zu denken war. Durch die immer handlicher und besser werdenden Digital- sowie Handykameras entdecken viele an Natur Interessierte die Welt der Insekten durch die Fotografie. Auch kleinste Falter und Raupen lassen sich inzwischen problemlos ohne große Fotoausrüstung fotografieren. Das Internet bietet die Möglichkeit für einen Austausch der „neuen" Schmetterlingskundler. Ein Beispiel ist das Lepiforum (www.lepiforum.de). Fotos können hochgeladen werden, Experten leisten anhand der Fotos Hilfe zur Artbestimmung. Es gibt eine Artenliste mit Fotos von Faltern, Raupen, Puppen und Eiern.

Sammler früherer Jahrzehnte oder Jahrhunderte, die über keine Lichtfanganlage verfügten, erfassten nachtaktive Schmetterlingsarten vor allem durch die Suche nach Raupen, Puppen oder Faltern bei der Nahrungsaufnahme an Blüten im Dunkeln. Dazu mussten sie wissen, wo sich die Suche lohnte, also Kenntnisse der Nahrungspflanzen und des Verhaltens besitzen. Dieses Wissen war lange Jahre verschüttet, weil nur in wenigen Fällen oder für einzelne Arten solche Informationen publiziert wurden. Das heute von manchen neu oder wieder entdeckte Wissen zur Autökologie vieler Arten kann über den Austausch im Internet wieder mit Kollegen diskutiert und anderen Interessierten zugänglich gemacht werden.

FISCHE – STILLES LEBEN IN FRANKFURTS GEWÄSSERN (EGBERT KORTE)

Abb. 64: Mainufer in der Frankfurter Innenstadt.

Frankfurt am Main – die Stadt hat den Fluss schon im Namen! Flüsse, Bäche, Altarme, Teiche und eine Vielzahl weiterer unterschiedlicher Gewässertypen gehören zum Stadtbild. Die Gewässer werden von zahlreichen Pflanzen und Tieren besiedelt. Während ein aufmerksamer Beobachter von vielen der dort lebenden Vogel- und Pflanzenarten leicht einen recht guten Eindruck bekommt, entzieht sich ihm das Leben unter Wasser – und damit die Vielzahl der hier vorkommenden Fischarten – zumeist. Dabei haben die Fische für die Stadt Frankfurt früher eine wichtige Rolle gespielt.

Abb. 65: Die Nidda fließt heute geradlinig in einem eingetieften Bett.

ALLES IM FLUSS

Den einstmals starken Einfluss der Fischerei auf die Stadt belegen die heute noch existierenden Fischerzünfte: Frankfurt hat bis heute zwei davon. Die Frankfurter Fischer- und Schifferzunft blickt auf eine mehr als 1000-jährige Geschichte zurück. Sie wurde bereits 945 gegründet und gehört damit zu den ältesten existierenden Zünften überhaupt. Ab dem Mainkilometer 30,8 dagegen, an der Niederrad-Schwanheimer-Gemarkungsgrenze nach Westen, hat die Fischerzunft zu Höchst am Main die uneingeschränkten Fischereirechte inne. Sie ist außerdem für die Nidda unterhalb der Nieder Straßenbrücke zuständig. Die Höchster Fischerzunft wurde 1347 gegründet. Höchst hatte seit 1355 Stadt- und Marktrecht und war bis zu seiner Eingemeindung 1928 eigenständig.

Main (Abb. 64) und Nidda (Abb. 65) waren über viele Jahrhunderte nicht wie heute weitgehend geradlinig und monoton verbaut, sondern besaßen strukturreiche Auen mit einer Vielzahl von Nebengewässern. So galt der Main noch zu Beginn des 19. Jahrhunderts als einer der fischreichsten Flüsse Europas, in dem Wanderfische wie Maifisch (*Alosa alosa*), Stör (*Acipenser sturio*, Abb. 66) und Lachs (*Salmo salar*) aufstiegen (Klausewitz 1974). Diese Fische führen ein erstaunliches Leben. Sie schlüpfen in den Flüssen Europas, wandern als Jungfische zum Meer und kehren erst zur Eiablage in ihr Herkunftsgewässer zurück. Der

Abb. 66: Einst lebte der Europäische Stör (*Acipenser sturio*) auch im Main. Alexander Francis Lydon, 1879.

Abb. 67: Ruhig wie ein See: Der aufgestaute Main an der Staustufe Griesheim.

Abb. 68: Das Rotauge (*Rutilus rutilus*) ist eine häufige Fischart in Main und Nidda.

Europäische Stör, der Fisch des Jahres 2014, ist der größte unter ihnen: Er kann eine Länge von bis zu 3,4 m und ein Gewicht von über 300 kg erreichen. Im Untermain bei Frankfurt kamen historischen Quellen zufolge fast 40 Fischarten vor (Tab. IV im Anhang).

Durch die Industrialisierung veränderte sich die gewässerökologische Situation des Mains dramatisch, und schon zum Ende des 19. Jahrhunderts war eine fischereiliche Nutzung des Mains bei Frankfurt kaum noch möglich (Klausewitz 1972, 1978). Vor allem die Abwasserbelastungen hatten weitreichende Auswirkungen auf die Lebensgemeinschaften im Wasser. Um 1970, auf dem Höhepunkt der Gewässerverschmutzung, galt der Main bei Frankfurt als „biologisch tot": Von den einst fast 40 Fischarten konnten nur noch 4 beobachtet werden, im Sommer traten mit unschöner Regelmäßigkeit Fischsterben auf (Meinel et al. 1986). Vielfältige Eingriffe führten außerdem zur weitgehenden Vernichtung der ursprünglichen Auen von Main und Nidda. Die Schiffbarmachung des Mains für die moderne Binnenschifffahrt verwandelte ihn in eine Seenkette (Abb. 67). Auch die Nidda im Stadtgebiet Frankfurt wurde durch Staustufen reguliert.

Über viele Jahrzehnte waren im Stadtgebiet daher weder am Main noch an der Nidda typische Flussstrukturen wie Kiesbänke und Seitengerinne zu finden. Lediglich einige Altarmstrukturen an der Nidda sind bis heute vorhanden, wegen der Stauregulierung und der Isolierung von der Nidda waren sie aber lange nur eingeschränkt als Laichplätze oder Refugialräume für die Fischfauna von Bedeutung. Neben diesen beiden Fließgewässern gibt es im Stadtgebiet eine Vielzahl unterschiedlicher Stillgewässer, über deren Fischfauna in historischer Zeit jedoch nichts bekannt ist.

WIE WIRD DIE FISCHFAUNA HEUTE UNTERSUCHT?

Einen ersten Eindruck der Fischfauna eines Gewässers bieten die Fangstatistiken der Fischerzünfte. Doch sind die traditionellen Fangmethoden selektiv und geben keinen vollständigen Überblick über die Artenzusammensetzung und die Altersstruktur der Fischfauna. Für die wissenschaftliche Untersuchung wird eine Methode benötigt, die schnell, effektiv, umfassend, aber auch schonend für die Fische ist. Die bevorzugte Methode ist daher die Elektrofischerei.

Abb. 69: Der Flussbarsch (*Perca fluviatilis*) war auch im stark verschmutzten Main zu finden.

Diese Methode unterliegt einem strengen Reglement und darf nur von speziell ausgebildeten Personen durchgeführt werden, da sie bei nicht sachgerechter Anwendung eine Gefahr für Mensch und Tier darstellt. Bei richtiger Anwendung ist es eine schonende Methode. Die Fische werden durch den angelegten Gleichstrom angelockt, schwimmen zur Anode und werden kurzzeitig betäubt. Sie können dann eingesammelt, bestimmt und vermessen werden. Anschließend werden sie wieder freigelassen.

Der Main als große Lebensader der Stadt wurde in Hinblick auf die Fische am besten untersucht (Lelek 1975, Lelek & Tobias 1982, Schwevers & Adam 1999, Korte 2002, Korte et al. 2004). Von den insgesamt 48 in und um Frankfurt nachgewiesenen Fischarten kommen rund 40 aktuell vor (Tab. IV im Anhang). Von diesen sind 11 allerdings nicht einheimisch, es handelt sich um sogenannte Neozoen, also um Arten, die erst im Laufe der letzten Jahrhunderte, meist sogar erst in den letzten Jahren eingeführt wurden oder eingewandert sind. Vermutlich kennen wir aber immer noch nicht alle Fischarten, die im Stadtgebiet vorkommen. Mit einer Untersuchung sämtlicher Frankfurter Gewässer, die Park- und Stadtwaldteiche eingeschlossen, würden sicherlich weitere und insbesondere ausgesetzte exotische Arten nachgewiesen werden können.

Die meisten Fischarten sind – trotz der starken Überformung der Flüsse durch den Menschen – in Main und Nidda zu finden. In beiden Flüssen kommen derzeit jeweils mindestens 30 Arten vor (Tab. IV im Anhang). Erst durch den Bau von Kläranlagen und die damit einhergehende Verbesserung der Wasserqualität konnte die Artenzahl wieder so weit ansteigen. Zudem wurden entlang der Nidda in den letzten Jahren einige Altarme wieder angeschlossen sowie Uferbereiche aufgeweitet. Dadurch sind flach auslaufende Uferbereiche entstanden, die sich leicht erwärmen und die für die Entwicklung der Jugendstadien einiger Fischarten von großer Bedeutung sind.

Die meisten Arten sind von selbst wieder in die Flüsse eingewandert, gelegentlich wurde aber auch durch Aussetzen von Jungfischen („Besatz") nachgeholfen, selbst wenn diese Methode aus wissenschaftlicher Sicht nicht immer wünschenswert ist. Die Altersstruktur der im Main lebenden Aale (*Anguilla anguilla*) weist deutlich auf Besatzmaßnahmen hin, da sowohl kleine als auch sehr große Tiere fehlen (Korte 2002).

DIE FISCHE IN FRANKFURTS FLIESSGEWÄSSERN

Typische Fischarten von Main und Nidda sind neben dem häufigen Rotauge (*Rutilus rutilus*, Abb. 68) natürlicherweise Nase (*Chondrostoma nasus*), Barbe (*Barbus barbus*), Hecht (*Esox lucius*) und Flussbarsch (*Perca fluviatilis*, Abb. 69). Nase und Barbe reagieren besonders empfindlich auf Verschmutzung und Verbauung der Gewässer und waren vor 20 Jahren fast verschwunden. Inzwischen kommen beide Arten, wenn auch selten, wieder im Main vor. Rotauge und Flussbarsch sind dagegen durchgehend recht häufig gewesen. Neben der Gewässerverschmutzung ist die Struktur der Gewässer für die unterschiedliche Entwicklung der Fischarten entscheidend. Rotauge und Flussbarsch gelten als phyto-lithophile Arten;

Abb. 70: Der ursprünglich aus Asien stammende Blaubandbärbling (*Pseudorasbora parva*) ist heute fest in der Artengemeinschaft etabliert.

das bedeutet, dass sie hinsichtlich ihres Laichsubstrates nicht sehr wählerisch sind. Sie laichen sowohl auf sandigem und kiesig-steinigem als auch auf pflanzlichem Substrat und haben daher immer passende Bedingungen vorgefunden. Andere Arten sind dagegen auf ganz bestimmte Laichsubstrate angewiesen. Obwohl Fische sehr mobile Tiere sind, halten sich in unterschiedlich strukturierten Gewässerabschnitten auch unterschiedlich viele Fischarten auf. Im stark verbauten Mainabschnitt der Frankfurter Innenstadt können nur zwischen drei und maximal neun Fischarten nachgewiesen werden, in naturnäheren Bereichen dagegen bis zu 14. Anspruchsvollere Arten wie Nase und Barbe sind daher an den weniger verbauten Uferbereichen zu finden, z. B. im Unterwasser der Staustufe Griesheim (Korte 2002).

ZUGEWANDERTE UND SELTENE FISCHARTEN

Wie bereits erwähnt, kommen neben den einheimischen Arten auch Arten aus anderen Regionen in Main und Nidda vor. Hierzu zählen neben Zander (*Sander lucioperca*) und Blaubandbärbling (*Pseudorasbora parva*, Abb. 70), die fest in der Artengemeinschaft etabliert sind, vor allem die Grundeln (Abb. 71). Der Bau der beiden Main-Donau-Kanäle im 19. und 20. Jahrhundert führte zu einer Verbindung der bis dahin getrennten Flusssysteme und hat eine Vermischung ihrer Faunen ermöglicht. So konnten neben Schnecken- und Muschelarten im ersten Jahrzehnt des 21. Jahrhunderts auch die Marmorgrundel (*Protheorhinus semilunaris*), die Kesslergrundel (*Ponticola kessleri*) und

Abb. 71: Grundeln aus dem Schwarzen Meer, von links nach rechts: Kesslergrundel (*Ponticola kessleri*), Schwarzmundgrundel (*Neogobius melanostomus*) und Flussgrundel (*Neogobius fluviatilis*).

die Schwarzmundgrundel (*Neogobius melanostomus*) aus Südosteuropa in den Main einwandern und sich dort stark ausbreiten. Auch die ebenfalls südosteuropäische Flussgrundel (*Neogobius fluviatilis*) hat Deutschland bereits erreicht und wird in Frankfurt sicher bald gesichtet werden.

Besonders häufig sind die Grundeln in den Blockschüttungen am Main zu finden. Diese zur Uferbefestigung eingebrachten Strukturen bieten ihnen ideale Lebensbedingungen. Welchen Einfluss die Grundeln, die sich zum Teil von anderen Fischen ernähren, auf die heimische Fischfauna haben, ist bisher noch ungeklärt.

Sehr erfreulich ist dagegen, dass der sonst in Hessen recht seltene Bitterling (*Rhodeus amarus*) in der Nidda, besonders in den Altarmen, zum Teil in großen Dichten zu finden ist. Der Bitterling hat ein ungewöhnliches Fortpflanzungsverhalten. Die Männchen suchen im Frühjahr Buchten mit schlammigem Grund auf, wo sie nach großen Fluss- oder Teichmuscheln suchen. Die Muscheln werden verteidigt, und das Männchen verfärbt sich, es trägt dann sein „Hochzeitskleid". Zwischen April und Juni wächst den Weibchen eine bis zu 6 cm lange Legeröhre (Abb. 72). Mit dieser Röhre legt das Weibchen seine bis 3 mm großen Eier in den Kiemenraum der Muscheln. Jede Muschel erhält nur 1–2 der insgesamt bis etwa 100 Eier eines Weibchens. Das Männchen lässt dann über der Einsaugöffnung der Muschel die sogenannte Milch ab, die die Spermien enthält. Die Muschel saugt die Milch ein, und die Eier werden im Inneren der Muschel befruchtet. Nach 2–4 Wochen verlassen die jungen Bitterlinge ihre Muschel.

Abb. 72: Weibchen des Bitterlings (*Rhodeus amarus*) mit Legeröhre.

Es kommt vor, dass mehrere Bitterlingspaare nacheinander dieselben Muscheln benutzen, so dass sich im Innern einer Muschel unterschiedlich alte Bitterlinge befinden können. Gewässerverschmutzung und Baggerarbeiten hatten vielerorts zum Verschwinden der Muscheln geführt und den Bitterlingen damit die Grundlage für ihre Entwicklung entzogen. In den letzten Jahren sind wieder vermehrt Nachweise des Bitterlings bekannt geworden. Inzwischen steht er nicht mehr auf der Roten Liste der Fische und Rundmäuler Deutschlands und Hessens (Freyhof 2009, Dümpelmann & Korte 2014). In der FFH-Richtlinie wird der Bitterling im Anhang II (Arten, für die Schutzgebiete ausgewiesen werden müssen) geführt.

DIE FISCHFAUNA DER STEHENDEN GEWÄSSER

Von den stehenden Gewässern – immerhin 50 Weiher und Teiche – im Stadtgebiet sind nur sehr wenige auf ihre Fischfauna untersucht worden. Aktuelle Daten liegen vom Ostparkweiher, dem Enkheimer Ried und den Teichen

im Frankfurter Stadtwald vor. Alle diese Stillgewässer sind mehr oder weniger naturnah und beherbergen eine Vielzahl an Fischarten. Während die Fische in Main und Nidda meist von Natur aus in diesen Flüssen vorkommen, sind die Vorkommen in diesen Gewässern meist auf Besatz durch den Menschen zurückzuführen, wie etwa Störe (*Acipenser* spec.) im Jacobiweiher. Störe sind eigentlich Wanderfische, die im Meer leben und nur zum Laichen in die (Süßwasser-)Flüsse ihrer Jugend zurückkehren.

Grundsätzlich kann aber festgestellt werden, dass die Stillgewässer eine deutlich artenärmere Fischfauna beherbergen. Häufig sind auch hier Rotauge (*Rutilus rutilus*) und Flussbarsch (*Perca fluviotilis*), dazu kommen Rotfeder (*Scardinius erythrophthalmus*) und Hecht (*Esox lucius*). Damit sich Hecht und Rotfeder wohlfühlen, müssen Wasserpflanzen vorhanden sein. Beide Fische zählen zu den phytophilen Arten, das bedeutet, dass sie auf pflanzlichem Substrat ablaichen und daher strukturierte Gewässer mit gut entwickelter Vegetation benötigen. Überdies ernährt sich die Rotfeder überwiegend von Algen und Wasserpflanzen, während der Hecht als Raubfisch die Pflanzen als Deckung benutzt. In den Fließgewässern, insbesondere im Main, sind die phytophilen Arten daher stark zurückgegangen, der Hecht ist im Main heute eine Seltenheit.

Die untersuchten Stillgewässer werden von jeweils 6–12 Fischarten besiedelt, die

Abb. 73: Mainufer am Fechenheimer Mainbogen.

in Tabelle IV im Anhang aufgelistet sind. Die Tabelle gibt darüber hinaus eine Übersicht über die historische und die aktuelle Fischfauna der Frankfurter Gewässer.

AUF GUTEM KURS?

Seit dem ökologischen Tiefpunkt der Stadtgewässer in den frühen 1970er Jahren wurden viele Schritte in die richtige Richtung unternommen. Dass in Main und Nidda heute wieder je rund 30 Fischarten zu finden sind, ist hierfür ein deutliches Indiz. Auch sind beide Flüsse Fortpflanzungsgewässer vieler Fischarten. Aus dem Main gefangene Fische können heute wieder konsumiert werden, ihre Schadstoffgehalte liegen meist unter der Nachweisgrenze oder doch zumindest weit unter den erlaubten Grenzwerten. Die europäische Wasserrahmenrichtlinie hat insbesondere an der Nidda zur Umsetzung von zahlreichen Maßnahmen geführt, die die Strukturvielfalt des Gewässers erhöhen und damit neue Lebensräume für Fische, aber auch für viele andere Tier- und natürlich auch Pflanzenarten schaffen. Am Main wurde 2014 mit dem Projekt „Fechenheimer Mainbogen" (Abb. 73) eine weitere große Maßnahme begonnen, die neue Lebensräume auch für Fische schaffen wird.

Trotz dieser insgesamt positiven Entwicklungen bleibt noch viel zu tun. In vielen Bereichen lässt eine bis ans Ufer heranreichende Bebauung leider keine Aufweitung des Flusses zu, z. B. in der Frankfurter Innenstadt. Außerdem ist der Main eine wichtige Wasserstraße, die Bedürfnisse der Berufsschifffahrt haben hier Vorrang. Dennoch kann die Durchgängigkeit der Gewässer für Wanderfische noch verbessert werden, und in den Randbereichen der Stadt bietet der Main weiteres Potenzial für die Gestaltung von Fischbiotopen, die gleichzeitig als Retentionsräume für Hochwasser dienen könnten.

Man mag sich fragen, was wir davon haben, wenn sich die stillen Wasserbewohner in Frankfurt wieder wohlfühlen. Darauf gibt es mehrere gute Antworten: Nicht nur, dass sie gute Bioindikatoren für die Gewässerqualität sind, viele Arten schmecken zudem sehr lecker – nicht nur uns Menschen, sondern genauso anderen Tierarten, z. B. Wasservögeln –, und ihr Appetit auf die Larven von Stechmücken und anderen als lästig empfundenen Insekten kommt uns ebenfalls zugute.

Jeder Einzelne kann durch sein Verhalten etwas zum Wohlergehen der Fische beitragen – zum Beispiel indem er darauf verzichtet, Wasservögel und Fische zu füttern. Artenreiche Gewässer sind von Natur aus oft eher nährstoffarm. Durch Brotreste, aber auch durch die durch das Zufüttern steigenden Mengen von Fäkalien der Wasservögel und Fische verändern sich insbesondere kleinere Stillgewässer sehr schnell und können schließlich „umkippen", wenn der Gehalt an Nähr- und Schadstoffen zu hoch wird. Ein großes Problem für die Entwicklung natürlicher Fischartengemeinschaften stellt das Aussetzen von nicht mehr erwünschten Aquarien- oder Teichbewohnern wie Zierfischen oder Schildkröten dar. Bitte tun Sie es nicht! Zu guter Letzt helfen Wassersparen und das Vermeiden von Gewässerverunreinigungen uns allen. So bleiben Frankfurts Still- und Fließgewässer gleichermaßen lohnenswerte Ausflugsziele für die Menschen und Lebensraum für das stille Leben der Fische.

FELDHAMSTER –
VOM ERNTESCHÄDLING ZUR GEFÄHRDETEN ART (NICOLE FRÖLICH)

Abb. 74: Der gedrungene Körperbau und die braun-weiße Färbung mit der schwarzen Bauchseite sind typisch für den Feldhamster (*Cricetus cricetus*).

Der Feldhamster (*Cricetus cricetus*) hat eine bewegte Geschichte: Heute staunen Kinder über das weitgehend unbekannte Tier mit dem bunten Fell (Abb. 74), früher jedoch wurde es als „Kornferkel" bezeichnet (Sulzer 1774), als einer der vielen Ernteschädlinge gejagt und sein Fell an Pelzhändler verkauft. Der schwarze Bauch, die braune Decke und die weißen Flecken an den Flanken und im Gesicht lenken jedoch nicht von seiner stattlichen Größe ab: Mit einer Länge von 20–30 cm und einem Gewicht von 200–650 g hat der Feldhamster die Maße eines Meerschweinchens.

Ursprünglich waren die offenen eurasischen Steppenlandschaften mit kontinentalem Klima die Heimat des Feldhamsters. Die östliche Grenze seines Vorkommens liegt am sibirischen Fluss Jenissej, wohingegen Deutschland und das Elsass die westliche Ausbreitungsgrenze darstellen. Bevorzugt lebt er auf tiefgründigen Löß- und Lehmböden mit geringem Skelettanteil (Steine, Fels etc.), ohne

übermäßige Bodenfeuchte oder Staunässe. Geschlossene Wälder meidet er ebenso wie Sümpfe oder Flussauen (Kayser et al. 1998, Weidling & Stubbe 1998, Weinhold & Kayser 2006). In Deutschland sind diese Habitate zur Genüge vorhanden: Es sind heute meist ertragreiche Agrargebiete.

EIN HAMSTERLEBEN

Feldhamster leben einzeln und graben unterirdische Baue mit einem verzweigten Gangsystem, die Schutz vor Füchsen oder Greifvögeln bieten. Diese Baue befinden sich auf Ackerflächen, vorzugsweise auf Getreidefeldern. Die Baue besitzen eine charakteristische, senkrecht in den Boden gegrabene Fallröhre, die der schnellen Flucht dient (Abb. 75).

Die Ernährung des Feldhamsters besteht zu etwa 90 % aus pflanzlicher Kost (Abb. 76) und ist stark vom Angebot in der unmittelbaren Umgebung des Baus abhängig. Dazu gehören nicht nur alle Kultur- und Segetalpflanzen, sondern auch Wildpflanzen auf angrenzenden Wiesen oder Wegrändern. Gemüse aus Kleingärten in Ackernähe wird ebenfalls nicht verschmäht. Tierische Kost macht nur etwa 10 % der Ernährung aus, z. B. Regenwürmer, Schnecken, Käfer oder Kleinsäuger (die allerdings eher zufällig gefressen werden). Im Spätsommer beginnen Hamster, haltbare Sämereien in ihren Bauen zu sammeln, um einen Futtervorrat für den Winter anzulegen; dieser besteht vor allem aus Getreidekörnern, aber auch Kartoffeln oder Rüben werden eingelagert (Petzsch 1950, Weinhold & Kayser 2006).

Feldhamster halten Winterschlaf, wobei sie in gewissen Abständen erwachen und von ihren im Spätsommer eingetragenen Vorräten fressen. Ab April erwachen sie dauerhaft und verlassen den Bau, um Frischfutter zu suchen und sich einen neuen Bau anzulegen. Die Männchen suchen die Weibchen in deren Revieren auf, werden dort jedoch nur wenige Tage zur Paarung geduldet. Weibchen können 2–3 Würfe pro Jahr aufziehen, wobei zwischen

Abb. 75: Fallrohr des Feldhamsters auf einem Acker in Frankfurt.

Abb. 76: Feldhamster ernähren sich zu ca. 90 % von pflanzlicher Kost.

4 und 12 Junge pro Wurf geboren werden. Nach 21–30 Tagen sind die Jungtiere selbstständig, und die Mutter verlässt den Bau.

Nicht selten verschließen Männchen, die ihren Wintervorrat bereits im Juli zusammentragen konnten, kurz nach dem Abernten der Getreidefelder ihre Baue und machen sich winterfertig. Bei Weibchen oder Jungtieren aus dem zweiten Wurf kann der Winterschlaf unter Umständen erst im November beginnen, weil sie erst spät dazu kommen, sich um ihren Wintervorrat zu kümmern, und es ihnen dann schwerer fällt, genügend Futter zu finden.

Obwohl Feldhamster in fast allen bedrohlichen Situationen in ihre Baue flüchten, sind sie wehrhafte Tiere. Bei einer Bedrohung treten sie dem Gegner scheinbar furchtlos entgegen, richten sich auf, blähen die Backen und fauchen. Sie können mit ihren scharfen Nagezähnen schmerzhaft zubeißen oder sie präsentieren ihren schwarzen Bauch, der mit den hellen Flecken an der Flanke an das aufgerissene Maul eines großen Beutegreifers erinnert.

Feldhamster lassen sich auch in Gefangenschaft nicht zähmen, weshalb sie als Haustiere ungeeignet sind (Abb. 77).

Abb. 77: So niedlich der Feldhamster auch aussieht, er lässt sich nicht zähmen und ist als Haustier ungeeignet.

HAMSTERJAGD UND HAMSTERSCHUTZ

Bereits vor dem 20. Jahrhundert kam es zu periodischen Massenvermehrungen von Feldhamstern und damit einhergehend zu Ernteausfällen in der Landwirtschaft, das belegen Bekämpfungsaufrufe. Um die Hamsterplage einzudämmen, wurden Fallen aufgestellt und die Baue aufgegraben oder geflutet; für jeden toten Hamster wurde eine Fangprämie gezahlt. In der Pelzindustrie waren Hamsterfelle bis zur Mitte des 20. Jahrhunderts beliebt, sie waren zwar nicht so fein wie die Felle der Marderarten, dafür jedoch günstig. Weil immer mehr Hamsterjäger auftraten, war es etwa in den 1920er Jahren möglich, Feldfluren als Jagdreviere zu verpachten, anstatt Fangprämien zu zahlen. Auf diese Weise profitierten Stadt- und Gemeindeverwaltungen vom Wandel des Ernteschädlings zum begehrten Pelztier, was aber auch dazu führte, dass der Feldhamster in einigen Landstrichen Deutschlands bereits Ende der 1920er Jahre ausgerottet war.

Mit Einführung von effektiveren Bekämpfungsmitteln wie Gaspatronen oder Giftgetreide verringerte sich die Zahl aller Nagetiere auf landwirtschaftlichen Flächen, doch trotzdem traten immer wieder Massenvermehrungen von Feldhamstern auf. Die Erfolge von allgemeinen Aufrufen zu umfassenden Bekämpfungsaktionen lassen sich in den offiziellen

Fellerfassungen ablesen und erlauben heute einen Einblick in die damaligen Bestände. Zugleich wuchs ein neues Bewusstsein für die „Ressource Feldhamster": Hamsterfänger schonten weibliche Tiere, damit die Reproduktion bis zu einem gewissen Grad gesichert werden konnte. Erste Abhandlungen über die Nützlichkeit der Tiere als Vertilger von Wildkräutern, Engerlingen und Feldmäusen wurden verfasst und verbreitet. Aber die Bestände gingen deutschlandweit stark zurück und im Laufe des 20. Jahrhunderts auch die Zahl der Hamsterfänger.

In den 1980er Jahren begann man sich über die ökologischen Folgen Gedanken zu machen, die das Verschwinden einer Tierart hat, die vielen anderen als Nahrung dient. Außerdem versuchte man, Gründe für das Verschwinden der Feldhamster zu finden, denn allein an den Fangquoten konnte es zu dem Zeitpunkt nicht mehr liegen. Nach einer der letzten Massenvermehrungen 1983 im Elsass wurde klar, dass man die restlichen Bestände schützen musste, wenn die Art nicht unwiederbringlich aus Mitteleuropa verschwinden sollte (Stubbe et al. 1998a, 1998b).

Die deutschlandweite Entwicklung der Feldhamsterbestände während der letzten zehn Jahre lässt keinen Zweifel, dass aktive Hilfe noch immer dringend nötig ist: Weitere Bestandseinbrüche und großflächiges Verschwinden der Art zeigen deutlich, wie katastrophal die Bestandssituation in Deutschland inzwischen ist. Aus dem Bundesland Sachsen beispielsweise, das einst flächendeckend von Feldhamstern besiedelt war, wurde 2010 nur noch eine kleine Population im Norden dokumentiert. In Hessen sieht es ähnlich aus. Aufgrund dieser Entwicklung rücken die letzten noch vorhandenen Bestände stärker in den Fokus des Naturschutzes.

FELDHAMSTER IM FRANKFURTER STADTGEBIET

Auch in Frankfurt waren Feldhamster einst weit verbreitet. Der Boden nördlich des Mains besteht zu großen Teilen aus fruchtbaren Parabraunerden aus Löß oder Lößlehm, der für unterirdische Baue sehr gut geeignet ist. Die Populationen waren z. T. so stark, dass sogar die eigentlich weniger geeigneten Äcker bei Sossenheim bewohnt wurden (Godmann 1998). Ebenso waren Feldhamster in vielen Kleingärten verbreitet und schienen diese als Rückzugsgebiete anzunehmen; sie boten Schutz und Nahrung, wenn der angrenzende Acker bereits abgeerntet war. Restpopulationen gab es wohl noch vor wenigen Jahren in den Kleingärten bei Nied.

Im Jahre 2001 wurden alle agrarwirtschaftlich genutzten Flächen Frankfurts nach Feldhamstern abgesucht, mit dem ernüchternden Ergebnis, dass die Bestände gering seien und dringend Schutzmaßnahmen ergriffen werden sollten (Godmann 2001). Bei einer Wiederholung der Untersuchungen im Jahre 2010 im Rahmen einer Diplomarbeit (Frölich 2011) konnten lediglich an zwei Standorten Bestände ausgemacht werden: nördlich von Bergen-Enkheim und in den Agrargebieten bei Sindlingen, Zeilsheim und Unterliederbach, südlich und östlich der Autobahn 66. Damit hat Frankfurt im ersten Jahrzehnt des 21. Jahrhunderts die meisten seiner Hamsterpopulationen verloren.

Die Feldhamster bei Bergen-Enkheim scheinen zu einer größeren Population zu gehören, die sich über ein ausgedehntes Ackergebiet erstreckt. Von Bad Vilbel aus nach Osten fast bis Bruchköbel, nach Norden bis Schöneck und Nidderau gibt es ein zusammenhängendes Gebiet ohne breite Straßen, das durch seinen ländlichen Charakter und seine Strukturvielfalt für den Feldhamster sehr gut geeignet ist.

Die landwirtschaftlich genutzten Flächen bei Sindlingen, Zeilsheim und Unterliederbach sind dagegen vielfach von Straßen und Bahnschienen durchschnitten und werden von Fußgängern stark frequentiert (Abb. 78). Der recht hohen Strukturvielfalt und den seit Jahren anhaltenden Schutzbestrebungen ist es zu verdanken, dass sich dort eine sehr kleine Feldhamsterpopulation bis heute halten konnte. Aufgrund der Tatsache, dass bereits mehrere Bestände in und um Frankfurt ausgestorben sind, gilt diesen beiden Restbeständen ein besonderes Augenmerk.

Abb. 78: Ackerlandschaft zwischen Höchst und Sindlingen.

WARUM GEHEN DIE HAMSTERBESTÄNDE ZURÜCK?

Der allgemeine, stark rückläufige Trend in den Beständen wirft viele Fragen auf. Aktuell geht man von folgenden Ursachen aus, um das Verschwinden des Feldhamsters in Deutschland zu erklären:

In den letzten Jahrzehnten fanden große Veränderungen in der **Struktur der landwirtschaftlichen Nutzflächen** statt. Schläge wurden zusammengelegt, um sie effektiver bewirtschaften zu können. Auf diese Weise fielen viele kleine Flächen mit einer hohen floristischen Diversität weg, z.B. Feldwege oder Ackerränder. Die vormals geringe Größe der Schläge brachte eine höhere Diversität der Feldfrüchte mit sich, wodurch z.B. Erbsen, Weizen oder Luzerne für Feldhamster erreichbar waren, ohne dass sie lange Strecken zurücklegen mussten. Außerdem gab es stets Deckung vor Prädatoren (Beutegreifern), weil die unterschiedlichen Kulturen zeitversetzt abgeerntet wurden.

Die **Art der Bewirtschaftung** hat sich in den letzten Jahren grundlegend gewandelt. Wurden noch vor einem Jahrhundert Nutztiere und Muskelkraft aufgewendet, so folgten im Zuge der Industrialisierung Erntemaschinen, die effektiver und schneller arbeiten. Erntemaschinen sind heute zudem schwere Fahrzeuge. Dadurch kommt es zu Bodenverdichtungen, was sowohl für Pflanzen als auch für Tiere zu Problemen führt. Ernte und Umbruch des Ackers sind heutzutage meist nur noch eine Frage von einigen Stunden bis wenigen Tagen; zurück bleibt eine ausgeräumte Fläche, die weder Deckung noch Nahrung für überlebende Kleinsäuger bietet (Hilbig & Bachthaler 1992, Hofmeister & Garve 2006). Durch den frühen Zeitpunkt der Ernte (aufgrund der Kultur ausgewählter Weizensorten) gelingt es Feldhamstern meist nicht rechtzeitig, Wintervorräte anzulegen. Viele weibliche Tiere, die im Juli noch mit der Jungenaufzucht beschäftigt sind, wie auch die Jungtiere des zweiten Wurfs, haben im August oder September auf abgeernteten Äckern kaum Chancen, genug Futter für den Winter zu finden.

Noch vor wenigen Jahrzehnten wurden neben unterschiedlichen Getreidesorten auch Luzerne oder Mischkulturen als Viehfutter angebaut. Feldhamster fanden darin Deckung und Nahrung, sowohl im Frühling, wenn die Weizenkeimlinge noch zu niedrig sind, als auch im Herbst nach der Ernte. Heute sind großflächige Raps- oder Maiskulturen häufig, die wenig Diversität und Deckung bieten und sich deshalb für Feldhamster weniger eignen.

Der **Flächenverlust durch Neubaugebiete** stellt auch innerhalb Frankfurts eines der größten Probleme für die Feldhamsterpopulationen dar. Noch vor wenigen Jahren boten die Ackerflächen am Riedberg Feldhamstern einen geeigneten Lebensraum; heute ist dort ein neuer Stadtteil entstanden. Die Autobahnen 5 und 66 schneiden die landwirtschaftlich genutzten Flächen des Westens gänzlich von angrenzenden Flächen ab und bilden so eine unüberwindliche Barriere (Reiners 2009) – nicht nur für Feldhamster. Durch den Flächenverbrauch für Siedlung und Gewerbe sowie die Straßen sind die Populationsräume voneinander getrennt. Für ein so kleines Tier wie den Feldhamster ist es nahezu unmöglich, große Straßen wie die Friedberger Landstraße

zu überqueren. So kann es durch Inzucht zu einer genetischen Verarmung kommen. Wenn in einem solchen, von anderen Feldhamstern isolierten Areal die Ernte sehr früh einsetzt, für den Feldhamster ungeeignete Feldfrüchte angebaut werden oder der Prädationsdruck steigt, könnte dies zum Verlust der gesamten Population führen.

Zudem können Feldhamster nicht in Gemüsekulturen leben, die künstlich bewässert werden, wie es in den nördlichen Regionen Frankfurts häufig der Fall ist. Die Baue würden mit Wasser voll laufen und die Tiere ertrinken. Außerdem bieten intensiv gepflegte Gemüsekulturen keinerlei Deckung für Feldhamster, sodass eine Durchwanderung großer Schläge zu anderen Flächen kaum möglich ist.

UMDENKEN UND SCHUTZMASSNAHMEN

Feldhamsterschutz kann nur in Kooperation mit der Landwirtschaft funktionieren, die dabei einen Teil ihres jährlichen Ernteertrages verliert. Aus diesem Grund gibt es heute subventionierte Schutzflächen, die bestellt, aber nicht abgeerntet werden.

Deutschlandweit gibt es kein einheitliches Schutzkonzept für Feldhamster. In Hessen werden drei unterschiedliche Modelle realisiert (Gall et al. 2010):

// Der einfache Nacherntestreifen besteht pro Hektar Acker aus einem mindestens 2 m breiten Streifen, auf dem das Getreide stehen bleibt und nicht geerntet wird.

// Ein Nacherntestreifen kann mit einem Ackerstreifen kombiniert werden, der pro Hektar Acker aus einem mindestens 5 m breiten Stoppelstreifen besteht, bei dem nur die Ähren entnommen werden und die Stoppeln stehen bleiben.

// Die sogenannte Mutterzelle besteht aus einem 1.200 m² großen, in etwa quadratischen Areal innerhalb eines Ackers, das nicht abgeerntet wird.

Allen Modellen ist gemeinsam, dass keine Nagergifte ausgebracht werden dürfen, Getreidesorten angebaut werden sollen und der Umbruch der Schutzflächen frühestens ab dem 1. Oktober eines jeden Jahres stattfinden darf. Des Weiteren kann auf freiwilliger Basis ein Verzicht auf die Ausbringung von Gülle oder Jauche und eine maximale Umbruchtiefe von 25 cm vereinbart werden.

Diesen Maßnahmen liegen einfache Schutzstrategien zugrunde: Durch die späte oder aussetzende Ernte bleibt genug Nahrung auf dem Acker übrig, die vom Feldhamster eingesammelt werden kann, um über den Winter zu kommen. Stoppelbrachen, die zwar keine nahrhaften Ähren mehr haben, dienen als Sichtschutz und Deckung gegenüber Prädatoren wie Füchsen oder Greifvögeln. Feldhamster können so relativ unbemerkt einen neuen, wintertauglichen Bau graben und dort Wintervorrat eintragen. Auf einem Acker, der noch nicht umgebrochen wird, sprießen nach der Ernte Ackerwildkräuter, die weiteren Schutz, aber auch Futter bedeuten und den Speisezettel der Feldhamster bereichern.

Die maximale Umbruchtiefe von 25 cm ist wichtig, da der Acker zwar mechanisch behandelt werden sollte, aber die Baue der Feldhamster dadurch nur wenig betroffen sind.

Abb. 79: Hamster-Landschaft in Frankfurt.

Feldhamsterbaue ragen bis zu 1,20 m in den Boden; es werden also meist nur die Eingänge zerstört, die schnell wieder erneuert werden.

Diese Schutzmaßnahmen sind vor allem aufgrund der frühen Ernte moderner Weizensorten (ab Juli) notwendig. Selten haben Feldhamster um diese Zeit bereits ihren Wintervorrat zusammengetragen und Weibchen sind meist noch mit ihrem zweiten Wurf beschäftigt. Die Schutzmaßnahmen sind so angelegt, dass sie nur wenig Mehraufwand bedeuten. Notwendig ist vor allem die finanzielle Kompensation des Ernteausfalls.

FELDHAMSTERN AUF DER SPUR

Um den Feldhamster in Frankfurt aufzuspüren, braucht man Zeit und Muße und sollte gerne spazieren gehen. Besuchen Sie z. B. die Hohe Straße in Bergen-Enkheim (Abb. 79). Der historische Handelsweg schlängelt sich heute als asphaltierter Weg über sanfte Hügel, vorbei an Feldern und Vogelschutzhecken. Doch nicht nur der malerische Ausblick auf die Frankfurter Skyline in der Höhe der Großen Lohe, welche gleichzeitig auch den äußersten Punkt dieses Wanderweges auf Frankfurter Gemarkung darstellt, ist eine Rast wert. Südlich der Großen Lohe, auf den Feldern mit der sanften Neigung, leben die Feldhamster der Bergen-Enkheimer Population. Dort sammeln sie Futter und ziehen ihre Jungen auf.

Im Westen Frankfurts, begrenzt von der BAB 66, liegen die Agrarflächen bei Sindlingen, Zeilsheim und Unterliederbach. Ein- bis mehrstündige Ausflüge können von mehreren

Standorten aus gestartet werden, sei es von der Parkstadt aus, der Siedlung Friedenau, der Märchensiedlung oder der Ferdinand-Hoffmann-Siedlung. Befestigte und unbefestigte Wege schlängeln sich durch Äcker, Felder und Gärten und lassen Sie eintauchen in den Lebensraum der Feldhamster.

Mit hoher Wahrscheinlichkeit werden Sie auf Ihren Spaziergängen jedoch keinen Feldhamster sehen (Abb. 80); dafür sind die Bestände zu klein. Doch mit etwas Glück und Aufmerksamkeit kann man Baue finden, die nicht immer mitten im Feld stehen. Kreisrunde Löcher mit einem Durchmesser von bis zu 9 cm (durchschnittlich 7 cm) sind typisch und von anderen Bauen (z. B. von Wühlmäusen) gut zu unterscheiden. Die Durchschnittstiefe der charakteristischen, senkrecht in den Boden reichenden Fallröhren liegt in Frankfurt bei 40–80 cm. Die Feldhamsterbaue bestehen jeweils aus mindestens einem Fallrohr und einem sogenannten Schlupfrohr, das schräg ins Erdreich ragt. Daneben fällt meist der Erdaushub auf. Je nachdem, wie groß und umfangreich die Schlaf- und Vorratskammern des Baus sind, fällt mehr oder weniger Erde an, die nach außen befördert wird.

Manchmal ziehen Feldhamster im Herbst nach der Ernte um, z. B. vom abgeernteten Feld, das keine Deckung mehr bietet, direkt an einen unbefestigten Weg. Dort legen sie Winterbaue an, verschließen den Ausgang und begeben sich für mehrere Monate unter Tage. Im Frühling kann man dann mit etwas Glück ein wieder geöffnetes Fallrohr entdecken, aus dem der überwinterte Feldhamster geklettert ist, um sich einen neuen Bau inmitten eines Ackers zu graben.

Feldhamster sind in Frankfurt sehr selten. Mittlerweile ist jedes einzelne Individuum wichtig für das Überleben der verbliebenen Populationen. Schutzmaßnahmen der Landwirte sind wichtig, aber auch die Hilfe Freiwilliger! Nehmen Sie beispielsweise Hunde in den betreffenden Gebieten an die Leine und verzichten Sie auf die Anwendung von Nagergiften in den angrenzenden Kleingärten.

Abb. 80: Um einen Feldhamster so zu sehen, braucht man viel Glück. Mit Geduld lassen sich jedoch zumindest seine Baue aufspüren.

// ÜBERRASCHENDE VIELFALT: PILZE IN FRANKFURT AM MAIN

(HERMINE LOTZ-WINTER, HELMUT SANDAU, MEIKE PIEPENBRING)

EIN LEBEN
IM VERBORGENEN

Abb. 82: Der Fliegenpilz (*Amanita muscaria*) lebt in Gemeinschaft mit Bäumen (Symbiose) – sehr gerne mit Birken – und kommt im Frankfurter Stadtgebiet in Waldbereichen vor, aber auch in Parks und Gärten.

Innerhalb der Stadtgrenzen von Frankfurt sind wir – wie überall auf der Welt – ständig von Pilzen umgeben, ohne uns dessen bewusst zu werden. Während wir Pflanzen und Tiere im Allgemeinen sehen können, leben Pilze im Verborgenen. Sie werden für uns nur unter ganz bestimmten Voraussetzungen sichtbar.

So kennt jedermann den Fliegenpilz (*Amanita muscaria*) als Glücksbringer und Giftpilz (Abb. 82). Was wir sehen, ist – vereinfacht gesagt – jedoch nur eine Frucht und entspricht dem Apfel auf dem Baum: Der eigentliche Organismus Fliegenpilz lebt versteckt im Erdboden. Er besteht aus einem Geflecht (Myzel) nur im Mikroskop sichtbarer, zarter Fäden (Hyphen). Nur wenn sich viele der dünnen Pilzfäden zu dickeren Strängen vereinen, wie es beim Hallimasch (*Armillaria*-Arten) oft vorkommt (Abb. 83 und 84), können sie für unser Auge sichtbar werden.

Meist bemerken wir nur die zu bestimmten Zeiten von manchen Pilzmyzelien gebildeten Fruchtkörper, etwa die bunte Pilzvielfalt auf dem Boden des Herbstwalds. Bei vielen anderen Pilzarten registrieren wir lediglich die Veränderungen, die der Pilz durch seine Stoffwechseltätigkeit hervorruft, z. B. das allmähliche Zerfallen im Wald liegender Holzstämme (Abb. 85), oder Anzeichen eines „Schädlingsbefalls" von lebenden Nutz- und Zierpflanzen (Abb. 86), oft ohne zu ahnen, dass ein Pilz dahintersteckt.

Wenn wir durch einen Wald oder über eine Wiese laufen, ist uns nicht bewusst, dass sich im Erdboden unter unseren Füßen unzählige Pilzmyzelien ausbreiten. In ganz Frankfurt besiedeln und verwerten Pilze jeden pflanzlichen, pilzlichen oder tierischen Rest und als Parasiten profitieren sie von lebenden Pflanzen, Tieren und natürlich Menschen! Sogar in

← Abb. 81: Schön und giftig: Der Rosa Rettich-Helmling (*Mycena rosea*) ist ein charakteristischer Pilz des Frankfurter Stadtwalds.

Abb. 83: Die verschiedenen Arten des Hallimaschs (*Armillaria* spp.) fürchtet der Förster als Parasiten, die lebende Bäume bis zum Absterben schädigen können.

Abb. 84: Die dicken Myzelstränge des Hallimaschs (*Armillaria* spp.) sind auf Totholz oft zu sehen, mit diesen „Rhizomorphen" überbrückt das Hallimaschmyzel die Distanzen zwischen den Bäumen.

Küche und Keller finden wir Pilze: Schimmelpilze und Hefen, manche unwillkommen, andere aber sehr nützlich und gezielt von der Lebensmittelindustrie und im Haushalt eingesetzt: etwa bei der Herstellung von Schimmelkäse, zur Lockerung von Teig in Hefegebäck und zur alkoholischen Gärung beim Bierbrauen.

SIND 998 PILZARTEN IN FRANKFURT VIEL ODER WENIG?

Die hier genannte Zahl von insgesamt 998 Pilzarten beruht auf einer Auswertung von verschiedenen Kartierungsprojekten. Es sind vor allem Daten der „Pilzfreunde Südhessen" (Unger 2014), die über Jahrzehnte erhoben wurden und bis zum Jahr 1990 im „Verbreitungsatlas der Großpilze" (Krieglsteiner 1991a, 1991b und 1993) erfasst sind. Eine Gesamtliste der dokumentierten Pilzarten befindet sich im Anhang (Tab. V).

Abb. 85: Der Mosaik-Schichtpilz (*Xylobolus frustulatus*) zersetzt das Kernholz von Eichen. Im Stadtwald und im Schwanheimer Wald gibt es noch alte, dicke, liegende Eichenstämme, auf denen dieser in ganz Deutschland seltene Pilz vorkommt.

998 Pilzarten in einer Großstadt – das erscheint auf den ersten Blick unerwartet viel und ist auch deswegen als hoch zu bewerten, weil die Kartierungsarbeit vorwiegend in ehrenamtlicher Tätigkeit geleistet wurde. Die Erfassung der Pilzarten erfolgte stichprobenartig meist auf halbtägigen Exkursionen in ausgewählte Gebiete Frankfurts. Einbezogen wurden außerdem von Einzelpersonen gemeldete Funde. Zu berücksichtigen sind bei der Kartierung methodische Schwierigkeiten, die für Pilze spezifisch sind: Die Projekte müssen sehr langfristig angelegt werden, da viele Pilze nur in Abständen von vielen Jahren Fruchtkörper bilden. Die Kunst des Kartierers besteht dann darin, zur richtigen Zeit am richtigen Ort zu sein. Außerhalb der Fruktifikationsperiode sind die meisten Pilze für uns unsichtbar. Viele Pilzarten sind zudem sehr klein und gerade noch mit einer Lupe zu entdecken, manche sind nur mikroskopisch sichtbar oder zu identifizieren und nach dem Aufsammeln im Feld muss noch viel Bestimmungsarbeit geleistet werden. Es gibt auch Pilzarten, die nur durch „Anzucht" im Labor richtig bestimmt werden können.

Abb. 86: *Taphrina farlowii* ist verwandt mit dem Erreger der Kräuselkrankheit des Pfirsichbaums (*Taphrina deformans*) und befällt die Späte Traubenkirsche (*Prunus serotina*) – hier im Schwanheimer Wald. Sichtbar sind nur die verformten Blätter, der eigentliche Pilz lebt als hauchdünner Belag innerhalb der blasigen Deformationen der Blätter.

Die Erfassung der Pilzarten im Stadtgebiet von Frankfurt ist trotz der auf den ersten Blick hoch erscheinenden Zahl von 998 Arten noch weit von Vollständigkeit entfernt. Pilzwissenschaftler gehen davon aus (Hawksworth 2001), dass die potenzielle Artenzahl von Pilzen in einem bestimmten Gebiet anhand der Zahl der dort vorhandenen Pflanzen geschätzt werden kann. Die Zahl der möglichen Pilzarten ist stets um ein Vielfaches höher als die der Pflanzen. Für Europa kalkulieren Wissenschaftler (Rodriguez 2000) mit einem Faktor 2. Es wäre also denkbar, dass bei derzeit rund 1.400 Arten Höherer Pflanzen in Frankfurt (Bönsel et al. 2009) etwa 2.800 Arten von bereits wissenschaftlich beschriebenen Pilzen gefunden werden könnten. Die Zahl der Pilzarten in Frankfurt, die der Pilzwissenschaft noch nicht bekannt ist, ist möglicherweise noch viel höher!

MEHR ALS STEINPILZ UND CO.

Der deutsche Begriff „Pilz" umfasst Gruppen von Lebewesen, die abstammungsgeschichtlich unterschiedlichen Verwandtschaftskreisen angehören (Tree of Life Project 2011), aber

alle traditionell von Pilzwissenschaftlern (Mykologen) untersucht werden. Gemeinsam ist diesen Organismen neben ihrer Lebensweise, dass sie sich durch Sporen vermehren:

// „Echte Pilze" (Fungi) besitzen Zellwände, die wie die der Insekten Chitin enthalten. Zu ihnen zählen die meisten Pilze weltweit und auch 953 der aus dem Stadtgebiet von Frankfurt bekannten Vertreter. Sie bilden abstammungsgeschichtlich ein eigenes Reich und sind näher mit Tieren als mit Pflanzen verwandt.

// „Falsche Mehltaupilze", wegen ihrer Zellwände Cellulosepilze (Oophyceae) genannt, sind Pflanzenparasite und bilden weiße Beläge auf Blättern (Abb. 87). Sie gehören in denselben Verwandtschaftskreis wie Braun- und Kieselalgen.

// Schleimpilze gehören wissenschaftlich gesehen zu unterschiedlichen Organismengruppen (u. a. Mycetozoa und Acrasida). Sie bewegen sich zunächst wie Amöben fort. An einem bestimmten Zeitpunkt ihres Lebenszyklus werden sie „ortsfest" und bilden Fruchtkörper, die ähnlich wie Pilze aussehen (Abb. 88).

Abb. 87: *Peronospora destructor* ist ein Falscher Mehltau, der verschiedene Lauchgewächse befällt und in Gärten und Gemüsefeldern Frankfurts erhebliche Schäden anrichten kann.

Abb. 88: Die Lohblüte (*Fuligo septica*) kriecht wie eine Riesenamöbe über pflanzliches und tierisches Substrat und ernährt sich davon. Schließlich bildet sie große kissenartige Fruchtkörper, die zu einer staubigen Sporenmasse zerfallen. Sie ist überall in Frankfurt zu finden.

Weltweit wird die Zahl der Echten Pilze auf bis zu 1,5 Millionen geschätzt, von denen erst etwa 74.000 bis 120.000 wissenschaftlich beschrieben sind (Hawksworth 2001). Nicht nur die Artenzahl der Pilze ist enorm groß, auch in Form, Größe und Lebensweise stoßen wir auf eine ungeheure Vielfalt. Die Spannbreite reicht von der mikroskopisch kleinen Hefezelle, die in der Brauerei Malz zu Alkohol für Bier umwandelt, bis zu großen Hallimaschmyzelien, die die Leitungsbahnen von Bäumen zerstören und z. B. im Frankfurter Stadtwald sehr häufig sind. Aus der Schweiz berichtet die Eidgenössische Forschungsanstalt für Wald, Schnee

und Landschaft von einem Myzel des Dunklen Hallimasch (*Armillaria ostoyae*), das eine Fläche von 800 x 500 m einnimmt und etwa 1.000 Jahre alt ist (Eidgenössische Forschungsanstalt für Wald, Schnee und Landschaft 2004)!

PILZE – NÜTZLICH ODER SCHÄDLICH?

Pilze haben kein Blattgrün und können im Gegensatz zu Pflanzen, die aus Kohlendioxid mittels Photosynthese Zucker herstellen, nur bereits „fertiges" organisches Material verwerten. Dafür haben sie unterschiedliche Strategien entwickelt:

// Pilze zersetzen totes organisches Material (Holz, Pflanzenreste, tierisches Material) und wirken mit, es wieder dem Stoffkreislauf zuzuführen. Sie sind die wichtigsten Destruenten im Ökosystem (= Saprobionten, d. h. Lebewesen, die organisches Material abbauen können). Unersetzlich ist ihre Rolle beim Abbau von Holz: Nur Pilze und manche Bakterien können den stabilen Holzbestandteil Lignin abbauen – ohne sie würden unsere Wälder in den eigenen Holzresten ersticken (Abb. 85).

Abb. 89: Der Grüne Knollenblätterpilz (*Amanita phalloides*) ist der giftigste Pilz in Frankfurt und im Stadtwald in manchen Jahren häufig. Er ist ein Symbiosepartner von Eichen und unterstützt die Stoffwechseltätigkeit der Bäume. Für Menschen ist er tödlich giftig.

// Pilze leben in Symbiose mit Pflanzen, fördern deren Wachstum durch Erschließen von Nährsalzen und verbesserte Wasserzufuhr und erhalten dafür im Gegenzug Stoffwechselprodukte des Pflanzenpartners, vor allem Kohlenhydrate. Indem sie mit ihren Hyphen die Pflanzenwurzel umspinnen oder in diese eindringen, treten sie mit den Leitungsbahnen der Pflanzen in Kontakt (daher ihr Name „Mykorrhiza", Pilzwurzel). Dies ist in gemäßigten Breiten besonders wichtig für die Bäume des Waldes. Wie alle deutschen Wälder könnte auch der Frankfurter Stadtwald ohne Pilzsymbionten nicht so kräftig wachsen, wie er es tut (Abb. 89). Eine weitere Symbioseform der Pilze mit Algen und Cyanobakterien sind die Flechten (Lichenes). Auf sie wird hier nicht eingegangen.

// Pilze besiedeln als Parasiten andere Lebewesen und machen so auch uns Menschen Schwierigkeiten. Der Landwirt oder Gärtner, der gegen den Mehltaubefall seiner Pflanzen „kämpft", empfindet diese Organismen als schädlich, ebenso der Fußpilzpatient oder ein schwerkranker Mensch mit einer gefährlichen Pilzinfektion der Lunge. Doch auch Parasiten erfüllen eine bestimmte Rolle in der Natur: Sie fördern unter anderem die natürliche Auslese und haben eine wichtige ausgleichende Funktion in unserer belebten Natur. Treten

Abb. 90: Ein häufiger, auffälliger Porling auf liegenden Laubholzstämmen im Stadtwald ist der Flache Lackporling (*Ganoderma applanatum*). Oft findet man auf seiner Unterseite „Zitzengallen", in denen sich die Larven der Pilzgallenfliege (*Agathomyia wankowiczi*) entwickeln.

Parasiten übermäßig stark in Erscheinung, ist dem häufig eine menschgemachte Störung des Ökosystems oder eines Organismus vorausgegangen (z. B. Monokultur, Schwächung von Organismen durch Schadstoffe, Einschleppung fremder Arten).

Pilze haben noch eine weitere Funktion, die für den Menschen durchaus erfreulich ist: Sie dienen uns und anderen Lebewesen als Nahrung. Viele Bodenlebewesen ernähren sich ausschließlich von Pilzen, z. B. Arten der Springschwänze (Collembola). Schnecken, Insekten, Älchen (Nematoden), aber auch Säugetiere wie Eichhörnchen, Rehe und Wildschweine fressen ebenfalls gerne Pilze. Manche Insekten nutzen Pilze zur Eiablage, ihre Larven entwickeln sich in den Pilzfruchtkörpern, die ihnen als Nahrung dienen (Abb. 90). Im Gegenzug verbreiten Insekten, Milben oder Springschwänze die Pilzsporen, die an ihren Körpern anhaften.

So verborgen die Pilze also leben, so ungeheuer wichtig und vielfältig ist ihre Rolle im Ökosystem. Es würde ohne Pilze sofort zusammenbrechen, die Schaden-Nutzen-Bilanz fällt auch aus menschlicher Sicht positiv für die Pilze aus.

BIOTOPSCHUTZ IST PILZSCHUTZ

Pilze stellen sich im passenden Umfeld von selbst ein. Je höher die Vielfalt der Pflanzenarten ist und je mehr verschiedene Lebensräume vorhanden sind, desto größer ist auch die Pilzvielfalt. Wie viele Pflanzen und Tiere haben auch manche Pilze sehr spezielle Standortansprüche. Der Schutz und der Weiterbestand von naturnahen Biotopen, etwa Totholzbereiche in Wäldern und nährstoffarme Wiesen- und Feuchtgebiete, ist für die Erhaltung der gegenwärtig noch sehr großen Artenvielfalt unerlässlich. In Ballungsgebieten stellen der Eintrag von Schadstoffen aus der Luft, der zu höheren Nährstoffgehalten des Bodens führt, sowie der große Flächenverbrauch die größten Probleme dar. Diese zu beherrschen, ist eine wichtige Zielsetzung der Umweltpolitik. Aber auch jeder Einzelne kann seinen Beitrag leisten, indem er mit den Ressourcen verantwortungsbewusst umgeht. Das Sammeln von Speisepilzen – außerhalb der Naturschutzgebiete und in vernünftigem Rahmen – ist für den Weiterbestand von Pilzen nicht schädlich; schließlich werden nur die Fruchtkörper geerntet, und das Pilzmyzel besteht im Boden und im Holz weiter.

PILZVORKOMMEN IM FRANKFURTER STADTWALD

Abb. 91: Der Birnenförmige Holzkohlenpilz (*Daldinia childiae*) hat schwarzes Sporenpulver, das die braunen Sammelfruchtkörper bei Sporenreife bedeckt.

Pilze und Wald sind für viele Menschen eine begriffliche Einheit und das zu Recht, denn mehr als zwei Drittel der Frankfurter Pilzarten (etwa 700) wurden im Frankfurter Stadtwald südlich des Mains dokumentiert. Auch bei der Kartierung des ehemaligen Botanischen Gartens der Universität Frankfurt (heute Teil des Palmengartens der Stadt Frankfurt) fanden sich die größten Artenzahlen in den Waldbereichen des Gartens (für den neu angelegten Wissenschaftsgarten der Goethe-Universität liegt noch keine Pilzkartierung vor, hier wird sich die Artenvielfalt erst in den nächsten Jahren voll entwickeln). Im Frankfurter Stadtwald gibt es nicht nur viele Pilzarten, darunter auch Raritäten (teilweise geschützte Arten und Arten der Roten Liste), sondern bei günstiger Witterung, vor allem im Herbst, auch reichhaltige Vorkommen. Besonders arten- und individuenreich sind Bereiche des Schwanheimer und des Oberwaldes, da die Böden dort stellenweise eine größere Bodenfeuchtigkeit

und Wasserspeicherkapazität aufweisen als im trockeneren, eher sandigen und daher auch an Pflanzenarten ärmeren Unterwald. Kalkhaltige Bodenschichten mit ihrem größeren Basenangebot fördern die Artenvielfalt im Oberwald (geologische Angaben nach Ottich et al. 2009). Dort kommen Pilzarten vor, die im Frankfurter Raum sonst nicht zu finden sind, z. B. der Satanspilz (*Boletus satanas*, Abb. 92). Sehr artenreich ist auch der in Teilen noch recht naturnahe Niedwald nördlich des Mains, ein Rest der früher häufigen, flussbegleitenden Auenwälder.

TOTHOLZ ALS LEBENSRAUM

Der natürliche Lebenszyklus eines Baums wird in einem Urwald stets von Pilzen beendet. Pilze vermehren sich durch Sporen und diese werden entweder vom Wind oder am Körper von Tieren, wie beispielsweise Insekten oder Spinnentieren verbreitet. So infizieren sie noch stehende, aber bereits geschwächte Bäume und beschleunigen als Schwächeparasiten das Absterben der Bäume. Oft bilden die Pilze erst Fruchtkörper, wenn der Baum dem Tode nahe oder schon abgestorben ist. Stürzt der Baum, leben die Schwächeparasiten noch eine Zeit lang in dem gefallenen Stamm weiter. Andere Pilzarten siedeln sich in einer ganz bestimmten Abfolge an (Sukzession) und zersetzen mit Hilfe ihrer speziellen Enzyme das Holz immer stärker, bis seine Bestandteile wieder dem Stoffkreislauf zugeführt sind.

Noch stehende, absterbende Bäume und bereits liegende dicke Äste und Stämme sind Lebensraum für rund ein Fünftel der gesamten Tierwelt des Waldes. Über 2.500 Arten Echter Pilze hängen in irgendeiner Weise von Totholz ab; hinzu kommt eine bisher noch unbestimmte Anzahl von Pflanzen, Flechten, Bakterien, Schleimpilzen und Algen (Schiegg, Pasinelli & Suter 2000). Ein „aufgeräumter" Wald, der von gestürzten Bäumen, gefallenen Ästen und Zweigen befreit ist, verarmt daher nicht nur an Pilzen, sondern auch an vielen anderen Lebewesen, besonders holzbewohnenden Insekten. Viele Käfer, auch ganz besonders seltene, gefährdete Arten wie der Heldbock (*Cerambyx cerdo*), der Hirschkäfer (*Lucanus cervus*) oder der Südwestliche Eichenwidderbock (*Pseudosphegesthes cinerea*), die im Stadtwald noch vorkommen (Malten et al. 2002a), benötigen nicht einfach nur verpilztes Holz, sondern sogar sehr dicke Holzstücke wie ganze Stämme in fortgeschrittenem Vermorschungsgrad. Manche Käferarten sind eng an holzbewohnende Pilze gebunden: Vom Schwefelporling (*Laetiporus sulphureus*), einem im Stadtwald häufigen Parasiten, der schon manche Eiche zu

Abb. 92: Im östlichen Bereich des Oberwaldes, nahe dem Maunzenweiher, gibt es einen Standort des in Hessen sehr seltenen Satanspilzes (*Boletus satanas*). Dieser prächtige, große Röhrling ist giftig und benötigt kalkhaltige Böden an warmen Standorten.

Fall gebracht hat, sind mindestens elf Käferarten abhängig. Einige leben direkt vom Fruchtkörper, andere fressen ausschließlich das von aktivem Myzel durchsetzte Holz im Inneren der Stämme (Möller 2009).

BAUMPILZ-VIELFALT: VON AUSTERNPILZ BIS ZUNDERSCHWAMM

Bei einem Spaziergang durch Frankfurts Waldgebiete fallen dem aufmerksamen Beobachter sofort große, konsolenförmige Pilze auf noch stehenden und liegenden Bäumen auf. Meist handelt es sich um Vertreter der **Porlinge** (Polyporales), die mehrjährige, holzige und stabile Fruchtkörper bilden und sehr groß und schwer werden können. Sie bilden ihre Sporen auf der Unterseite in feinen Röhren, deren Mündungen als „Poren" Namensgeber für diese Ordnung der Pilze waren.

Der wohl häufigste Porling in den Frankfurter Waldgebieten ist der Rotrandige Baumschwamm (*Fomitopsis pinicola*). Er ist nicht anspruchsvoll in der Wahl seines Wirts und besiedelt Laub- und Nadelholz. Auf Laubbäumen findet man häufig den Zunderschwamm (*Fomes fomentarius*), der, wie sein Name verrät, in früheren Zeiten zum Herstellen von Zunder verwendet wurde (Abb. 93), sowie den Flachen Lackporling (*Ganoderma applanatum*, Abb. 90). Ein Schädling, besonders der Fichten, ist der Wurzelschwamm (*Heterobasidion annosum*), der seine Fruchtkörper im Wurzelbereich bildet. Auf Birken findet man häufig den einjährigen, relativ weichen Birkenporling (*Piptoporus betulinus*), der in die Schlagzeilen kam,

Abb. 93: Zunderschwämme (*Fomes fomentarius*) können mehrere Jahre lang immer neue sporenbildende Schichten ausbilden. Diese sind stets zum Erdboden gerichtet. So entstehen kuriose Formen, wenn der Baum fällt. Die Umgebung der Pilze ist oft von Sporen weiß bestäubt.

weil die Gletschermumie des „Ötztalmanns" Stücke eines solchen Pilzes an einer Schnur um den Hals trug. Wie auch andere Porlinge wurde der Birkenporling auf die medizinische Wirkung seiner Inhaltsstoffe untersucht – es ist denkbar, dass unsere Vorfahren Pilze für Heiltees, z. B. bei Magenbeschwerden, benutzt haben. Mit häufigen Arten im Stadtwald vertreten sind auch Stielporlinge (*Polyporus*), Schillerporlinge (*Inonotus*) und Feuerschwämme (*Phellinus*). Häufig sind der Schwefelporling (*Laetiporus sulphureus*), der Riesenporling (*Meripilus giganteus*) sowie der Angebrannte Rauchporling (*Bjerkandera adusta*). Eher selten gefunden werden der Haselporling (*Dichomitus campestris*), der Tropfende Schillerporling (*Inonotus dryadeus*) und der Orangegelbe Saftporling (*Tyromyces kmetii*).

Der nicht besonders häufige Zimtfarbene Weichporling (*Hapalopilus nidulans*) kann Fruchtkörper von bis zu 10 cm Breite und etwa 5 cm Tiefe bilden und kommt auf verschiedenen Hölzern vor. Eine Verwechslung mit dem zu Speisezwecken genutzten Schwefelporling kann fatal sein: der Zimtfarbene Weichporling enthält große Mengen giftiger Polyporsäure und hat schon lebensgefährliche Vergiftungen verursacht. Seine Oberfläche verfärbt sich beim Betupfen mit alkalischen Lösungen violett – ein sicheres Kennzeichen, oft genügt es schon, ihn anzuhauchen, da der Atem einen gewissen Ammoniakanteil enthält.

Liegende, noch berindete Baumstämme und Äste sind oft völlig mit den ledrigen bis korkigen Fruchtkörpern häufiger **Schichtpilze** oder Trameten (u. a. *Stereum*, *Trametes* oder *Antrodia*) bewachsen. Eine Besonderheit der warmen Wälder des Rhein-Main-Gebiets ist der Braunsamtige Schichtpilz (*Stereum insignitum*). Er ist bundesweit sehr selten und gilt als submediterrane Art, die ihren Verbreitungsschwerpunkt südlich des Alpenraums hat. Im Stadtwald wird er in den letzten Jahren immer häufiger auf Buchenstämmen gefunden (Abb. 94).

Abb. 94: Der Braunsamtige Schichtpilz (*Stereum insignitum*) bildet auf Buchenstämmen fächer- bis kreiselförmige Fruchtkörper – ein Pilz mit Ausbreitungstendenz.

Beeindruckend sind auch die stacheligen, großen, weißen Fruchtkörper des allgemein nicht häufigen Dornigen Stachelbarts (*Hericium cirrhatum*), der im Niedwald Laubholz abbaut.

Holz und Holzreste werden auch von vielen **Blätterpilzen** besiedelt – das sind Pilze mit Stiel und Hut, deren Sporen an der Oberfläche von blattartigen Strukturen auf der Hutunterseite gebildet werden. Dazu zählen Seitlinge (*Pleurotus*-Arten), Schwefelköpfe (*Hypholoma*-Arten), Häublinge (*Galerina*-Arten), Schüpplinge (*Pholiota*-Arten) und viele andere mehr. Besonders schön anzusehen sind die leuchtenden Fruchtkörper des Orangeseitlings (*Phyllotopsis nidulans*), der im Niedwald vorkommt. Äußerst häufig, besonders an

besonnten Stellen im Wald, ist der Spaltblättling (*Schizophyllum commune*) an noch berindeten Laubbaumstämmen zu finden. Seine weißen, filzigen Hütchen überziehen oft große Flächen.

Nicht gleich als Pilze zu erkennen sind die **Kohlenbeeren,** Eckenscheibchen und Holzkeulen (Arten von *Biscogniauxia, Diatrype, Hypoxylon, Nemania* und *Xylaria*). Ihnen gemeinsam ist, dass sie Sammelfruchtkörper bilden, die aus einer harten oder zähen, schwarzen, kohligen Masse bestehen. In Form von Kügelchen mit einem Durchmesser von etwa 1 cm, Scheibchen verschiedener Ausdehnung oder geweihartiger Strukturen sind sie in jedem Laubwald zu finden. Viele ihrer Arten gehören zu den Erstbesiedlern frisch toten Holzes. Die Sporen der Pilze entwickeln sich in kleinen Höhlungen des Fruchtkörpers und sind sehr gut vor Trockenheit, Temperaturschwankungen und Fressfeinden geschützt (Abb. 95).

Abb. 95: Dieser Fruchtkörper der Geweihförmigen Holzkeule (*Xylaria hypoxylon*) ist etwa 3 cm hoch. Auf morschem Laubholz ist dieser Pilz sehr häufig zu finden.

Der Brandkrustenpilz (*Kretzschmaria deusta*) überzieht ganze Baumstümpfe mit einer kohligen Kruste, die tatsächlich an die Folgen eines Brandes erinnert. Besonders große Fruchtkörper mit einem Durchmesser von bis zu 5 cm bildet der Birnenförmige Holzkohlenpilz (*Daldinia childiae*, Pohl 2009, Abb. 91). Er ist im Rhein-Main-Gebiet selten, im Frankfurter Stadtwald wurde er auf Spitzahornholz gefunden.

PILZE ALS ZEIGERARTEN VON NATURNÄHE UND LANGJÄHRIGER BEWALDUNG

Im Frankfurter Stadtwald gibt es besonders im Schwanheimer Wald, im Oberwald und im Niedwald noch totholzreiche Altbaumbestände in Bereichen, die seit Menschengedenken Waldstandorte waren. In historischer Zeit wurde der Wald nie ganz abgeholzt, man geht sogar davon aus, dass sich an manchen Stellen seit der Eiszeit ununterbrochen Wald befunden hat (Malten et al. 2002a). Eine der großen Raritäten dieser Gebiete des Frankfurter Stadtwalds und ein „Naturnähezeiger" par excellence ist der seltene Mosaik-Schichtpilz (*Xylobolus frustulatus*, Abb. 85). Mit etwas Glück kann man ihn auf der Stirnseite von dicken, schon Jahre liegenden Eichenstämmen mit freiliegendem Kernholz entdecken. Bei trockenem Wetter sieht er – seinem Namen entsprechend – aus wie ein auf dem Holz aufgebrachtes Mosaik, bei feuchtem Wetter quellen die „Mosaikteile" und erscheinen als zusammenhängende Fläche. Der Pilz kann viele Jahre alt werden und bildet jedes Jahr eine neue, frische Sporen tragende Schicht an seiner Oberfläche. Er erzeugt im Kernholz der

Eichen eine sogenannte „Loch- oder Wabenfäule", die für viele Tiere Lebensraum schafft.

Der Ästige Stachelbart (*Hericium coralloides*) ist ebenfalls ein Naturnähezeiger. Er besiedelt Buchenstämme, z. B. im Niedwald. Der Anblick dieses großen Stachelbarts, der ganze Stämme mit blumenkohlgroßen, verästelten Fruchtkörpern überzieht, ist ein beeindruckendes Erlebnis für Spaziergänger im herbstlichen Niedwald (Abb. 96). Weitere gute Naturnähezeiger im Stadtwald sind der Gezonte Ohrlappenpilz (*Auricularia mesenterica*) auf Eiche (Langer 2009), der Blassgrüne Knorpelporling (*Ceriporiopsis pannocincta*) auf Buche (Blaschke et al. 2009, als *Gloeoporus pannocinctus*) sowie der Gemeine Holztrichterling (*Ossicaulis lignatilis*) und der Breitstachelige Schwammporling (*Spongipellis pachyodon*), beide auf Laubholz.

Auf gefallenen Buchenstämmen oder dicken Buchenästen findet man im Stadtwald im Herbst den Buchenschleimrübling (*Oudemansiella mucida*). Er zeigt an, dass in diesem Waldbereich über viele Jahre Totholz belassen wurde. (Abb. 97). Sein unappetitlicher Name täuscht: Die schneeweißen, büscheligen Fruchtkörper sind eine der Attraktionen des Herbstwalds. Auch der Wilde Hausschwamm (*Serpula himantioides*), der vorwiegend Nadelholzstämme besiedelt, zeigt eine lange Bewaldung an (Abb. 98) (Langer 2009). Er ist ein Verwandter des Echten Hausschwamms oder Kellerschwamms (*Serpula lacrymans*), der als gefürchteter Zerstörer von feuchtem, verbautem Holz in Frankfurter Gebäuden nicht selten vorkommt. Auch das häufige Vorkommen des Zunderschwamms (*Fomes fomentarius*) und des Kastanienbraunen Stielporlings (*Polyporus badius*) im Stadtwald ist ein Hinweis auf die Naturnähe mancher Waldbereiche.

Abb. 96: Der Ästige Stachelbart (*Hericium coralloides*) benötigt alte, dicke Buchenstämme als Lebensgrundlage und zeigt ein naturnahes Waldgebiet an.

Abb. 97: Der Buchenschleimrübling (*Oudemansiella mucida*) ziert mit seinen schneeweißen Fruchtkörpern alte Buchenstämme und zeigt, dass an seinen Standorten über viele Jahre Totholz belassen wurde.

AUFFALLENDE FORMEN, FARBEN UND GERÜCHE AUF DEM WALDBODEN

Speisepilzsammler wissen, dass essbare Röhrlinge auf der Hutunterseite eine „Schwammschicht" aus feinen Röhren haben, die meist grünlich-gelblich oder orange gefärbt ist und bei Reife der Sporen dunkel wird. Weniger bekannt sind die Blassspor-Röhrlinge (*Gyroporus*-Arten). Ihre Röhrenschicht bleibt auch bei Sporenreife hell. Im Frankfurter Stadtwald findet man mit etwas Glück den relativ seltenen Hasenröhrling (*Gyroporus castaneus*) und den noch selteneren Kornblumen-Röhrling (*Gyroporus cyanescens*, Abb. 99). Auch wenn diese Seltenheiten nicht giftig sind, sollte man sie dennoch schonen und daher nicht sammeln.

Sehr düster gefärbt ist hingegen der Porphyr-Röhrling (*Porphyrellus pseudoscaber*), der gesamte Pilz hat eine schiefergraue Färbung. Er ist ein Verwandter des ebenfalls im Stadtwald vorkommenden, weißlich-grau gefärbten

Abb. 98: Wilder Hausschwamm (*Serpula himantioides*) auf einem Kiefernast.

Abb. 99: Das Fleisch des Kornblumen-Röhrlings (*Gyroporus cyanescens*) verfärbt sich beim Anschneiden sofort strahlend blau.

Strubbelkopf-Röhrlings (*Strobilomyces floccopus*). Diese beiden Pilzarten sind nicht giftig, aber wegen ihres dumpfen Geschmacks nicht als Speisepilze geeignet.

Besonders attraktiv gefärbt ist der seltene Veilchenblaue Schönkopf (*Calocybe ionides*), ein Blätterpilz. Ebenso selten, jedoch nicht so schön violett, ist der Gegürtelte Schönkopf (*Calocybe constricta*), während ein Artgenosse von beiden, der weiße, nach Mehl riechende stattliche Maipilz oder Georgsritterling (*Calocybe gambosa*) in manchen Jahren recht häufig an Wegrändern im Wald anzutreffen ist. Er erscheint schon im Frühling und wird im Gegensatz zu seinen Verwandten als Speisepilz gesammelt.

Auf dem Waldboden gibt es Pilzarten, die durch besonders seltsame Formen oder Gerüche auffallen. So macht das Eselsohr (*Otidea onotica*, Abb. 100) seinem Namen alle Ehre. Die Stinkmorchel (*Phallus impudicus*) wiederum ist von weitem an ihrem aasartigen Geruch

Abb. 100: Das Eselsohr (*Otidea onotica*) ist in manchen Jahren im Stadtwald häufig anzutreffen.

zu erkennen. Auffällig sind auch manche Arten der Korallenpilze (*Ramaria*), die bis zu 20 cm hoch werden können und mit ihren verästelten Fruchtkörpern tatsächlich Meeres-Korallen ähneln. In manchen Jahren findet man in der Nähe des Jacobiweihers viele Fruchtkörper der Steifen Koralle (*Ramaria stricta*), die unterirdisch stets mit Holz in Verbindung steht. Diese Kuriositäten der Natur sollte man nicht sammeln, zumal es gerade bei den Korallenpilzen einige stark giftige Arten gibt.

SPEISE- UND GIFTPILZE IM STADTWALD

Im Frankfurter Stadtwald kommen viele der klassischen und geschätzten Speisepilze vor – aber auch ungenießbare oder giftige Arten. Die Favoriten der Pilzsammler sind meist die Röhrlinge, da die Verwechslungsgefahr bei etwas Sachkenntnis gering ist. Mit ein wenig Glück findet man Sommersteinpilze (*Boletus aestivalis*) und Herrenpilze (*Boletus edulis*), deren extrem bitterer Verwechslungspartner, der Gallenröhrling (*Tylopilus felleus*), ebenfalls im Stadtwald zu Hause ist. Recht häufig ist auf eher sauren Böden der Flockenstielige Hexenröhrling (*Boletus erythropus*), ein sehr guter Speisepilz, dessen Verwechslungspartner, der Netzstielige Hexenröhrling (*Boletus luridus*), im Verdacht steht, bei gleichzeitigem Alkoholgenuss Giftwirkung zu entfalten. Letzterer bevorzugt jedoch kalkhaltige Böden und ist in Frankfurt eher in Parkanlagen, Friedhöfen und Gärten zu finden. Ein seltener, giftiger Dickröhrling, der nur an wenigen Stellen im Stadtwald vorkommt, ist der Satanspilz (*Boletus satanas*, Abb. 92). Alle Röhrlinge leben in Symbiose mit Bäumen – mit Ausnahme des im Stadtwald sehr seltenen Schmarotzer-Röhrlings (*Pseudoboletus parasiticus*), der Kartoffelboviste (*Scleroderma citrinum*), also andere Pilze, parasitiert (Abb. 101).

Abb. 101: Schmarotzer-Röhrling (*Pseudoboletus parasiticus*) auf Kartoffelbovist (*Scleroderma citrinum*). Der seltene Parasit steht auf der Roten Liste und ist eine der schützenswerten Arten des Frankfurter Stadtwaldes.

Klassiker der Pilzküche aus dem Bereich der Blätterpilze sind die Egerlinge oder Champignons (*Agaricus*-Arten). Sie sind Saprobionten, also nicht an Bäume gebunden, und ernähren sich durch Zersetzung von holzhaltigem Material. Deswegen können sie auch in Pilzzuchten kultiviert werden. Im Stadtwald wachsen sie gern an Wegrändern, in grasigen Bereichen und auf gemulchten Flächen. Sie lieben auch einen gewissen Stickstoffgehalt im Boden. Neben essbaren Egerlingsarten kommt nicht selten auch der Karbol-Egerling (*Agaricus xanthoderma*) vor, ein giftiger, stark nach Tinte riechender Pilz.

Häufig findet man den Perlpilz (*Amanita rubescens*), einen stattlichen Speisepilz aus der Gattung der Wulstlinge (*Amanita*), dessen Fleisch beim Durchbrechen rötet. Hier ist große Vorsicht geboten, denn an den gleichen Standorten im Stadtwald gibt es auch sehr giftige Wulstlinge, vor allem den tödlich giftigen Grünen Knollenblätterpilz (*Amanita phalloides*, Abb. 89). Dieser ist in den Laubwaldbereichen des Stadtwalds, vor allem unter Eichen, in manchen Jahren ausgesprochen häufig.

Der Parasolpilz (*Macrolepiota procera*) ist der größte der zu Speisezwecken gesammelten Blätterpilze (Abb. 102). In manchen Jahren sind Weg- und Waldstraßenränder mit seinen Fruchtkörpern, die wie Sonnenschirme aussehen, gesäumt.

Auf Laubholzstämmen und -stümpfen kommt das Stockschwämmchen (*Pholiota mutabilis*) vor. Sein sehr giftiger Doppelgänger, der Gifthäubling (*Galerina marginata*), bevorzugt zwar Nadelholzstämme, wird aber im Stadtwald auch ab und zu auf Laubholz gefunden, ebenso der giftige, sehr häufige Grünblättrige Schwefelkopf (*Hypholoma fasciculare*, Abb. 103).

Besonders beliebt bei Pilzsammlern sind auch Pfifferlinge (*Cantharellus*-Arten). Rund um den Jakobiweiher und östlich der Darmstädter Straße bildet der Samtige Pfifferling

Abb. 102: In lichten Waldbereichen, auf Wiesen und an Wegrändern kommt überall im Frankfurter Stadtgebiet der Parasolpilz (*Macrolepiota procera*), ein vorzüglicher Speisepilz, vor.

Abb. 103: Im Herbst besiedeln im Stadtwald ganze Scharen von Grünblättrigen Schwefelköpfen (*Hypholoma fasciculare*) tote Laubholzstämme. Sie zersetzen das Holz und führen es wieder dem Stoffkreislauf zu.

Abb. 104: Das Judasohr (*Auricularia auricula-judae*) gehört zu den Gallertpilzen (Ordnung Auriculariales).Bei Trockenheit schrumpft es völlig ein und ist kaum zu entdecken, bei Feuchtigkeit quillt es vollständig wieder auf.

(*Cantharellus friesii*) in manchen Jahren viele Fruchtkörper. In den Bereichen des Stadtwalds mit besser basenversorgten Böden findet man mit etwas Glück auch die Herbsttrompete (*Craterellus cornucopioides*). Häufig ist in manchen Jahren der Semmelstoppel-Pilz (*Hydnum repandum*). Ein aggressiver Kiefernparasit, die Krause Glucke (*Sparassis crispa*), wächst nicht selten am Grunde von Stämmen. Ihre einem Badeschwamm ähnelnden Fruchtkörper werden wegen des würzigen Geschmacks gerne gesammelt.

Die begehrten Speisemorcheln (*Morchella conica*) findet man mit Glück im Frühling im Niedwald. Junge Porlinge wie der Schwefelporling (*Laetiporus sulphureus*) und der Riesenporling (*Meripilus giganteus*) werden im jungen Zustand ebenfalls gegessen. Beide sind im Stadtwald verbreitet.

Auch Speisepilze für spezielle Vorlieben kommen im Stadtwald vor. Das besonders auf Holunder häufige, gallertige Judasohr (*Auricularia auricula-judae*, Abb. 104) kann anstelle eines in der chinesischen Küche verwendeten Pilzes („Mu Err" oder Wolkenohrpilz, *Auricularia polytricha*) zubereitet werden. Der Leberreischling (*Fistulina hepatica*), auch Ochsenzunge genannt, gilt in vielen Gegenden Deutschlands als selten, kommt aber im warmen Frankfurter Klima im Stadtwald immer wieder vor (Abb. 105). Der bis handtellergroße Pilz wächst im unteren Stammbereich von Eichen und hat jung eine leuchtend rote Oberfläche. Bricht man ein Stück ab, „blutet" der Pilz stark – was ihm seine deutschen Namen und den englischen Namen „beefsteak fungus" eingetragen hat. Seine Fruchtkörper sind durch die reichlich enthaltene Feuchtigkeit verhältnismäßig schwer. In der Pfanne gebraten, gilt der Leberreischling manchen als Delikatesse.

Abb. 105: Der Leberreischling (*Fistulina hepatica*) ist ein Schwächeparasit vorwiegend von Eichen.

WIESENPILZE
IM STADTGEBIET

Abb. 106: Der Kegelige Saftling (*Hygrocybe conica*) ist ein recht häufiger Vertreter der Saftlinge. Bei Berührung oder im Alterungsprozess wird sein Fleisch schwarz.

Das Artenspektrum der Pilze einer Wiese hängt noch stärker von der Wasserversorgung, dem Nährgestoffgehalt und der Zusammensetzung des Bodens ab als das der Waldpilze, da Wiesenpilze keine Bäume als Symbiosepartner zur Verfügung haben.

PILZE AUF NÄHRSTOFFARMEN WIESEN

An nährstoffarmen, trockenen oder feuchten Wiesenstandorten haben sich im Laufe der Evolution Pilzarten entwickelt, die sehr empfindlich auf Düngung oder die Zufuhr von Nährstoffen, etwa über Abgase, reagieren. In einem Stadtgebiet sind solche Bereiche naturgemäß besonders bedroht und daher teilweise als Naturschutzgebiet ausgewiesen. Die Pilzvorkommen in den trockenen Wiesenbereichen des Berger Hangs oder in den feuchten, geschützten Wiesenbereichen an der Nidda wurden bis jetzt noch nicht intensiv untersucht.

Typische Arten trockener, relativ nährstoffarmer Wiesen sind verschiedene Bauchpilze aus der Gattung der Boviste (*Bovista*) und der Stäublinge (*Lycoperdon*), die im Umfeld der Schwanheimer Düne oder an trockenen

Wiesenstandorten innerhalb des Stadtwalds vorkommen. Eine nicht häufige, große Bauchpilz-Art ist der Hasenstäubling (*Handkea utriformis*), den der Spaziergänger meist als „Restpilz" findet: Die bis etwa 15 cm großen, beutelförmigen Fruchtkörper des Hasenstäublings reißen bei Sporenreife auf, zurück bleibt ein becherförmiges, ledriges, sporengefülltes Unterteil, das im Winter und Frühling noch auf den Wiesen zu finden ist.

Ein besonderer Fund ist stets ein Stielbovist der Gattung *Tulostoma*. Im Umfeld der Schwanheimer Düne kann man – mit ein wenig Glück und einem scharfen Auge – die auf Stielchen stehenden, kugelförmigen Fruchtkörper des Zitzen-Stielbovists (*Tulostoma brumale*, Abb. 107) entdecken. In der Sanddüne des Botanischen Gartens wurde der Gewimperte Stielbovist (*Tulostoma fimbriatum*) gefunden. Vom Standort passen dorthin auch die in unmittelbarer Nachbarschaft vorkommende Schwarze Erdzunge (*Geoglossum umbratile*) und die Gemeine Haarzunge (*Trichoglossum hirsutum*).

Abb. 107: Der Zitzen-Stielbovist (*Tulostoma brumale*) ist ein typischer Pilz trockener, nährstoffarmer Standorte.

In etwas besser mit Wasser versorgten, aber nährstoffarmen Wiesen kann man in Frankfurt im Herbst drei Vertretern der Gattung Saftlinge begegnen: dem Kegeligen Saftling (*Hygrocybe conica*, Abb. 106), einem leuchtend orangeroten Pilz mit kegeligem Hut, der im Alter schwarz wird, dem schneeweißen Jungfern-Ellering (*Hygrocybe virginea*) und dem Mennigroten Saftling (*Hygrocybe miniata*).

PILZE AUF WIRTSCHAFTSWIESEN

Der Nelkenschwindling (*Marasmius oreades*), ein in Frankfurt auch in Gärten häufiger Pilz, verträgt einen etwas höheren Nährstoffgehalt. Er wächst oft in kreisförmiger Anordnung in Wiesen aller Art („Hexenringe"). In der Pfanne gebraten ist er ein guter Speisepilz – roh ist er wegen seines Blausäuregehalts leicht giftig. Nach dem Mähen erscheint in Wiesen oft der Heudüngerling (*Panaeolus foeni-secii*) mit seinem glockenförmigen Hut und dunklem Sporenpulver. Nelkenschwindling und Heudüngerling werden oft von auf dem Rasen spielenden Kleinkindern „probiert" und werden so ein Thema für die Giftinformationszentrale und den Pilzsachverständigen: Meist kommen Kinder und Eltern mit dem Schrecken davon.

Potenziell giftige Pilze in Wiesen, die in Frankfurt häufig vorkommen und bezüglich ihrer Giftwirkung bedenklicher sein können, sind kleine Schirmlinge der Gattung *Lepiota*, Samthäubchen (*Conocybe*) und Häublinge (*Galerina*). Auf nährstoffreichen Frankfurter Wiesen gibt es auch sehr begehrte Speisepilze, wie Champignons (*Agaricus* spp.) und Riesen-Schirmpilze (*Macrolepiota* spp.).

VON ÜBERLEBENSKÜNSTLERN, NEUBÜRGERN UND LEBENDEN FOSSILIEN

Abb. 108: Der Rote Gitterling (*Clathrus ruber*), Pilz des Jahres 2011.

Pilze können sich überraschend gut an „menschengemachte", stadttypische Standorte anpassen: Spielplätze, Gärten, Parks, Friedhöfe, der Botanische Garten, der Palmengarten, der Zoo, Schulhöfe, jedes Gebüsch, ja sogar Ritzen im Straßenpflaster werden besiedelt. Allein im Botanischen Garten wurden bis jetzt 312 Pilzarten festgestellt (Lotz-Winter et al. 2011) – keine wurde bewusst kultiviert, alle haben sich von selbst eingestellt. Besonders gefördert wird das Pilzwachstum durch das heute übliche Aufbringen von Rindenmulch.

Auf gemulchten Flächen findet man z. B. im Frühling die Käppchen-Morchel (*Mitrophora semilibera*), die zierlichere Schwester der Speise-Morchel, die ebenfalls ein guter Speisepilz ist. Häufig kann man auf Mulchflächen im ganzen Stadtgebiet den Voreilenden Ackerling (*Agrocybe praecox*), einen kleinen hellbraunen Blätterpilz mit halbkugeligem Hut, entdecken. Auch Vertreter der sogenannten Rausch- oder Zauberpilze wurden auf Mulchflächen in Frankfurt schon gefunden: der Blauende Kahlkopf (*Psilocybe cyanescens*) enthält Psilocybin, eine Substanz, die Halluzinationen hervorruft.

MENSCHENGEMACHTE (ÜBER-)LEBENSRÄUME

Friedhöfe, Parks, aber auch der Botanische Garten bieten durch künstlich geschaffene Bodenverhältnisse Nischen für besondere Pilzarten, die in „freier" Natur in Frankfurt nicht vorkommen. So bildet der Netzstielige Hexenröhrling (*Boletus luridus*) regelmäßig unter den Baumhaseln im Frankfurter Hauptfriedhof Fruchtkörper, während der seltene Glattstielige Hexenröhrling (*Boletus queletii*) im Botanischen Garten im Bereich des Waldmeister-Buchenwalds vorkommt. Der Wurzelnde Bitterröhrling (*Boletus radicans*) tritt ebenfalls nicht selten in Gärten und Parks auf.

In Parks und Gärten findet man auch stets die von ihren Wirtspflanzen abhängigen Parasiten. So kann man im Grüneburg-Park bei sorgfältiger Suche in der Nähe von Buschwindröschen oder Lerchensporn im Frühling den Anemonen-Becherling (*Dumontinia tuberosa*) entdecken. Die becherförmigen, braunen Fruchtkörper haben einen Durchmesser von etwa 2 cm und sitzen auf einem etwa ebenso langen Stielchen. Sie parasitieren auf den Wurzeln der Buschwindröschen und schädigen die Pflanzen derart, dass sie vergilben und nicht zur Blüte kommen. Weitere Pilzgattungen, die in Frankfurter Friedhöfen und Parks gut repräsentiert sind, sind Risspilze (*Inocybe*-Arten), darunter auch der sehr giftige Ziegelrote Risspilz (*Inocybe erubescens*), der auf dem Frankfurter Hauptfriedhof regelmäßig Fruchtkörper bildet.

Nirgends im Stadtbereich fehlen auf alten Obstbäumen in Gärten und Streuobstwiesen der Pflaumenfeuerschwamm (*Phellinus tuberculosus*) und der Zottige Schillerporling (*Inonotus hispidus*) sowie Parasiten wie Apfelschorf (*Venturia inaequalis*) und Erreger verschiedener Fruchtfäulen (z. B. *Monilinia fructigena*). Johannisbeerbüsche tragen ab und zu an ihrem Grund Fruchtkörper des Johannisbeer-Feuerschwamms (*Phellinus ribis*).

Pilze folgen „ihren" Bäumen grundsätzlich gern in Gärten: so z.B. der Fliegenpilz (*Amanita muscaria*) den Birken, der Goldröhrling (*Suillus grevillei*) den Lärchen und die Ziegenlippen (*Xerocomus subtomentosus*) verschiedenen Laubbäumen. Schlagzeilen machte 2014 ein Trüffelfund in Frankfurt-Preungesheim. Bei Gartenarbeiten waren Sommertrüffeln (*Tuber aestivum*) gefunden worden (Atwell 2014). Auch im Botanischen Garten haben die Gärtner 2014 Sommertrüffeln bei mediterranen Eichen entdeckt. Echte Trüffeln sind Mykorrhiza-Pilze und benötigen Kalk im Boden, sie sind daher für das kalkarme Rhein-Main-Gebiet sehr ungewöhnlich. Wenn die Sommertrüffeln auch nicht den Genusswert und damit den Preis der

Périgord-Trüffeln (*Tuber melanosporum*, auch Schwarze Trüffel) oder der weißen Alba-Trüffeln (*Tuber magnatum*, auch Italienische Trüffel) erreichen, werden sie doch von Feinschmeckern geschätzt. Alle Angehörigen der Gattung *Tuber* stehen übrigens in Deutschland unter strengem Schutz.

Ein Überlebenskünstler aus der Gattung der Erdsterne ist der Kragen-Erdstern (*Geastrum striatum*). Während viele Erdstern-Arten im Zuge der zunehmenden Nährstoffanreicherung ihrer Standorte selten geworden sind, ist der Kragen-Erdstern mittlerweile recht oft in Frankfurt anzutreffen. Er wächst gern unter Robinien auch an stark nährstoffhaltigen Stellen.

Ein Vertreter der Egerlinge trägt die Stadt sogar in seinem Namen: *Agaricus bitorquis*, der Stadt- oder Asphalt-Egerling (Abb. 109).

Abb. 109: Stadt-Egerling (*Agaricus bitorquis*) am betonierten Eingangsbereich des Hauptfriedhofs in Frankfurt.

Die Fruchtkörper dieses Pilzes können sogar Asphaltritzen durchdringen und direkt auf der Straße Fruchtkörper bilden!

NEOMYZETEN: VON GITTERLING UND TINTENFISCHPILZ

Pilze, die aus anderen Ländern bzw. Erdteilen zu uns eingewandert sind, nennt man Neomyzeten. Eine der auffälligsten Arten in Frankfurt ist der Rote Gitterling (*Clathrus ruber*), der aus dem Mittelmeerraum stammt. Im Botanischen Garten der Stadt Frankfurt ist er bereits 1955 zum ersten Mal nachgewiesen worden. Seither wurde er mehrfach im Botanischen Garten und im benachbarten Grüneburg-Park gesichtet (Abb. 108), einmal auch im Schwanheimer Wald. Sein naher Verwandter, der Tintenfischpilz (*Clathrus archeri*), der seinem Namen alle Ehre macht, kommt im Stadtgebiet relativ häufig vor. Er stammt aus Tasmanien und wurde in den 30er Jahren des vorigen Jahrhunderts in Europa eingeschleppt. Beide Pilze bilden eine nach Aas stinkende, schwärzliche Sporenmasse und locken dadurch und durch ihre fleischrote Färbung aasliebende Insekten an, die dann die Pilzsporen verbreiten. Nach dem gleichen Prinzip, das übrigens auch die heimische Stinkmorchel (*Phallus impudicus*) anwendet, funktioniert die Sporenverbreitung des aus Ostasien stammenden Eckigstieligen Fingerpilzes (*Lysurus mokusin*), der im Nebelwald-Haus des Palmengartens gefunden wurde (Lehr 2004). Er trägt auf der Spitze seines langgestreckten Fruchtkörpers eine Kappe aus einer stinkenden Masse, die ebenfalls Insekten anlockt.

Im Grüneburg-Park findet man schon ab Februar unter Zedern den Zedern-Sandborst-

ling (*Geopora sumneriana*), einen halb in die Erde eingesenkten, becherförmigen Pilz, der mit „seinen" Bäumen nach Deutschland kam und im temperaturbegünstigten Frankfurt gute Bedingungen für seine Ausbreitung vorgefunden hat. Ein Einwanderer aus Amerika ist der Üppige Rübling (*Gymnopus luxurians*), ein büschelig wachsender, kastanienbrauner Blätterpilz, der gern Mulchflächen besiedelt. Seine Verwandten, z. B. der Waldfreund-Rübling (*Gymnopus dryophilus*), sind bei uns häufige Waldpilze. In großer Zahl kommen in Frankfurt parasitische Neomyzeten vor, die mit ihren Wirtspflanzen bei uns eingewandert sind. Ein Beispiel aus der Reihe der Rostpilze (Pucciniomycotina) ist *Cumminsiella mirabilissima*, die mit der Mahonie aus Nordamerika gekommen ist. Dieser Pilz bildet sehr auffällige orangerote Flecke auf den Mahonienblättern und ist auf nahezu jeder Pflanze zu finden. Ein Beispiel für Mehltaupilze (Ordnung Erysiphales) ist *Erysiphe magnifica*, die auf Blättern von Magnolien aus Ostasien eingeschleppt wurde. Pflanzenparasitische Pilze sind sehr oft streng an ihren Wirt gebunden. *Erysiphe magnifica* jedoch hat im Botanischen Garten der Universität Frankfurt den Wirt gewechselt und wurde auch auf den Blättern der – ebenfalls exotischen – Lotosblume (*Nelumbo nucifera*) gefunden (Kirschner 2010).

ZWEI LEBENDE FOSSILE IN DER GOETHE-STADT

Nicht nur der Ginkgobaum ist ein lebendes Fossil, auf seinen Blättern kommt ein Pilz vor, der entwicklungsgeschichtlich ebenfalls eine urtümliche Stellung einnimmt. Entdeckt und beschrieben wurde dieser mit freiem Auge gerade noch sichtbare Pilz bereits 1935, und der französische Mykologe Arnaud gab ihm den Namen *Bartheletia paradoxa*. Sein Lebenszyklus und seine besondere Position in der Hierarchie der Pilze wurden jedoch erst 2008 von Scheuer et al. aufgeklärt. Wenn im Herbst die goldenen Ginkgoblätter vom Baum fallen, entstehen gleichzeitig Sporen aus der Dauerform des Pilzes, die den Winter und den Sommer auf den Blättern des Vorjahrs in einer Art Ruhestadium verbracht hat. Diese infizieren die herabfallenden Blätter, bilden ein Myzel im Blatt und setzen sich dann mit einem neuen Dauerstadium zur Ruhe. Der Kreislauf ist geschlossen. Man wird in Frankfurt unter vielen Ginkgobäumen fündig, auch unter dem ältesten Ginkgobaum der Stadt im Brentanopark: Hebt man im Spätherbst und im Winter seine Blätter auf, erkennt man auf fast allen die kleinen schwarze Punkte des Ginkgopilzes *Bartheletia paradoxa* (Abb. 110).

Abb. 110: *Bartheletia paradoxa* auf Ginkgoblatt.

// STADTNATUR IM PORTRAIT

DER HEILIGENSTOCK – WERTVOLLE BIOTOPE RUND UM ESELSWEG UND ZOLLHAUS

Westlich der B521 zwischen Preungesheim und Bad Vilbel erstreckt sich der „Heiligenstock". Dabei handelt es sich um eine Hochfläche auf dem Berger Rücken, die etwa 180 m über NN und damit deutlich oberhalb des Stadtzentrums gelegen ist. Der Name geht auf einen mittelalterlichen Bildstock zurück, der in der Nähe der Gaststätte „Altes Zollhaus" an der Friedberger Landstraße steht.

Das Gebiet lädt zu einem Spaziergang „mit Ausblick" ein. Man erreicht den Heiligenstock mit der Buslinie 30 (Haltestelle „Heiligenstock"). Direkt an der Friedberger Landstraße befindet sich das „Alte Zollhaus", in dessen unmittelbarer Nähe der Eselsweg beginnt. Dieser durchzieht das Gebiet in Ost-West-Richtung und ermöglicht einen hervorragen Überblick über die ausgedehnte Streuobst- und Weidelandschaft.

Im Jahre 2009 wurden die aus naturschutzfachlicher Sicht wertvollsten Bereiche (ca. 21,5 ha) von der Arbeitsgruppe Biotopkartierung im Auftrag des Umweltamtes floristisch und im Hinblick auf das aktuelle Biotoptypen-Spektrum untersucht. Das Untersuchungsgebiet erstreckte sich zwischen der Bundesstraße 3 im Westen, dem Trinkwasserbehälter mit angrenzender Bebauung im Süden, der Friedberger Landstraße im Osten sowie einer ausgedehnten Ackerflur und dem Friedhof Heiligenstock im Norden.

LEBENSRAUMMOSAIK AM HEILIGENSTOCK

Aus der Luft sieht die Landschaft am Heiligenstock wie ein Flickenteppich aus. Grünland und Brachen wechseln sich mit Streuobstwiesen und Gartengrundstücken ab. Das Gelände ist durchsetzt mit Betonfundamenten und einer Gebäuderuine. Dabei handelt es sich um Überreste des Senders Heiligenstock, der bis 1967 als Mittelwellensender betrieben wurde. Im Süden verläuft der Eselsweg, der seinen Namen den Müllereseln verdankt, die Getreidesäcke zwischen Preungesheim und der Windmühle an der Berger Warte transportierten (Rochelmeyer 1980).

Im Folgenden werden die den Heiligenstock prägenden Lebensraumtypen, nämlich Streuobstwiesen, Grünland und Gehölze näher beschrieben. Auf die übrigen Biotoptypen gehen wir hier nicht ein, da sie in Bezug auf ihren Flächenanteil und ihre naturschutzfachliche Bedeutung nur eine untergeordnete Rolle spielen.

Streuobstbestände (Abb. 111) gehören zu den berühmtesten Biotopen in Frankfurt, wächst hier doch das Ausgangsmaterial für das beliebte „Stöffche" (Apfelwein) heran. Außerdem sind sie Lebensraum des Steinkauzes (*Athene noctua*). Diese Eule wiegt nur bis etwa 200 g und ist kleiner als eine Taube. Der seltene

Abb. 111: Blick in die beweideten Streuobstbestände am Heiligenstock.

Abb. 112: Liegendes Totholz am Heiligenstock.

Steinkauz gilt nach der Roten Liste Deutschlands als stark gefährdet. Auf Frankfurter Streuobstwiesen fühlt sich der standorttreue Vogel noch wohl.

Die Streuobstbestände im Bereich des Heiligenstocks sind aus Sicht des Naturschutzes besonders wertvoll, denn sie sind hier sehr strukturreich ausgebildet. Es sind z. B. stehendes oder liegendes Totholz (Abb. 112) vorhanden und eben zahlreiche Baumhöhlen, die von den Käuzen und vielen anderen Tierarten besiedelt werden.

Hinsichtlich ihres Unterwuchses unterscheiden sich die Bestände zum Teil erheblich. Streuobstbestände sind ein durch Bewirtschaftung entstandener Lebensraum, der nur durch fortwährende Nutzung erhalten werden kann. Erfreulicherweise besitzen Streuobstbestände mit extensiv genutztem Grünlandunterwuchs am Heiligenstock den größten Flächenanteil. Es finden sich neben mageren, niedrigwüchsigen Weide-Gesellschaften (Cynosurion) insbesondere im Osten auch artenarme Glatthafer-Wiesen (Arrhenatherion), die wegen ihrer nur noch sporadischen Nutzung zum Teil bereits mit Arten wie Großer Brennnessel (*Urtica dioica*) oder Acker-Kratzdistel (*Cirsium arvense*, Abb. 113) durchsetzt sind.

Seit einigen Jahren ungenutzte Streuobstbestände zeichnen sich durch einen Unterwuchs aus Gräsern und Hochstauden aus. Auch hier gehören Glatthafer (*Arrhenatherum elati-*

us), Große Brennnessel und Kratzdistel-Arten (*Cirsium* spp.) zu den dominierenden Vertretern. Es ist zu befürchten, dass vereinzelt auftretende junge Gehölze zu einer immer stärkeren Verbuschung führen, wenn die Brache länger andauert. Die Streuobstbestände verlieren dadurch ihren typischen Charakter. Am Heiligenstock dringen insbesondere Brombeerarten, vor allem die aus dem Kaukasus stammende Armenische Brombeere (*Rubus armeniacus*), in brachliegende Obstbaumbestände ein. Im Untersuchungsjahr 2009 wurden Teilflächen durch Mulchen vom Brombeerunterwuchs befreit.

Es ist wichtig, dass Schritte unternommen werden, um der zunehmenden Verbuschung entgegenzuwirken. Allerdings sind diese Maßnahmen nur dann erfolgreich, wenn sie über Jahre hinweg konsequent durchgeführt werden und die Flächen gleichzeitig regelmäßig von Schafen beweidet werden. Eine einmalige Auflichtung der Fläche reicht erfahrungsgemäß nicht aus, um die Brombeeren zurück zu drängen. Es ist zu hoffen, dass die Pflege der Flächen regelmäßig fortgeführt wird.

Abb. 113: In Streuobstbeständen, die nur noch sporadisch genutzt werden, breiten sich Arten wie die Acker-Kratzdistel (*Cirsium arvense*) aus.

Grünland frischer Standorte prägt die weithin offene, landschaftsparkartige Hochfläche des Heiligenstocks. Wer jedoch üppige, hochwüchsige Wiesen voller Löwenzahnblütenköpfe erwartet, wird sich über den Anblick am Heiligenstock wundern. Das Grünland ist untergrasreich und auffällig niedrigwüchsig. In dieser Form und Ausdehnung ist Grünland im Stadtgebiet sonst nicht mehr zu finden. Die Zusammensetzung der Arten dokumentiert den mageren Boden, auf dem sie gedeihen.

Am Heiligenstock zeigt das Grünland zwei Ausprägungen, die räumlich getrennt auftreten (siehe Tab. VI im Anhang). Die zentralen und westlichen Schafweiden beherbergen eine Pflanzengesellschaft, die durch das regelmäßige Vorkommen von Kammgras (*Cynosurus cristatus*), Rot-Schwingel (*Festuca rubra*), Rotem Straußgras (*Agrostis capillaris*), Gras-Sternmiere (*Stellaria graminea*) sowie typischen Weidezeigern wie Gänseblümchen (*Bellis perennis*) und Weiß-Klee (*Trifolium repens*) charakterisiert wird. Pflanzensoziologisch ist sie dem Verband Cynosurion (Fettweiden) zuzurechnen. Früher als Rotschwingel-Kammgras-Weide (Festuco-Cynosuretum) bezeichnet, wird die Gesellschaft heute als magere Ausbildungsform der Weidelgras-Weißklee-Weide (Cynosuro-Lolietum) eingestuft (Dierschke 1997). Sie gilt nach der Roten Liste der Pflanzengesellschaften (Rennwald 2000) in der Hügel- und Berglandregion Deutschlands, zu der auch der Oberrheingraben mit dem Frankfurter Stadtgebiet gerechnet wird, als gefährdet. In den Beständen auf den nährstoffärmsten Wuchsorten am Heiligenstock treten sogar Aufrechte Trespe (*Bromus erectus*), Echtes Labkraut (*Galium verum*) und Mittlerer Wegerich (*Plantago media*)

Abb. 114: Der Gewöhnliche Odermennig (*Agrimonia eupatoria*) ist eine typische Saumart.

auf, wodurch die Bestände Ähnlichkeiten mit Halbtrockenrasen des Verbands Mesobromion besitzen. Die extensive Nutzung führt in Teilbereichen zum Auftreten typischer Saumarten wie Gewöhnlichem Odermennig (*Agrimonia eupatoria*, Abb. 114) oder Gewöhnlichem Dost (*Origanum vulgare*).

Zum zweiten Vegetationstyp gehören sowohl das intensiver genutzte Grünland als auch die nur noch sporadisch genutzten und brachliegenden Wiesen und Weiden. Charakteristische Pflanzengesellschaft ist die Glatthafer-Wiese (Arrhenatheretum elatioris), die am Heiligenstock meist nur in einer artenarmen Variante anzutreffen ist. Neben Glatthafer sind hier auch Weißes Labkraut (*Galium album*) und Wiesen-Storchschnabel (*Geranium pratense*) zu finden. Die Bestände im Untersuchungsgebiet sind mit stickstoffliebenden Störungszeigern wie Kratzdistel-Arten oder Großer Brennnessel durchsetzt.

Allen Grünlandlebensgemeinschaften des Heiligenstocks ist gemein, dass sie sehr artenarm sind. In fast allen erfassten Beständen lag die Artenzahl je 25 m² deutlich unter 30, in einigen sogar unter 20. Bei den Magerweide-Gesellschaften (Abb. 115) dürfte dies

Abb. 115: Blick über die mageren Schafweiden des Heiligenstocks.

Abb. 116: Streuobst am Heiligenstock. Von den Brombeeren im Unterwuchs ist nach der Mulchmahd nichts mehr zu sehen.

standortbedingt und weniger auf die Nutzung zurückzuführen sein. Bei der Glatthafer-Wiese ist von einer nutzungsbedingten Verarmung sowohl durch Intensivnutzung als auch durch fehlende Nutzung und damit einhergehende Verbrachung auszugehen.

Gebüsch- und Gehölzlebensräume finden sich zerstreut im gesamten Gebiet. Bei den niedrigwüchsigen Gebüschen handelt es sich in erster Linie um Brombeerbestände, stellenweise finden sich aber auch erst in den letzten Jahren gepflanzte Reihen der Wein-Rose (*Rosa rubiginosa*). Zahlreiche Brombeergehölze wurden 2009 einer Mulchmahd unterzogen (Abb. 116), um so ein weiteres Ausbreiten der stark expansiven Armenischen Brombeere (*Rubus armeniacus*) zu unterbinden. Zwar sind die Früchte dieser Brombeere schmackhaft, doch handelt es sich um eine problematische Art, die sich als invasiver Neueinwanderer (Neophyt) im ganzen Stadtgebiet stark ausbreitet und bereits viele Hektar Fläche bedeckt.

Höherwüchsige Feldgehölze bestehen aus Eingriffeligem Weißdorn (*Crataegus monogyna*), Rotem Hartriegel (*Cornus sanguinea*), Schlehe (*Prunus spinosa*), Schwarzem Holunder (*Sambucus nigra*) und Rosen-Arten (vor allem *Rosa canina*). Dort, wo diese Gehölze mit zahlreichen Obstbäumen durchsetzt sind, handelt es sich um Sukzessionsstadien brachgefallener Streuobstwiesen.

VERBORGENE KLEINODE

Zwischen Mai und Oktober 2009 wurden 145 Arten von Höheren Pflanzen dokumentiert (siehe Tab. VII im Anhang), wobei Arten des Wirtschaftsgrünlandes überwiegen. Gemessen an der Größe des Untersuchungsgebietes und der Biotoptypendiversität, die im Wesentlichen von mageren Grünlandbeständen und Streuobst dominiert wird, ist die nachgewiesene Pflanzenartenzahl nur als gering bis durchschnittlich einzustufen.

Einige Arten aus einer älteren Untersuchung des Gebiets (Dorow et al. 1992) konnten nicht mehr nachgewiesen werden. Dabei handelt es sich um die in der Region Südwest als gefährdet eingestufte Büschel-Glockenblume (*Campanula glomerata*), eine typische Art des mageren Grünlands. Besen-Radmelde (*Bassia scoparia*) und Woll-Ziest (*Stachys byzantina*), zwei Neubürger, die gelegentlich aus Gärten verwildern, konnten sich offenbar nicht dauerhaft etablieren.

Die floristische Bedeutung des Heiligenstock-Geländes liegt vor allem im Vorkommen von zwei gefährdeten Pflanzenarten: der Kleinblütigen Rose (*Rosa micrantha*, Abb. 117), von der aus dem übrigen Stadtgebiet keine weiteren Vorkommen bekannt sind, und der Gras-Platterbse (*Lathyrus nissolia*, Abb. 118), die darüber hinaus erst seit kurzer Zeit aus dem NSG „Harheimer Ried" bekannt ist.

Bei der **Kleinblütigen Rose** handelt es sich um eine typische Art wärmebegünstigter Waldränder, Felshänge und Halbtrockenrasen, die hier mit mehreren Exemplaren innerhalb der mageren Weideflächen südlich des Eselswegs wächst. Die Art wird erstmals in der Untersuchung von Dorow et al. (1992) genannt.

Abb. 117: Kleinblütige Rose (*Rosa micrantha*).

Sie gilt in Deutschland und Hessen als gefährdet (Korneck et al. 1998, Hemm et al. 2008). In der Region Südwest wird ihre Gefährdung nur angenommen (Kategorie G), da die vorliegenden Informationen für eine exakte Zuordnung zu den Gefährdungskategorien derzeit nicht ausreichen (Hemm et al. 2008). Die Kleinblütige Rose blüht blass- bis weißlich-rosa, ihre Hagebutten sind oft auffällig schmal, spindel- oder flaschenförmig, Stiel und Butte sind mit gestielten Drüsen besetzt.

Das Vorkommen der **Gras-Platterbse** im Untersuchungsgebiet wurde 1981 von Karl Peter Buttler entdeckt (Buttler 1982). Der Schmetterlingsblütler besitzt purpurne Blüten und ungewöhnlich geformte Blätter. Die eigentliche Blattspreite fehlt, doch der Stiel ist vergrößert und wirkt grasähnlich. Die Gras-Platterbse gehört zu den stark gefährdeten Arten in Deutschland und Hessen (Korneck et al. 1998, Hemm et al. 2008). Im nichtblühenden Zustand ist die Pflanze schwer zu entdecken. Trotz ihrer Seltenheit wurde die Art in Hessen schon in ganz unterschiedlichen Lebensräumen gefunden: Sie kann in Äckern, kurzlebigen Unkrautfluren,

Straßenrandbereichen, Queckenrasen, ruderalen Magerrasen und wärmeliebenden Staudensäumen auftreten, wobei der größte Teil der Vorkommen auf Verschleppung mit Saatgut beruhen dürfte. Die Vorkommen am Heiligenstock liegen allesamt in mageren Weideflächen und deren Säumen. 2009 konnte die Gras-Platterbse an fünf Stellen im Heiligenstock-Gebiet nachgewiesen werden; davor war sie nur von einem Fundort bekannt (Buttler 1982, Bönsel 2003).

ZUKUNFT MIT SCHAFEN

Die Bedeutung des Heiligenstock-Geländes liegt weniger in seiner Arten- und Biotoptypendiversität begründet als vielmehr in der Ästhetik dieses weiträumigen, landschaftsparkartigen und historisch gewachsenen Kulturlandschaftsausschnitts. Wie Dorow et al. (1992) mutmaßen, handelt es sich dabei wohl um einen Teil der ehemaligen Seckbacher Gemeindeweide. Das Gebiet ist damit ein Zeugnis für die Frankfurter Stadtgeschichte und gibt auf kleiner Fläche einen Eindruck davon, wie die Kulturlandschaft im Rhein-Main-Gebiet in früheren Zeiten vermutlich strukturiert war.

Der größte Teil des untersuchten Areals wird derzeit in Hüteschafhaltung beweidet. Die Beweidung erfolgt vergleichsweise intensiv mit einer großen Zahl von Tieren, jedoch jeweils nur über einen kurzen Zeitraum. Sie beginnt im Mai und findet über die gesamte Vegetationsperiode hinweg statt, so dass die Fläche jährlich insgesamt 3- bis 5-mal abgeweidet wird. Die Weiden des Heiligenstocks sind fast die gesamte Vegetationsperiode hindurch kurzrasig. Eine Regeneration der Vegetationsdecke findet nur eingeschränkt statt. Dies mag eine Ursache für die Artenarmut der Grünlandbestände sein.

Die auf den flachgründigen und nährstoffarmen Böden vorhandenen mageren Rotschwingel-Kammgras-Weiden, die ebenfalls das Ergebnis der langjährigen, extensiven Schafbeweidung sind, gehören zu den selteneren Grünlandbeständen in Frankfurt und sind in der Ausdehnung am Heiligenstock einzigartig im Stadtgebiet. Sie verfügen insgesamt aber nur über wenige floristische Besonderheiten. Botanische Bedeutung erlangt das Untersuchungsgebiet vor allem durch das Vorkommen der Gras-Platterbse (*Lathyrus nissolia*). Auch die Kleinblütige Rose (*Rosa micrantha*) ist in Frankfurt sehr selten. Allein dies rechtfertigt die Erhaltung und Entwicklung dieser alten Kulturlandschaft. Möglicherweise könnten in Zukunft mit einem veränderten Weidemanagement, das längere Ruhephasen vorsieht, die Bedingungen dahingehend verbessert werden, dass auch die Büschel-Glockenblume (*Campanula glomerata*) wieder im Gebiet vorkommt, die noch von Dorow et al. (1992) am Heiligenstock gefunden worden war.

Abb. 118: Gras-Platterbse (*Lathyrus nissolia*).

DAS HARHEIMER RIED – FRANKFURTS JÜNGSTES NATURSCHUTZGEBIET

Abb. 119: Blick auf das zentrale Feuchtgrünland des Harheimer Rieds.

Frankfurt verbindet man überregional mit Banken, Hochhäusern und Deutschlands größtem Flughafen. Naturschutzgebiete kommen da wohl den wenigsten in den Sinn. Doch an der Peripherie von Hessens größter Stadt gibt es inzwischen sieben Naturschutzgebiete, die einen wichtigen Beitrag zum Erhalt der Stadtnatur leisten. Manche, wie das NSG „Enkheimer Ried" im Osten Frankfurts, sind nicht öffentlich zugänglich, um die Natur dort besser schützen zu können. Andere, wie das NSG „Schwanheimer Düne" im Westen der Stadt, können dagegen ganzjährig besucht werden.

Das jüngste Naturschutzgebiet ist am 11. Dezember 2007 dazugekommen, das NSG „Harheimer Ried" (Abb. 119). Unterhalb einer Größe von 5 ha liegt die Ausweisung und Betreuung von Schutzgebieten in der Hand der Kommunen. Das NSG „Harheimer Ried" liegt mit einer Gesamtfläche von 4,98 ha unterhalb dieser Grenze. Nach dem NSG „Mühlbachtal" in Enkheim ist es damit das zweitkleinste Naturschutzgebiet der Stadt. Es findet allerdings bislang nur wenig Beachtung. Ein Grund dafür ist – neben seiner geringen Größe – vermutlich, dass es nicht durch Wege erschlossen und daher nicht begehbar ist. Lediglich von einem kleinen Stichweg im Norden kann man sich einen Überblick über das Feuchtgebiet verschaffen. Auch die seltenen und schutzwürdigen Pflanzenarten in diesem Gebiet sind überwiegend unauffällig und locken allenfalls Experten an.

Dabei handelt es sich beim Harheimer Ried um ein bemerkenswertes Gebiet, des-

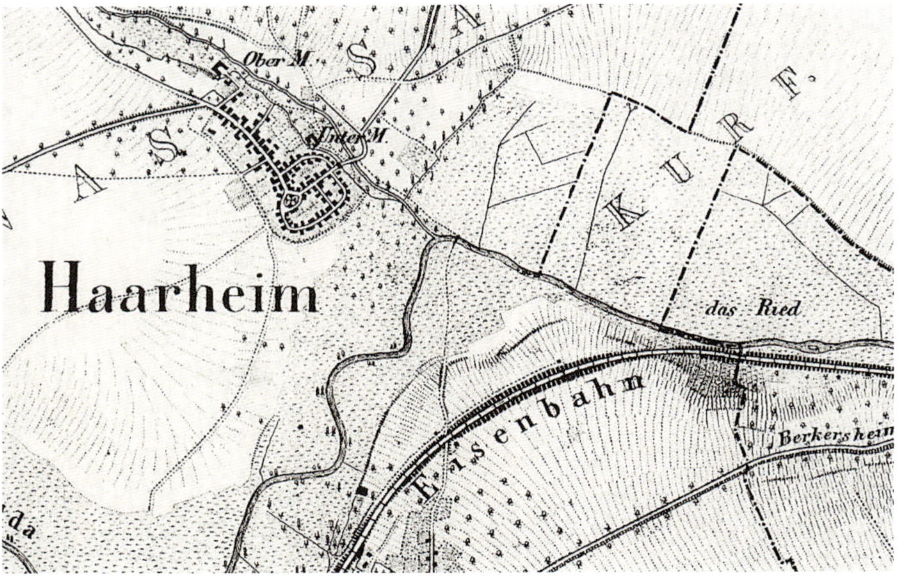

Abb. 120: Die als Grünland genutzte Nidda-Aue östlich von Harheim mit zahlreichen Entwässerungsgräben im 19. Jahrhundert. Ausschnitt aus der Karte der Umgebung von Frankfurt. Aufgenommen vom Großherzoglich Hessischen Generalstab zur Ableitung der „Karte vom Großherzogtum Hessen 1:50.000", 1823–1840. © Hessisches Landesamt für Bodenmanagement und Geoinformation.

sen Schutzwürdigkeit seit langem belegt ist (vgl. Flechtner et al. 1987, Dechent et al. 1991, Goebel et al. 2002).

Seitdem es im Jahr 2007 als Schutzgebiet ausgewiesen wurde, hat sich das Gebiet jedoch nicht so positiv weiterentwickelt wie erhofft. Es stellte sich heraus, dass die Grünlandflächen nicht mehr hinreichend gepflegt wurden, was sich negativ auf die Zusammensetzung der Artengemeinschaften auswirkte. Im Auftrag des Umweltamtes untersuchte die Arbeitsgruppe Biotopkartierung am Forschungsinstitut Senckenberg das Lebensraumspektrum und die Flora des NSG daher im Jahr 2010 erneut und erarbeitete einen Rahmenpflegeplan. Seit 2014 gibt es ein wissenschaftliches Monitoring im Naturschutzgebiet (Bönsel 2015), um zu kontrollieren, ob die vorgeschlagenen Pflegemaßnahmen (Bönsel & Malten 2011) durchgeführt werden, und um die Entwicklung zu dokumentieren.

VON DER ALLMENDE ZUM NSG

Das Harheimer Ried ist ein Überrest der ehemals weiträumigen Grünlandfläche der Nidda-Aue, in die Sümpfe und Niedermoore eingestreut waren. Jahrhundertelang war die Fläche Teil einer Allmende, einer gemeinschaftlich genutzten Weidefläche. Urkundlich erwähnt

wurde das Ried erstmals im Jahr 1439. Die vorwiegend grünlandwirtschaftliche Nutzung der Nidda-Aue dauerte bis etwa zum 2. Weltkrieg an und lässt sich anhand historischer Karten und Luftbilder belegen. So zeigt bereits eine Karte aus der ersten Hälfte des 19. Jahrhunderts (Abb. 120) die zur Grünlandwirtschaft genutzte Nidda-Aue östlich von Harheim, die von zahlreichen Entwässerungsgräben durchzogen ist. Ein Luftbild aus dem Jahre 1927 zeigt noch eine ähnliche Nutzungsverteilung.

Erst nach dem 2. Weltkrieg traten gravierende Landschaftsveränderungen ein, die auf Müll-, Bauschutt- und Trümmerablagerungen sowie auf den Bau der Bezirkssportanlage im unmittelbaren Umfeld des heutigen Naturschutzgebietes zurückgehen. Hinzu kam die Intensivierung der Landwirtschaft. Versumpfte Bereiche der Nidda-Aue wurden entwässert und damit ackerbaulich nutzbar. Von den großflächigen Feuchtgrünlandflächen des Harheimer Rieds verblieb nur ein kleiner Rest. In den 1980er Jahren wurde sogar die zentrale, heute stark vernässte Wiese als Acker genutzt (Flechtner et al. 1987), was sich aber als unrentabel erwies. Ende der 1980er Jahre hatte das Gebiet noch einen wesentlich offeneren Charakter als heute. Die randlichen Böschungen sowie die Ufer der Gräben waren nur mit einzelnen Bäumen und Büschen bewachsen (Abb. 121). Bereits zehn Jahre später hatten sich entlang der Gräben strukturreiche Erlen- und Weidengehölze entwickelt. Durch die Verlandung der Entwässerungsgräben ist der Grundwasserspiegel wieder angestiegen (Abb. 122).

Abb. 121: Harheimer Ried 1990. Die Fläche des heutigen NSG befindet sich nordöstlich der Sportanlagen. Der zentrale und heute wertvollste Teil wurde damals zu zwei Dritteln als Acker genutzt. © Stadtvermessungsamt Frankfurt am Main.

Abb. 122: Harheimer Ried 1998. Die Böschungen und Grabenufer sind mittlerweile mit Gehölzen bewachsen. Der zentrale und der südliche Teil wurde als Wiese genutzt. © Stadtvermessungsamt Frankfurt am Main.

Bemerkenswert ist die Entwicklung von sogenannten salztoleranten Flutrasen (s. u.) im zentralen Bereich. Die Randflächen des Naturschutzgebietes wie die Grünlandbrache im Süden und die ehemalige Ackerfläche im Norden sind dagegen heute deutlich artenärmer und stark von Ruderalarten wie der Großen Brennnessel (*Urtica dioica*) durchsetzt. In ihrem derzeitigen Zustand erfüllen sie in erster Linie eine Pufferfunktion gegenüber den angrenzenden, intensiv genutzten Ackerflächen.

LEBENSRÄUME IM NSG „HARHEIMER RIED"

Im Rahmen der Untersuchung von Goebel et al. (2002) wurden 32 Vegetationstypen festgestellt, darunter elf bestandsbedrohte Pflanzengesellschaften der bundesdeutschen Roten Liste (Rennwald 2000). 2010 stellte sich das Naturschutzgebiet als Lebensraumkomplex von Feucht- und Frischwiesenbrachen, Gehölzen frischer und nasser Standorte, Grabenbiotopen

Code	Biotoptypenbezeichnung	Fläche in m²/ Anteil (%)
3263	Unbefestigter Weg, bewachsen	86 (0,16)
522	Gräben und grabenartige Bäche, mit gewässertypischen Röhrichten und Hochstauden	94 (0,17)
524	Gräben und grabenartige Bäche, mit ± geschlossenem Ufergehölzgürtel	616 (1,14)
614	Rohrglanzgrasröhricht	467 (0,86)
7111	Intensiv genutzte Äcker, ohne Ackerrandstreifen	783 (1,45)
7513	Grünland frischer Standorte, brachliegende Bestände	10827 (20,00)
7533	Grünland feuchter bis nasser Standorte, brachliegende Bestände	12931 (23,89)
7552	Magere Graslandeinsaat	382 (0,71)
81	Einzelbäume	966 (1,78)
842	Gebüsche aus nicht einheimischen Arten	2037 (3,76)
851	Gehölze trockener bis frischer Standorte (aus einheimischen Arten)	5337 (9,86)
854	Gehölze trockener bis frischer Standorte (aus nicht einheimischen Arten)	454 (0,84)
861	Weiden- und Erlengehölze	12761 (23,57)
932	Brachflächen mit ausdauernder Ruderalvegetation auf frischen Standorten	6391 (11,81)
	Gesamtfläche des Untersuchungsgebietes (die 2010 untersuchte Fläche ist etwas größer als das ausgewiesene NSG (4,98 ha))	**54132 (100,00)**

Tab. 5: Biotoptypen (nach Bönsel et al. 2007) im Harheimer Ried 2010 mit Flächenanteilen.

und Ruderalfluren dar. Die meisten Lebensgemeinschaften im Harheimer Ried hatten sich seit 2002 nur wenig verändert. 2010 wurden 14 Biotoptypen unterschieden, die in Tabelle 5 mit ihren Flächenanteilen aufgelistet sind.

Der Wasserhaushalt im Naturschutzgebiet wird von einem Grabensystem beeinflusst, das aus drei Seitengräben besteht, die in den von Nord nach Süd verlaufenden Grenzgraben münden. Da die Gräben nicht mehr unterhalten werden, verlanden sie und bewirken nur noch eine mäßige Entwässerung. Die Gräben sind heute von Gehölzen und Hochstaudenfluren gesäumt. Als Lebensraum für Amphibien oder Libellen sind sie aufgrund ihres dichten Bewuchses weniger geeignet. In jüngster Zeit durchgeführte Grabenaufweitungen sowie eine abschnittsweise Entkrautung der Vorfluter zur Schaffung offener Wasserflächen sollen die Attraktivität der Gräben für diese Tiergruppen erhöhen.

ARTENVIELFALT AUF ENGEM RAUM

Kernbereich des Naturschutzgebietes ist die Nasswiese im Zentrum. Im Norden und Osten von Frischgrünlandbrachen umgeben, beherbergt sie fast alle im Gebiet nachgewiesenen gefährdeten Pflanzenarten und zeichnet sich durch ein Mosaik unterschiedlicher Feuchtwiesen- und Flutrasengesellschaften aus. Bemerkenswert sind vor allem Bestände der Wassergreiskraut-Wiese (Bromo-Senecionetum aquatici, Abb. 123), einer Pflanzengesellschaft, die ganzjährig nasse, höchstens mäßig intensiv genutzte Böden besiedelt und im Stadtgebiet von Frankfurt sonst nur noch in einem winzigen Bestand bei Niederursel vorkommt. Bemerkenswert sind zudem salz-

Abb. 123: Das Wasser-Greiskraut (*Senecio aquaticus*) benötigt ganzjährig nasses, höchstens mäßig intensiv genutztes Grünland.

liebende Flutrasen, die sich erst innerhalb der letzten beiden Jahrzehnte hier entwickelt haben. Die Tabellen VIII und IX im Anhang zeigen die Artenzusammensetzung der Grünlandgesellschaften in den Jahren 2002 und 2010.

2010 wurden insgesamt 201 Arten Höherer Pflanzen (siehe Tab. X im Anhang) gefunden, darunter auch Arten, die auf der Roten Liste Hessens (Hemm et al. 2008) oder Deutschlands (Korneck et al. 1996, 1998) als gefährdet oder stark gefährdet eingestuft sind (Tab. 6). Der von Goebel et al. (2002) angegebene Schmalblättrige Hornklee (*Lotus tenuis*) konnte 2010 nicht bestätigt werden, wurde aber noch 2009 hier von T. Gregor beobachtet und kommt vielleicht noch vor. Auch eine Orchidee, die Breitblättrige Stendelwurz (*Epipactis helleborine*), die Anfang der 2000er Jahre im westlichen Böschungsgehölz wuchs, wurde 2010 nicht nachgewiesen, allerdings handelt es sich bei dieser um eine

Wissenschaftlicher Name (deutscher Name)	Schutz	Gefährdung (Rote Liste)			1987	2002	2011	2014
		Deutschland	Hessen	Region SW				
Bromus racemosus (Traubige Trespe)		3	3	3	•	•	•	•
Callitriche cophocarpa (Stumpfkantiger Wasserstern)			3	3	•	•		
Carex distans (Lücken-Segge)		3	2	3		•	•	•
Carex otrubae (Hain-Fuchssegge)		V	V	V	•	•	•	•
Carex panicea (Hirsen-Segge)		V	V	V	•	•	•	•
Carex tomentosa (Filz-Segge)		3	3	3		•	•	•
Dactylorhiza majalis (Breitblättriges Knabenkraut)	§	3	3	3				•
Eleocharis uniglumis (Einspelzige Sumpfbinse)		V	3	3		•	•	•
Iris pseudacorus (Gelbe Schwertlilie)	§				•	•	•	•
Juncus gerardii (Salz-Binse)		V	3	3		•	•	
Lathyrus nissolia (Gras-Platterbse)		2	2	2				•
Lotus tenuis (Schmalblättriger Hornklee)		3	V	3		•		
Oenanthe fistulosa (Röhriger Wasserfenchel)		3	2	2	bis '82			
Selinum carvifolia (Silge)		V	3	3	•			
Senecio aquaticus (Wasser-Greiskraut)		V	3	3	•	•	•	•
Silaum silaus (Gewöhnliche Wiesensilge)		V			•	•	•	•

Tab. 6: Nachweise geschützter, gefährdeter und rückläufiger Pflanzenarten im Harheimer Ried.
Kategorien der Roten Listen Deutschlands (Korneck et al. 1996, 1998), Hessens und Hessens Region Südwest (SW) (Hemm et al. 2008): 0 – ausgestorben, 1 – vom Aussterben bedroht, 2 – stark gefährdet, 3 – gefährdet, V – Vorwarnliste, zurückgehende Art. Schutz: § – besonders geschützt nach Bundesnaturschutzgesetz (Anlage 1 Bundesartenschutzverordnung).
Quellen: Flechtner et al. 1987, Goebel et al. 2002, Bönsel & Malten 2011, Bönsel 2015.

inzwischen im Stadtgebiet weit verbreitete Pflanzenart, die man an vielen Stellen auch außerhalb von Naturschutzgebieten antreffen kann. Der Bestand an seltenen und bemerkenswerten Arten ist seit der Erstuntersuchung durch Flechtner et al. (1987) erfreulicherweise stabil geblieben. Es sind allerdings auch einige Verluste zu beklagen. Das letzte Exemplar des Röhrigen Wasserfenchels (*Oenanthe fistulosa*) wuchs nur bis 1982 in Gräben im Ried. Zu den Verlusten gehört auch die Silge (*Selinum carvifolia*), die nach der Untersuchung 1987 nicht erneut nachgewiesen werden konnte.

Insgesamt überwiegen Arten des Feuchtgrünlandes und der Gehölze. Gemessen an der Größe des Untersuchungsgebietes und der vergleichsweise geringen Biotoptypendiversität, ist die nachgewiesene Pflanzenartenzahl als überdurchschnittlich hoch anzusehen. Außerdem sind 20 gefährdete Tierarten aus dem Gebiet dokumentiert (Goebel et al. 2002).

Abb. 124: Die Filz-Segge (*Carex tomentosa*) wächst zahlreich im zentralen Feuchtgrünland.

Die Traubige Trespe (*Bromus racemosus*) ist ein leicht zu übersehendes Gras. Es wurde in großer Zahl im zentralen Feuchtgrünland des Harheimer Riedes gefunden. Als typische Art der Sumpfdotterblumen-Wiesen (Calthion) ist die Traubige Trespe ebenso wie ihr Lebensraum in vielen hessischen Landesteilen als rückläufig und gefährdet einzustufen. Auch die Filz-Segge (*Carex tomentosa*, Abb. 124) wächst zahlreich im zentralen Feuchtgrünland. Die Pflanze ist ein typischer Zeiger für „wechseltrockene bis wechselfeuchte" Böden. Sie kann also sowohl Überstauung mit Wasser wie Austrocknung ertragen. Empfindlich ist sie aber gegen eine zu intensive Nutzung ihrer Wuchsorte. Sie toleriert höchstens eine geringe Düngung.

Auch die weiteren botanischen Besonderheiten sind unscheinbar. In den Flutmulden im zentralen Feuchtgrünland des Harheimer Rieds sind mit der Einspelzigen Sumpfbinse (*Eleocharis uniglumis*) und der Lücken-Segge (*Carex distans*, Abb. 125) zwei weitere gefährdete Arten zu finden. Beide Arten besiedeln Sumpfgesellschaften sowohl auf kalk- als auch salzhaltigen Böden. Diese konkurrenzschwachen Arten sind auf regelmäßige Nutzung des Grünlandes angewiesen.

Noch stärker an salzhaltige Böden gebunden ist die Salz-Binse (*Juncus gerardii*). Zusammen mit der ähnlichen Platthalm-Binse (*Juncus compressus*) wächst die Pflanze vereinzelt im Zentrum des Gebietes. Ihr Vorkommen ist allgemein auf Küstenbereiche und binnenländische Salzstellen beschränkt. Der Bestand im Harheimer Ried wurde von Goebel et al. (2002) entdeckt. Die nächstgelegenen Wuchsorte der Art befinden sich im Naturschutzgebiet „Ludwigsquelle" bei Okarben,

Abb. 125: Die Lücken-Segge (*Carex distans*) ist in Frankfurt nur aus dem Harheimer Ried und von einer Quellstelle am Berger Hang bekannt.

von wo die Salz-Binse seit langem bekannt ist (Ludwig 1956).

In den Gräben sind Aufrechter Merk (*Berula erecta*), Bachbunge (*Veronica beccabunga*), Sumpf-Segge (*Carex acutiformis*), Schlank-Segge (*Carex acuta*), Rohr-Glanzgras (*Phalaris arundinacea*), Kleine Wasserlinse (*Lemna minor*) und Echte Brunnenkresse (*Nasturtium officinale*) zu finden. Auch die gesetzlich besonders geschützte Gelbe Schwertlilie (*Iris pseudacorus*, Abb. 126) wächst in großer Zahl im Grenzgraben östlich des Feuchtgrünlandes. Im Rahmen des Monitorings 2014 konnten zwei weitere seltene Pflanzenarten im Gebiet nachgewiesen werden. Vom gefährdeten und gesetzlich geschützten Breitblättrigen Knabenkraut (*Dactylorhiza majalis*) wurde ein Exemplar im Randbereich der Feuchtwiesen entdeckt. Ein größerer Bestand der Gras-Platterbse (*Lathyrus nissolia*) gedieh auf einem leicht erhöhten Geländerücken innerhalb der zentralen Feuchtwiese.

EINE FRANKFURTER SPEZIALITÄT: NASS UND SALZIG

Wichtig ist Frankfurts kleinstes Naturschutzgebiet vor allem, weil es einen der letzten Nasswiesenbereiche im Stadtgebiet beherbergt, einen Lebensraum, der fast überall sonst durch Trockenlegung verschwunden ist. Der in den letzten Jahrzehnten dokumentierte salzliebende Flutrasen ist eine weitere Besonderheit. Wie das Salz in den Boden des Harheimer Rieds gekommen ist, ist bisher ungeklärt. Zu den seltenen, gefährdeten und geschützten Arten, die dort vorkommen, gehören einige, die sehr unauffällig sind und deshalb oft wenig öffentliche Aufmerksamkeit erfahren, wie Binsen oder Seggen. Wie viele andere geschützte Arten und Lebensräume in unserer Kulturlandschaft benötigen auch die im Harheimer Ried zum Überleben den beständigen Eingriff des Menschen, z. B. um das Aufkommen von Gehölzen zu unterbinden.

Abb. 126: Gelbe Schwertlilie (*Iris pseudacorus*).

DIE NIDDA-UFER IN FRANKFURT – LEBENSRAUM FÜR NEUBÜRGER UND GEFÄHRDETE ARTEN

Abb. 127: Die Nidda bei Praunheim mit typischer steiler Ufergestaltung, die nur einen sehr schmalen Streifen flussbegleitender Vegetation zulässt.

Neben dem Main ist die Nidda der zweite und deutlich kleinere Fluss, der das Stadtgebiet von Frankfurt durchzieht. Während der Main von Ost nach West durch das Stadtgebiet fließt, tritt die Nidda im Nordosten bei Harheim in das Stadtgebiet ein und beendet ihren Lauf im Südwesten mit der Mündung in den Main im Stadtteil Höchst.

Die Nidda erscheint heute auf dem größten Teil der Strecke wie ein Kanal, sie fließt eingetieft in ein sogenanntes begradigtes Regelprofil mit gleich bleibender Breite. Fast überall im Stadtgebiet werden ihre Ufer von gut ausgebauten Fuß- und Radwegen begleitet, die zu den am stärksten frequentierten in Frankfurt gehören. Während unter der Woche viele Berufstätige die Nidda-Ufer als schnellen, autofreien Weg zur Arbeit nutzen, sind es am Wochenende vor allem Erholung Suchende und Familien. Es ist also ganz schön was los auf den Wegen entlang der Nidda! Aber gilt das auch für die Ufer? Gibt es dort trotz aller Ein-

förmigkeit des begradigten Flusses (Abb. 127) vielleicht besondere oder gar seltene Pflanzen zu entdecken? Sehen wir nach.

EIN FLUSS WIRD GEZÄHMT

Die Nidda ist ein durch und durch hessisches Gewässer: Sie entspringt dem Landgrafenborn am Taufstein im Hohen Vogelsberg auf einer Höhe von etwa 720 m über NN. Auf ihrem heute rund 90 km langen begradigten Weg zum Main überquert sie die Landesgrenze nie, dafür aber zahlreiche Gemeindegrenzen. Eine der ersten ist die der Gemeinde Nidda, der sie ihren Namen geliehen hat. Ihr Name gehört übrigens zu den ältesten bekannten Flussnamen Europas! Den übernahmen die Römer im 1. Jahrhundert n. Chr., als sie an ihrem Ufer die Stadt „Nida" errichteten. Die Reste von Nida liegen bei Heddernheim unter der Siedlung Römerstadt und der Nordweststadt. Die geborgenen Funde aus Nida kann man sich im Archäologischen Museum der Stadt Frankfurt ansehen.

Ein Fünftel der Nidda, nämlich die letzten 18 km fließen durch das Frankfurter Stadtgebiet. Wenn sie sich schließlich an der Wörthspitze dem Main anschließt, hat sie ein Gefälle von ca. 630 m hinter sich.

Natürlich ist die Nidda nicht schon immer durch ein „begradigtes Regelprofil" geflossen, die Römer trafen einen schwungvoll mäandrierenden Fluss an. Und so zeigte sich die Nidda auch noch bis zum 20. Jahrhundert (Abb. 128). Zum Ärger der in ihrer Nähe siedelnden Menschen trat sie regelmäßig über die Ufer und änderte so manches Mal ihren Lauf. Das machte es schwierig, den fruchtbaren Boden in ihrer Nähe zu bearbeiten.

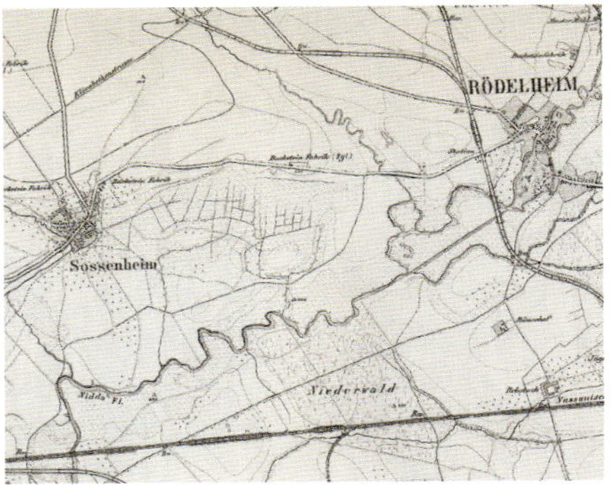

Abb. 128: Verlauf der Nidda im 19. Jahrhundert. © Hessisches Landesamt für Bodenmanagement und Geoinformation. Kgl. Ministerium für Handel etc. (1876).

Auf Frankfurter Stadtgebiet hat die Nidda als Teil einer alten Kulturlandschaft ihren Auenwald schon früh verloren. Es dauerte aber bis ins 19. Jahrhundert, bis die Menschen die Zähmung des Flusses in Angriff nahmen. Größere Veränderungen des Laufs begannen mit Durchstichen einiger Flussschleifen. Dies diente der Trockenlegung für die landwirtschaftliche Nutzung. Bis in die 1920er Jahre waren die Überschwemmungs- und Abflusszonen des mäandrierenden Flusses aber noch größtenteils vorhanden (Kossler et al. 1991). Erst danach erhielt der Fluss das begradigte Regelprofil, das man auf Basis des höchsten Hochwasserspiegels der letzten 100 Jahre berechnet hatte (Abb. 129). Dabei wurde das Flussbett trapezförmig vertieft und verbreitert. In der Folge sank der Grundwasserspiegel in der angrenzenden Aue, und das feuchte und wechselfeuchte Grünland im Auenbereich konnte intensiver genutzt oder in Ackerland umgewandelt werden. Die steilen Ufer wurden großenteils mit Steinen befestigt, um eine

zu starke Tiefen- und Seitenerosion des Flussbetts zu verhindern.

Durch die Abtrennung der Flussschleifen und die Vertiefung des Flusses sollte ein ungehinderter Wasserabfluss gewährleistet werden. Doch trotz dieser Maßnahmen war die Nidda noch nicht gezähmt! Zwischen 1930 und 1959 sind insgesamt 192 Hochwasserereignisse dokumentiert. Aus diesem Grund fanden in den Jahren 1961–1967 weitere Regulierungen statt. Von den abgetrennten Flussschleifen wurden einige zugeschüttet, doch 16 von ihnen sind im Stadtgebiet noch als sogenannte Altarme vorhanden. Viele Altarme wurden zu Fischgewässern oder Schwimmbädern ausgebaut – z. B. die Freibäder Hausen und Eschersheim sowie das Brentanobad – oder in städtische Anlagen integriert.

„Verstärkung" erhält die Nidda in Frankfurt durch sechs aus dem Taunus zufließende Bäche, z. B. den Kalbach, den Eschbach und den Sulzbach. Auch sie wurden überwiegend gebändigt und erreichen die Nidda zum Teil in Betonrinnen oder Rohren. Die Hochwassergefahr ist heute zwar gebannt, aber um den Preis, dass die Nidda weitgehend von ihrer Umgebung abgeschnitten wurde. Äcker, Wiesen oder Gärten können in direkter Nähe des Ufers angelegt werden, als gäbe es gar keinen Fluss.

ALTARME DER NIDDA

Die Altarme in den Gemarkungen Nied, Sossenheim und Griesheim sind teilweise über Rohrverbindungen miteinander oder mit der Nidda verbunden (Abb. 130). In diesem Abschnitt haben sieben Altarme einen offiziellen Namen. Der „Grill'sche" Altarm auf der linken Seite der Nidda ist mit 29.000 m² der größte im Stadtgebiet und liegt im Niedwald. Er ist durch einen künstlich geschaffenen Bachlauf mit dem nächsten Altarm „Waldspitze" (11.000 m²) im Ortsteil Nied verbunden. Der Altarm „Kellerseck" (18.000 m²) ist zum Teil

Abb. 129: Nidda-Verlauf Ende der 1920er Jahre mit Projektion der aktuellen Situation (blau). Luftbildgrundlage: historisches Luftbild (Befliegung 1927).

von einem Röhrichtgürtel und dichter Vegetation umgeben. Der Altarm „Wiesengraben" wird nur von wenigen Büschen und Bäumen umsäumt und ist nicht durch ein Wegenetz erschlossen. Der Altarm „Rondell" (5.400 m²) ist fast vollständig von einem Röhrichtgürtel umgeben. Rechts der Nidda befinden sich in Sossenheim die Altarme „Holler" (5.500 m²) und „Kollmann-Weiher". Das z.T. steile Ufer des „Kollmann-Weihers" ist auf allen Seiten von einzelnen Bäumen und Sträuchern bewachsen. Das Gewässer ist vermutlich durch Auskiesung einer ehemaligen Nidda-Schlinge entstanden (Stadt Frankfurt am Main 2004).

Die beiden Bonameser Altarmteile befinden sich am rechten Ufer südlich von Bonames und entstanden während der Begradigung 1962/63. Sie wurden erst 2009 wieder miteinander und mit dem Hauptstrom verbunden. Zwischen Praunheim und Rödelheim gibt es insgesamt sieben weitere Altarme ohne offizielle Namen.

Für die Frankfurter Bevölkerung sind die Altarme in erster Linie als Naherholungsgebiete von Bedeutung. Meist werden sie von Angelvereinen genutzt. Zwei kleine Altarme auf der linken Flussseite in Praunheim und Hausen sind als Vogelschutzgebiete ausgewiesen.

UMDENKEN, UMGESTALTEN

Die gewässerbaulichen Maßnahmen an der Nidda haben zu einer tiefgreifenden Veränderung des Flusses geführt. Die steilen und befestigten Ufer verhindern die Ansiedlung typischer Ufervegetation (Abb. 128), und wegen der starken Strömung bilden sich keine Flachwasserzonen aus. Die Stauwehre stellen für Fische unüberwindliche Hindernisse dar, so dass sie ihre Laichgebiete nicht erreichen können. Das war die Ausgangssituation, als die Stadt Frankfurt ab Mitte der 1980er Jahre damit begann, ökologische Umgestaltungen am Fluss und in der Aue zu planen, die die

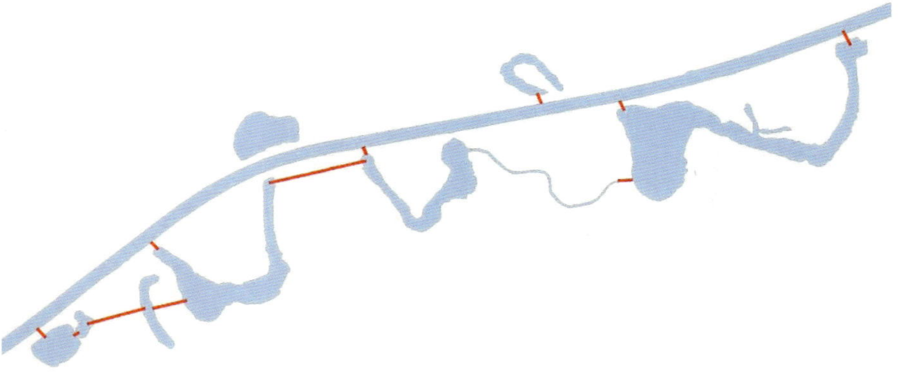

Abb. 130: Schematische Darstellung der bestehenden Rohrverbindungen (rot) im Bereich der Nidda-Altarme in den Gemarkungen Nied, Sossenheim und Griesheim (Bönsel & Malten 2013).

Gewässerqualität verbessern sollten (Kossler et al. 1991).

1993/94 und 1997/98 wurde das Nidda-Ufer vom Berkersheimer Bogen bis zum westlichen Bonameser Altarm neu gestaltet. 1997/98 erfolgte am linken Nidda-Ufer zwischen Bonames und Berkersheim an insgesamt drei Stellen eine Aufweitung des Flussprofils, um Überschwemmungsbereiche zu schaffen. Diese Umbaumaßnahmen hatten das Ziel, das Fließgewässer naturnäher zu gestalten und zusätzlichen Retentionsraum zu schaffen. Wie die Untersuchungen der Arbeitsgruppe Biotopkartierung des Forschungsinstituts Senckenberg in den folgenden Jahren ergaben, siedelten sich auf den offenen Rohböden zuerst typische Pionierarten für periodisch trocken fallende Standorte an. Es war schon eine kleine Sensation, dass am Nidda-Ufer unter den Pionieren nicht nur Zweizahn (*Bidens*)-Arten und Kleines Mädesüß (*Filipendula vulgaris*) gefunden wurden, sondern auch der in Deutschland und Hessen gefährdete Queckenreis (*Leersia oryzoides*, Abb. 131). Pionierarten sind jedoch wenig konkurrenzstark und werden nach einigen Jahren im Laufe der natürlichen Sukzession von anderen Arten abgelöst.

Mit dem Dichterwerden der Vegetation, besonders der starken Entwicklung von Weiden, kam es wieder zu einem Rückgang dieser aus Sicht des Naturschutzes wertvollen Arten. Bis 2008 entwickelten sich die Überschwemmungszonen zu weitgehend geschlossenen, von Weiden geprägten Feuchtgehölzen, deren Unterwuchs von stickstoffliebenden Hochstauden, vor allem Brennnesseln, dominiert wird. Nur direkt am Nidda-Ufer finden sich auch Röhrichte (vgl. Bönsel & Malten 2007).

BIOTOPTYPEN ENTLANG DER NIDDA

Die Pflanzenwelt der Nidda-Ufer wurde im Rahmen einer Diplomarbeit untersucht (Müller 2009). Dies beinhaltete einerseits die Dokumentation seltener und bemerkenswerter Arten, andererseits wurden die Biotoptypen entlang der Ufer erfasst. Durch das trapezförmige Profil des Flusses ist nur der untere Uferbereich vom Wasser beeinflusst. Dort kommen Schwarzfrüchtiger Zweizahn (*Bidens frondosa*), Wasserschwaden (*Glyceria maxima*), Gelbe Schwertlilie (*Iris pseudacorus*), Kalmus (*Acorus calamus*) und Igelkolben (*Sparganium*)-Arten vor.

Im oberen Uferbereich der Nidda können sich heute keine Arten feuchter oder nasser Standorte ansiedeln. Die Untersuchung ergab, dass dort am häufigsten ruderale Wiesen und Laubgehölze trockener bis frischer Standorte vertreten sind, beides Vegetationsbestände, die eigentlich untypisch für Uferbereiche sind.

Als **ruderale Wiesen** werden grünlandartige, unregelmäßig genutzte Flächen bezeichnet. Den Artengrundstock der Flächen bilden typische Pflanzen des Wirtschaftsgrünlandes (Molinio-Arrhenatheretea), die mit Ruderalarten aus Beifuß- und Distelgesellschaften (Artemisietea) durchsetzt sind.

Ruderale Wiesen sind an den Nidda-Ufern als Glatthafer-Wiesen (*Arrhenatheretum elatioris*) ausgebildet, die neben Glatthafer (*Arrhenatherum elatius*) häufig Wiesen-Knäulgras (*Dactylis glomerata*), Wiesen-Storchschnabel (*Geranium pratense*) und Wiesen-Labkraut (*Galium album*) enthalten. Zusätzlich kommen ruderale Arten wie Große Brennnessel (*Urtica dioica*), Rüben-Kälberkropf (*Chaerophyllum*

Abb. 131: Der seltene Queckenreis (*Leersia oryzoides*).

bulbosum) oder Gewöhnliches Klebkraut (*Galium aparine*) vor.

Häufig weisen die ruderalen Wiesen einen Saum aus stickstoffliebenden Arten auf. Dieser besteht hauptsächlich aus Großer Brennnessel, aber auch Rüben-Kälberkropf ist vertreten. In feuchteren Bereichen kommen vor allem Echtes Mädesüß (*Filipendula ulmaria*, Abb. 132), aber auch Rohr-Glanzgras (*Phalaris arundinacea*), Schilf (*Phragmites australis*), Blut-Weiderich (*Lythrum salicaria*) und Bittersüßer Nachtschatten (*Solanum dulcamara*) dazu.

Gehölzgruppen sind entlang der Nidda ebenfalls häufig zu finden. Dabei nehmen Laubgehölze mäßig trockener bis frischer Standorte die größte Fläche ein, so z. B. verschiedene Ahorn- (*Acer* spp.) und Weißdorn-Arten (*Crataegus* spp.), Roter Hartriegel (*Cornus sanguinea*), Schlehe (*Prunus spinosa*), Gewöhnliche Hasel (*Corylus avellana*), Stiel-Eiche (*Quercus robur*) und Gewöhnliche Esche (*Fraxinus excelsior*). Viele dieser Gehölze sind ursprünglich angepflanzt worden.

Nach dem Hessischen Naturschutzgesetz werden Röhrichtgesellschaften mit Schilf, Rohr-Glanzgras, Rohrkolben und Wasserschwaden sowie Weiden- und Erlenbestände und Auenwaldfragmente als geschützte Lebensräume eingestuft. Als **Auenwaldfragmente** werden größere, von Weiden und Schwarz-Erlen dominierte Ufergehölzbestände bezeichnet. An der Nidda treten solche Fragmente nur an einigen Altarmen oder im Bereich von Uferaufweitungen auf, die im Zuge von Renaturierungsmaßnahmen angelegt wurden. Häufig handelt es sich nur um schmale Vegetationsstreifen.

Die Röhrichte an der Nidda sind meist **Schilf- und Rohr-Glanzgrasröhrichte,** selten Rohrkolben- oder Wasserschwadenröhrichte. Sie bedecken mit Breiten von bis zu fünf Metern hin und wieder den gesamten Uferbereich. Die vorhandenen **Erlen- und Weidengehölze** (Abb. 133) bestehen aus Schwarz-

Abb. 132: Ruderale Wiese mit feuchtem Saum. Der feuchte Saum enthält vor allem Großes Mädesüß (*Filipendula ulmaria*).

Erle (*Alnus glutinosa*), selten treten daneben die meist angepflanzte Grau-Erle (*Alnus incana*) sowie verschiedene Weiden-Arten auf.

Insgesamt nehmen die schützenswerten Biotoptypen ca. 12 % der Gesamtfläche ein. Heute bedeckt flusstypische Vegetation also nur einen geringen Teil der Nidda-Ufer.

NEUEINWANDERER AM NIDDA-UFER

Flussufer sind dynamische Lebensräume, in denen es immer wieder zu natürlichen Störungen kommt. Sie bieten daher gute Vorraussetzungen für die Ansiedlung pflanzlicher Neueinwanderer. Solche Neophyten sind an den Nidda-Ufern in großer Arten- und Individuenzahl zu finden. Viele dieser Pflanzen sind durch ihre starke Ausbreitungsfähigkeit (über Rhizome oder hohe Samenproduktion) oder schnelles Höhenwachstum sehr konkurrenzstark. Oft fehlen auch die natürlichen Feinde (Pflanzenschädlinge oder Parasiten) aus dem ursprünglichen Verbreitungsgebiet. Einige Neophyten können bei günstigen Lebensbedingungen Massenbestände bilden, wodurch es zu einem Artenrückgang der heimischen Flora und Fauna kommen kann. Manche neophytischen Arten wie Indisches Springkraut (*Impatiens glandulifera*), Japan-Staudenknöterich (*Fallopia japonica*) und Riesen-Bärenklau (*Heracleum mantegazzianum*) nutzen das Gewässernetz als Ausbreitungsweg (Paulus 1999).

Abb. 133: Weidengehölz an einem Altarm in Sossenheim mit angrenzendem Schilfröhricht.

Das **Indische Springkraut** (*Impatiens glandulifera*, Abb. 134) ist der häufigste Neophyt an der Nidda. Mit seiner relativ späten und langen Blühphase sowie mit seiner reichlichen Nektarproduktion kann es für einige Insekten, insbesondere Hummeln, eine Nahrungslücke im Spätsommer schließen. Somit wäre gegen kleinere Bestände der Art eigentlich zunächst nichts einzuwenden. Aus wasserwirtschaftlicher Sicht können Reinbestände von *Impatiens glandulifera* an Flussufern allerdings problematisch werden, denn es handelt sich um eine annuelle Pflanze, die am Ende der Vegetationsperiode abstirbt. Deshalb sind die Uferböschungen, die während der Vegetationsperiode vom Indischen Springkraut bewachsen waren, im Winter und im Frühjahr ungeschützt dem Angriff von Hochwasser ausgesetzt, so dass es zu Uferabbrüchen kommt (Paulus 1999).

Die **Staudenknöterich-Arten** Japan-Staudenknöterich (*Fallopia japonica*, Abb. 135) und Bastard-Staudenknöterich (*Fallopia bohemica*) sind an der Nidda nur an wenigen Stellen zu finden, kommen dort aber zum Teil in Dominanzbeständen vor. Insgesamt wurden in den Stadtteilen Höchst, Rödelheim, Hausen und Praunheim sechs Bestände dieser Arten gefunden. Die Vorkommen in Höchst wurden bereits vor den Bestandsaufnahmen 2009 von der Arbeitsgruppe Biotopkartierung des Forschungsinstituts Senckenberg erfasst und haben sich in den letzten Jahren vergrößert.

Staudenknöteriche sind problematische Neophyten. Sie gehören zu den wenigen Pflanzenarten, die tatsächlich in der Lage sind, Reinbestände auszubilden. Sie unterdrücken andere Pflanzenarten durch starke Beschattung. Zudem ist das abgestorbene Pflanzenmaterial schwer zersetzbar und bildet Bodenauflagen, durch die die Keimung anderer Arten erschwert wird. Auch die Wasserwirtschaft sieht Staudenknöterichbestände mit Sorge (Bauer 1995), weil z. B. Steinbefestigungen durch das Rhizomwachstum herausgedrückt werden können. Weiterhin gibt es dort keine bodennahe Vegetation, wodurch Erosion und Uferabbrüche gefördert werden.

Abb. 134: Indisches Springkraut (*Impatiens glandulifera*).

Der **Riesen-Bärenklau** (*Heracleum mantegazzianum*) tritt entlang der Nidda nur vereinzelt in Nied und Rödelheim auf. Bekannt ist die Art wegen der phototoxischen Wirkung des Pflanzensafts. Gelangt dieser auf die Haut und kommt Sonnenlicht dazu, kann es zu Verbrennungen der Haut kommen. Bisher wurden im Untersuchungsgebiet keine Massenbestände von *Heracleum mantegazzianum* beobachtet. Aufgrund der Gefährdung für Menschen sollten Pflanzen im besiedelten Bereich entfernt werden.

Eine Überraschung stellt das häufige Auftreten der Schlanken Karde (*Dipsacus strigosus*, Abb. 136) dar. Die Art wurde in Deutschland bisher kaum nachgewiesen, an der Nidda ist sie seit 1979 bekannt (Ludwig 1982). Die

Schlanke Karde ist durch ihren aufrechten Wuchs und die runden Blütenköpfe sehr auffällig. Sie kommt auf frischen Ruderalstellen sowie an Gebüschrändern vor. Die meisten Vorkommen wurden in Praunheim dokumentiert, aber auch in Rödelheim und Höchst ist die Art an der Nidda zu finden. Ökologische oder gewässerbauliche Auswirkungen der Schlanken Karde sind noch nicht bekannt.

Als weitere Neophyten treten an der Nidda gelegentlich Einjährige Sonnenblume (*Helianthus annuus*, Abb. 137), Topinambur (*Helianthus tuberosus*), Kanadische Goldrute (*Solidago canadensis*), Riesen-Goldrute (*Solidago gigantea*) und Speise-Tomate (*Lycopersicon esculentum*) auf.

GESCHÜTZTE ODER GEFÄHRDETE ARTEN AM NIDDA-UFER

Mit dem Vorkommen von Neophyten an der Nidda war durchaus zu rechnen. Aber bietet der stark veränderte Fluss noch Raum für Seltenes? Tatsächlich konnten im Rahmen der Untersuchung 2009 einige geschützte oder gefährdete Arten an der Nidda im Stadtgebiet nachgewiesen werden: Gelbe Teichrose (*Nuphar lutea*), Gelbe Schwertlilie (*Iris pseudacorus*), Kleines Mädesüß (*Filidendula vulgaris*) und Knöllchen-Steinbrech (*Saxifraga granulata*).

Abb. 135: Japanischer Staudenknöterich (*Fallopia japonica*).

Abb. 136: Schlanke Karde (*Dipsacus strigosus*).

Von diesen Arten ist die **Gelbe Teichrose** (*Nuphar lutea*) im Frankfurter Flussabschnitt am weitesten verbreitet. Sie ist nach der Bundesartenschutzverordnung (BArtSchV) besonders geschützt. Die Gelbe Teichrose wächst in den ufernahen Bereichen, in denen die Strömung langsam ist, sowie in den Altgewässern in Nied und bildet dort meist dichte Bestände. Die gelben, halbkugeligen Blüten erreichen einen Durchmesser von 3–5 cm und erscheinen von Juni bis September.

Die **Gelbe Schwertlilie** (*Iris pseudacorus*) ist ebenfalls nach der Bundesartenschutzverordnung (BArtSchV) besonders geschützt. Die gelben Blüten sind von Mai bis Juni zu sehen. Die Art wächst bevorzugt an sonnigen

Abb. 137: Einjährige Sonnenblume (*Helianthus annuus*) bei Harheim an der Nidda.

bis halbschattigen Uferstandorten. Vegetativ ähnelt die Gelbe Schwertlilie einer interessanten, bei uns seltenen Art, dem Kalmus (*Acorus calamus*, Abb. 139). Dieser wächst ebenfalls im Uferbereich und wurde einst als Heilpflanze („Deutscher Ingwer") eingeführt. Im Gegensatz zur Schwertlilie sind seine Blätter stets an einigen Stellen gewellt.

Die als **Kleines Mädesüß** oder Knollen-Spierstaude (*Filipendula vulgaris*, Abb. 138) bezeichnete Pflanze kommt an den Nidda-Ufern selten vor. *Filipendula vulgaris* steht auf der Vorwarnliste Deutschlands und ist sowohl auf der Roten Liste Hessen als auch auf der Roten Liste Hessen Region Südwest als gefährdet (3) eingestuft (Hemm et al. 2008). Das Kleine Mädesüß wächst bevorzugt auf wechseltrockenen, kalkreichen Lehm- oder Tonböden, in magerem, wechselfeuchtem Grünland und in Halbtrockenrasen. Nutzungsintensivierung mit Grünlanddüngung und Vielschnitt führen ebenso zum Verschwinden der Pflanzen wie das Brachfallen von Grünland. Die ehemals von *Filipendula vulgaris* besiedelten wechselfeuchten Grünlandlebensgemeinschaften der Nidda-Aue sind heute verschwunden, die Art überdauert auf ruderalem Grasland am Nidda-Ufer. Im Frankfurter Stadtgebiet ist eine deutliche Konzentration der Vorkommen des Kleinen Mädesüß in Bonames auf Höhe des Alten Flugplatzes festzustellen. Einzelne Vorkommen finden sich auch in Harheim, Berkersheim und Praunheim.

Der **Knöllchen-Steinbrech** (*Saxifraga granulata*) kommt bei Heddernheim, Kalbach, Bonames und Berkersheim vor, wo er ähnliche Lebensräume besiedelt wie *Filipendula vulgaris*.

Abb. 138: Blütenstand des Kleinen Mädesüß (*Filipendula vulgaris*) am Nidda-Ufer in Bonames.

Der Knöllchen-Steinbrech ist nach der Bundesartenschutzverordnung (BArtSchV) besonders geschützt. Seine sternförmigen weißen Blüten sind vor allem im Frühsommer meist zwischen Gräsern zu entdecken.

Eine weitere interessante Art ist das **Gewöhnliche Pfeilkraut** (*Sagittaria sagittifolia*, Abb. 140), das zwischen Juni und August blühend angetroffen werden kann. Seinen Namen verdankt es den pfeilförmigen Blättern. Auffällig ist der purpurne Fleck, den die weißen Kronblätter am Grund tragen. An der Nidda in Frankfurt tritt das Gewöhnliche Pfeilkraut hauptsächlich in Bonames, Berkersheim und Harheim sowie vereinzelt auch in Nied auf. Der Schlammwurzler findet sich in der Regel im ufernahen Flachwasserbereich.

AUSWIRKUNGEN DER EU-WASSERRAHMENRICHTLINIE

Die weitere Entwicklung der Nidda sowie anderer Fließgewässer in Frankfurt wird durch die im Jahr 2000 verabschiedete Wasserrahmenrichtlinie der Europäischen Gemeinschaft (WRRL) mitbestimmt, deren Ziel die Erreichung bzw. der Erhalt eines guten ökologischen und chemischen Zustands der oberirdischen Gewässer bis Ende 2015 ist. Ein „guter ökologischer Zustand" ist durch Lebensgemeinschaften gekennzeichnet, die nur geringfügig von den gewässertypischen Verhältnissen abweichen. Dazu muss eine entsprechende Gewässerstruktur vorhanden sein. Darunter versteht man das ökologisch-morphologische Erscheinungsbild eines Gewässers einschließlich seiner Ufer und Auen. Ein Maß für die ökologische Qualität der Gewässerstrukturen ist unter anderem, inwieweit ein Gewässer dazu in der Lage ist, in dynamischen Prozessen sein Bett zu verändern und Lebensraum für aquatische und amphibische Organismen zu bieten. Die Nidda wird im Frankfurter Stadtgebiet fast über die gesamte Fließstrecke als „sehr stark bis vollständig verändert" bewertet. Die Gewässergüte (chemischer Zustand) der Nidda in Frankfurt wird als „mäßig belastet" (Gewässergüteklasse II) eingestuft.

Um den angestrebten guten ökologischen Zustand zu erreichen, sind an der Nidda Maßnahmen wie Wehrumbauten, Beseitigung von Wanderhindernissen für Fische, Strukturverbesserungen und Auenreaktivierungen erforderlich. Im Frankfurter Stadtgebiet ist es für eine Renaturierung vorrangig wichtig, die Altarme wieder an den Flusslauf anzuschließen und die abflussregulierenden Wehre für Fische pas-

sierbar zu machen. Im Zusammenhang mit diesen Maßnahmen sollten die in der Nähe liegenden Uferbereiche abgeflacht und die Sohle des Flussbettes angehoben werden. Dadurch würde eine größere Fläche vom Wasser beeinflusst, und es könnten sich dort ufertypische Pflanzenarten ansiedeln. In Bereichen, in denen die Bebauung bis direkt an den Fluss reicht (Abb. 141), ist eine Renaturierung nicht mehr möglich.

In Bonames wurden 2009 bereits die beiden Altarmteile verbunden und wieder an die Nidda angeschlossen. Bei hohem Wasserstand soll so ein Teil des Nidda-Wassers in die Schlaufe des Altarms fließen, am südlichen Ortsrand von Bonames vorbeiströmen und in einem sanften Bogen wieder auf den Hauptstrom zufließen. Direkt hinter dem neuen Zufluss zum Altarm wurde im Flussbett eine zweieinhalb Meter hohe Rampe aus Steinbrocken aufgeschüttet, die das Wasser leicht staut. Dadurch fließt das Wasser teilweise in den Altarm, über den seit 2011 eine Brücke führt.

Ende 2009 wurde am Sossenheimer Nidda-Ufer eine Flutmulde geschaffen, um bei Hochwasser des Mains das rückstauende Wasser der Nidda aufzufangen. Dazu wurde ein Teil des Dottenfeldgrabens, der vom südlichen Ortsrand Sossenheims zur Nidda fließt, naturnah ausgebaut. Das ehemals betonierte, gerade Bachbett wurde aufgebrochen und der Bach mäandriert nun durch ein Becken zur Nidda.

Es wurde eine erhöhte Fläche als Insel erhalten, während der restliche Bereich fast bis auf das Niveau der Nidda abgeflacht

Abb. 139: Kalmus (*Acorus calamus*). Gouache von Elisabeth Schultz, 19. Jahrhundert.

Abb. 140: Gewöhnliches Pfeilkraut (*Sagittaria sagittifolia*) am Nidda-Ufer.

Abb. 141: Bebauung direkt bis an das Ufer der Nidda in Heddernheim.

wurde. Östlich dieser Insel legte man eine kleine, dauerhaft mit Wasser gefüllte Bucht an. In der entstandenen Mulde kann sich das Wasser ca. 1,50 m hoch anstauen.

Abgesehen von entlang des neuen Bachlaufs gepflanzten Bäumen wurden nur wenige Initialpflanzungen vorgenommen. Im Bachbett und am unmittelbaren Ufer haben sich mittlerweile bachtypische Arten wie Kleinblättrige Brunnenkresse (*Nasturtium microphyllum*), Blut-Weiderich (*Lythrum salicaria*, Abb. 143), Echtes Mädesüß (*Filipendula ulmaria*), Gewöhnlicher Froschlöffel (*Alisma plantago-aquatica*) oder Ufer-Wolfstrapp (*Lycopus europaeus*, Abb. 142) angesiedelt. Weiterhin kommen auch Zottiges Weidenröschen (*Epilobium hirsutum*), Gewöhnliche Sumpfkresse (*Rorippa palustris*), Gift-Hahnenfuß (*Ranunculus sceleratus*), Gauchheil- (*Veronica anagallis-aquatica*) und Bachbungen-Ehrenpreis (*Veronica beccabunga*) vor. Besonders erfreulich ist, dass sich der in Deutschland gefährdete Knotenblütige Sellerie (*Helosciadium nodiflorum*) zahlreich in diesem Bereich eingestellt hat. Etliche Trampelpfade belegen die intensive Nutzung dieses Bereichs und letztlich den Erfolg der Maßnahme.

ALLES FLIESST – ABER NICHT ZURÜCK

Die starken Veränderungen, die die Nidda vor allem im 19. und Anfang des 20. Jahrhunderts erfahren hat, haben einen naturfernen, kanalartigen Fluss entstehen lassen, der wenig Raum für natürliche flussbegleitende Flora und Fauna bietet. Trotzdem kommen noch im-

Abb. 142: Ufer-Wolfstrapp (*Lycopus europaeus*).

Abb. 143: Blut-Weiderich (*Lythrum salicaria*)

mer einige seltene Arten entlang der Ufer vor. Eine Rückkehr zum Ursprungszustand ist heute nicht mehr möglich, zu dicht ist die Bebauung schon an den Fluss herangerückt. Dennoch stellt sich die Stadt der Aufgabe, der Nidda wieder ein natürlicheres Gesicht zu geben – und dies nicht erst seit dem Inkrafttreten der EU-Wasserrahmenrichtlinie!

Aber dieser Prozess braucht Zeit, oft müssen Kompromisse gefunden werden, und viel Aufklärungsarbeit ist nötig. Dennoch, die vielen Altarme, die in Frankfurt noch vorhanden sind, lassen viel Raum für weitere Maßnahmen. Wie wir wissen, nimmt die Natur diese Veränderungen an. Neben Queckenreis und Knotenblütigem Sellerie ist das berühmteste Beispiel sicherlich der Biber (*Castor fiber*). Vor über 300 Jahren verschwanden Deutschlands größte Nagetiere aus Frankfurt, heute fühlen sie sich wieder an den Nidda-Altarmen bei Bonames und Rödelheim wohl (Abb. 144).

Abb. 144: Fraßspuren des Bibers (*Castor fiber*) am Nidda-Altarm bei Bonames.

DIE SCHWANHEIMER WIESEN – FRANKFURTS GRÖSSTE WALDWIESE

Abb. 145: Der weithin offene Grünlandzug der Schwanheimer Wiesen wird von Frischwiesen geprägt.

Im Südwesten von Frankfurt liegt, weitab vom turbulenten Stadtzentrum, der Stadtteil Schwanheim. Der weder durch S- noch U-Bahnen erschlossene Stadtteil hat sich einen Teil seines dörflichen Charmes bewahrt: Im alten Ortskern gibt es verwinkelte Gassen und alte Fachwerkhäuser. Schwanheim lockt viele Ausflügler an, vor allem Familien mit Kindern kommen gerne dorthin. Denn von der Straßenbahn-Endhaltestelle „Rheinlandstraße", die auch von mehreren Buslinien angefahren wird, sind gleich mehrere Ausflugsziele im Süden des Stadtteils fußläufig zu erreichen: das Verkehrsmuseum mit seinen historischen Straßenbahnen, der Wilhelm-Kobelt-Zoo mit Haus- und Kleintieren, der Waldspielpark Schwanheim, der im Sommer mit seinem Wasserspiel und vielen Grillplätzen lockt, und – nicht zuletzt – die Schwanheimer Wiesen. Und wer mit dem PKW kommt, für den stehen mehrere Parkplätze, z. B. am Waldspielpark, zur Auswahl.

WALD UND WIESEN

Die Schwanheimer Wiesen umfassen fast 70 ha und sind ein mehr als 2 km langer und bis zu 400 m breiter Grünlandzug (Abb. 145), der zum gemütlichen Spazierengehen einlädt. Das Besondere daran: Sie sind völlig von Wald umgeben und stellen damit Frankfurts größte Waldwiese dar (Abb. 146). Die Schwanheimer Wiesen sind außerdem Bestandteil des nach europäischem Recht geschützten FFH-Gebietes „Schwanheimer Wald“, d. h. sie sind nach europäischem Recht geschützt.

Der heutige Waldwiesenzug entstand vor mehr als 500 Jahren durch Rodung und Brand; die entstandenen Freiflächen wurden als Wiesen und Äcker verpachtet. 1483 taucht erstmals die Ortsbezeichnung „Neue Wiese“ auf. Von der Schwanheimer Bahnstraße wird das Gelände in zwei ungleich große Teile zerschnitten.

Die Schwanheimer Wiesen sind öffentlich zugänglich und durch zahlreiche Wege für Fußgänger, Radfahrer und Reiter erschlossen. An vielen Stellen stehen Bänke, die dazu einladen, während einer Pause den Blick über die ausgedehnte Wiesenlandschaft schweifen zu lassen. In der Dämmerung kann man mit etwas Glück Rehe oder andere Waldbewohner auf der Wiese beobachten. Um der Heuqualität nicht zu schaden, ist in den Sommermonaten das Betreten der Wiesen allerdings für Menschen, Pferde und Hunde untersagt.

Die Bewirtschaftung der Wiesen ist für ihren Erhalt sehr wichtig! Würde man auf Mahd und Pflege der Wiesen verzichten, wären sie in kürzester Zeit vom Wald zurückerobert. Junge Büsche und Bäume würden schnell heranwachsen, die offene Landschaft wäre bald verschwunden. Dies ist in der Vergangenheit sogar schon einmal passiert! Im Dreißigjährigen Krieg hatte man die Bewirtschaftung der „Alten Wiese“ zwischen Rodelschneise und Schwanheimer Bahnstraße aufgegeben. Sie verbuschte und wurde erst im 19. Jahrhundert als Wiese wieder hergestellt (Stadt Frankfurt am Main 2004).

Bei den Schwanheimer Wiesen handelt es sich heute nicht um eine einförmige Graslandschaft. Es gibt artenreichere und artenärmere Bereiche, kleinere und größere Gehölze und ein erst wenige Jahre altes Feuchtbiotop. 2010

Abb. 146: Untersuchungsgebiet Schwanheimer Wiesen.

Code	Biotoptypenbezeichnung	Fläche in m²/ Anteil (%)
3222	Land- und Durchgangsstraßen, Begleitgrün überwiegend Spontanvegetation	975 (0,14)
3261	Unbefestigter Weg, vegetationsfrei	7844 (1,14)
3262	Unbefestigter Weg, vegetationsarm	1119 (0,16)
3263	Unbefestigter Weg, bewachsen	4630 (0,67)
522	Gräben und grabenartige Bäche mit gewässertypischen Röhrichten und Hochstauden	182 (0,03)
56	Temporäre Gewässer und Tümpel	783 (0,11)
611	Schilfröhrichte	4117 (0,60)
62	Feuchtbrachen und Hochstaudenfluren	9595 (1,39)
63	Großseggenriede	4128 (0,60)
7511	Grünland frischer Standorte, extensiv genutzt	114879 (16,67)
7512	Grünland frischer Standorte, intensiv genutzt	435405 (63,16)
7534	Flutrasen	9346 (1,35)
7551	Grünlandeinsaaten aus hoch produktiven Arten	23528 (3,41)
763	Magerrasen saurer Standorte	10405 (1,51)
81	Einzelbäume	755 (0,11)
821	Baumreihe, überwiegend Laubgehölze	105 (0,02)
831	Baumgruppe, überwiegend Laubgehölze	739 (0,11)
841	Gebüsch, Gestrüpp, Strauchgruppe	178 (0,03)
851	Gehölze trockener bis frischer Standorte (aus einheimischen Arten)	25660 (3,72)
861	Weiden- und Erlengehölze	2713 (0,39)
8713	Eichen-Hainbuchenwälder	17912 (2,60)
8714	Eichenwälder	6151 (0,89)
8731	Sonstige forstlich geprägte Laubwälder aus nicht einheimischen Arten	2180 (0,32)
8733	Sonstige forstlich geprägte Laubwälder, struktur- und artenreich	1579 (0,23)
932	Brachflächen mit ausdauernder Ruderalvegetation auf frischen Standorten	1125 (0,16)
934	Ruderal geprägte Grasfluren	3282 (0,48)
	Gesamt	**689315 (100,00)**

Tab. 7: Flächen und prozentuale Anteile der kartierten Biotoptypen (nach Bönsel et al. 2007) der Schwanheimer Wiesen.

führte die Arbeitsgruppe Biotopkartierung im Auftrag des Umweltamtes der Stadt Frankfurt am Main eine Untersuchung der Schwanheimer Wiesen durch, bei der Biotoptypen und Flora dieses Gebiets erfasst wurden.

BIOTOPE UND PFLANZENVIELFALT IM BEREICH DER SCHWANHEIMER WIESEN

Die Erfassung der Gefäßpflanzenflora erfolgte im Rahmen von vier Begehungen, die zwischen Mai und Oktober 2010 stattfanden. Diese Bestandsaufnahme ergab ein Arteninventar von 245 Höheren Pflanzen (siehe Tab. XI im Anhang), wobei – wie zu erwarten – Arten des Wirtschaftsgrünlandes überwiegen, denn mit rund 80 % entfällt der größte Teil der Fläche auf Gründlandgesellschaften. Wie aus Tabelle 7 hervorgeht, sind aber kleinflächig viele weitere Biotoptypen zu finden.

Die prägenden und gebietstypischen Lebensräume werden im Folgenden näher vorgestellt. Fließgewässer und Wälder spielen in Bezug auf ihren Flächenanteil nur eine untergeordnete Rolle und bleiben daher unberücksichtigt.

Als **Grünland frischer Standorte** wird der Lebensraumtyp bezeichnet, der den offenen Grünlandzug der Schwanheimer Wiesen prägt (Abb. 145). Glatthafer (*Arrhenatherum elatius*) und Wiesen-Labkraut (*Galium album*) finden sich fast überall auf der Fläche, die dadurch pflanzensoziologisch als Glatthafer-Wiese (*Arrhenatheretum elatioris*) einzuordnen ist. Auch Goldhafer (*Trisetum flavescens*), Wiesen-Schafgarbe (*Achillea millefolium*) und Wiesen-Knäuelgras (*Dactylis glomerata*) sind in fast allen Bereichen der Wiese zu finden.

Ein genauerer Blick auf die Arten zeigt jedoch, dass das Grünland nicht einheitlich ist. Durch Unterschiede im Nährstoffgehalt des Bodens und der Nutzungsintensität verändert sich die Zusammensetzung der Arten. So tritt beispielsweise der Wiesen-Storchschnabel (*Geranium pratense*, Abb. 147) nur sehr vereinzelt auf nährstoffreicheren Standorten auf.

Extensiv genutzte Glatthafer-Wiesen, deren Artenzusammensetzungen auf nährstoffarme Böden schließen lassen, nehmen rund 12 ha der Schwanheimer Wiesen ein. Sie sind im mittleren und im östlichen Teil der Wiesen zu finden. Nach der Roten Liste der Pflanzengesellschaften (Rennwald 2000) in der Hügel- und Berglandregion Deutschlands, zu der auch der Oberrheingraben mit dem Frankfurter Stadtgebiet gerechnet wird, gelten sie als rückläufig (Vorwarnliste). In Frankfurt stellen sie

Abb. 147: Wiesen-Storchschnabel (*Geranium pratense*) tritt auf den Schwanheimer Wiesen nur vereinzelt auf.

eine große Seltenheit dar. Im Vergleich zu früheren Jahrhunderten haben sich die meisten Wiesen durch regelmäßige Düngung zu artenarmen, hochwüchsigen und ertragreichen Grünlandbeständen entwickelt.

Die Bestände auf den Schwanheimer Wiesen zeichnen sich durch regelmäßiges Auftreten von Untergräsern wie Rot-Schwingel (*Festuca rubra*) aus, die in den üppigen, hochwüchsigen, gedüngten Wirtschaftswiesen keine Chance haben. Weiterhin typisch sind die sogenannten Magerkeitszeiger. Dabei handelt es sich in der Regel um zarte und wenig wuchskräftige Pflanzen. Auf nährstoffreicheren Wuchsorten können sie sich gegen die Konkurrenz größerer und kräftigerer Arten nicht durchsetzen. In den nährstoffärmeren Bereichen der Schwanheimer Wiesen sind Rundblättrige Glockenblume (*Campanula rotundifolia*), Knolliger Hahnenfuß (*Ranunculus bulbosus*), vereinzelt auch Kleiner Sauerampfer (*Rumex acetosella*) und Feld-Hainsimse (*Luzula campestris*, Abb. 148) vertreten. Die nährstoffärmsten Wuchsorte zeichnen sich zudem durch das Auftreten der Heide-Nelke (*Dianthus deltoides*, Abb. 149) aus, einer schlanken und zierlichen Wiesenpflanze, die in Deutschland besonders geschützt ist.

Bemerkenswert sind außerdem die Frühe Wiesenraute (*Thalictrum minus* subsp. *pratense*) und die zahlreich vertretene Gruppe der Rotfrucht-Löwenzähne (*Taraxacum* sectio *Erythrosperma*). Generell sind sich Löwenzahn-

Abb. 148: Feld-Hainsimse (*Luzula campestris*).

Abb. 149: Heide-Nelke (*Dianthus deltoides*) in Schwanheim.

Arten so ähnlich, dass ihre Bestimmung sehr schwierig ist. Aktuell ist deswegen auch noch nicht bekannt, wie viele Löwenzahn-Arten im Stadtgebiet vorkommen. Man darf sogar davon ausgehen, dass noch nicht einmal alle Löwenzahn-Arten bereits beschrieben sind und überhaupt schon einen Namen besitzen.

Allerdings bleibt die Nähe zur Stadt auch für die Bestände auf den Schwanheimer Wiesen nicht ohne Folgen. Stellenweise, insbesondere im mittleren Teil des Untersuchungsgebietes nördlich der Schwanheimer Sportanlagen, finden sich im Extensivgrünland gehäuft Störungszeiger wie Rainfarn (*Tanacetum vulgare*).

Im Gegensatz zu dem eben beschriebenen Wiesentyp stehen **intensiv genutzte Glatthafer-Wiesen,** die den Westteil des Untersuchungsgebietes beherrschen und mit einer Fläche von rund 43 ha und einem Anteil von 62,5 % den dominierenden Vegetationstyp des Gebietes darstellen. Intensive Grünlandbewirtschaftung mit Düngung hat zur Ausbildung dieser artenarmen Wiesenbestände geführt, deren Artenzahlen je 25 m^2 meist deutlich unter 20 liegen. Magerkeitszeiger kann man in diesem Wiesentyp keine finden, häufig sind hochwüchsige Gräser wie Wiesen-Fuchsschwanz (*Alopecurus pratensis*), Gewöhnliches Rispengras (*Poa trivialis*), Wiesen-Rispengras (*Poa pratensis*), Wolliges Honiggras (*Holcus lanatus*) und Weiche Trespe (*Bromus hordeaceus*). Außerdem fällt auf, dass blütenreiche Kräuter weitgehend fehlen – und mit ihnen Schmetterlinge, Bienen und andere Blütenbesucher.

Innerhalb der intensiv genutzten Frischwiesen kommen in flachen Geländemulden sogenannte queckendominierte Flutrasen vor. Neben der namengebenden Quecke (*Elymus repens*) finden sich als Besonderheiten Kuckucks-Lichtnelke (*Lychnis flos-cuculi,* Abb. 150), Kamm-Segge (*Carex disticha*) und Echte Fuchssegge (*Carex vulpina*). Insgesamt sind die Bestände jedoch sehr artenarm.

Abb. 150: Kuckucks-Lichtnelke (*Lychnis flos-cuculi*).

Magerrasen saurer Standorte sind in Frankfurt und auch in ganz Hessen ein seltener Biotoptyp. Nördlich angrenzend an den sogenannten Agenda-Wald befindet sich eine ca. 1 ha große Freifläche, die von einem basenarmen Magerrasen besiedelt wird und bereits Ende der 1990er Jahre in den Blickpunkt von Naturschützern geriet, als das städtische Forstamt hier eine Aufforstung plante. Eine anschließende Bestandsaufnahme und Beurteilung der naturschutzfachlichen Wertigkeit (Wagner et al. 1996) dieses Lebensraums führte schließlich zur Aufgabe dieser Planung. Der über Jahre brachliegende und von Schwarzwild häufig stark zerwühlte Magerrasen wird seit wenigen Jahren einer Schafbeweidung unterzogen, die sich nach erstem Eindruck positiv auf Artenzusammensetzung und Vegetationsstruktur auszuwirken scheint. Pflanzensoziologisch handelt es sich streng genommen um einen Übergangsbestand zwischen einem Borstgrasrasen und einem Halbtrockenrasen. Während Kleines Habichtskraut (*Hieracium pilosella*), Haar-Schwingel (*Festuca filiformis*), Heide-Nelke (*Dianthus deltoides*, Abb. 149), Borstgras (*Nardus stricta*) und Dreizahn (*Danthonia decumbens*) eher eine Zuordnung zu den Borstgrasrasen rechtfertigen würden, kennzeichnen Arten wie Echtes Labkraut (*Galium verum*), Zierliche Kammschmiele (*Koeleria macrantha*), Knolliger Hahnenfuß (*Ranunculus bulbosus*) und Wiesen-Salbei (*Salvia pratensis*) Halbtrockenrasen.

Neben den bereits genannten Arten kommen auf dem Magerrasen mit Buntem Vergissmeinnicht (*Myosotis discolor*), Arznei-Schlüsselblume (*Primula veris*) und Früher Wiesenraute (*Thalictrum minus* subsp. *pratenseis*) weitere bedrohte und geschützte Arten vor. Ihr Vorkommen unterstreicht die besondere Bedeutung der kleinen Fläche für Frankfurt. Denn diese Arten sind in unserer Kulturlandschaft durch verschiedene Faktoren gefährdet. Sowohl die Nutzungsintensivierung der nährstoffarmen Wuchsorte durch Düngung und Mehrfachmahd als auch die Nutzungsaufgabe der Magerrasen können zum Rückgang dieser Arten führen. In vielen Fällen sind Magerrasen bebaut worden, da sich ihre Nutzung nicht lohnte. Dadurch haben diese Pflanzenarten zusätzlich Wuchsmöglichkeiten verloren. In der aktuellen Untersuchung konnten Früher Schmielenhafer (*Aira praecox*), Südlicher

Abb. 151: Sumpfquendel (*Peplis portula*).

Ackerfrauenmantel (*Aphanes australis*) und Labkraut-Sommerwurz (*Orobanche caryophyllacea*), die in den 1990er Jahren noch nachgewiesen wurden (z. B. Wagner et al. 1996), nicht mehr bestätigt werden.

Einzelbäume, Baumgruppen und Gehölze sind ebenfalls prägend für die Schwanheimer Wiesen, wirken sie doch strukturierend in der sonst weithin offenen Landschaft. Sie sind über das gesamte Wiesengebiet verstreut anzutreffen. Neben einzeln stehenden, teilweise sehr stattlichen und landschaftsprägenden Fahl-Weiden (*Salix rubens*) im Zentrum des Waldwiesenzuges finden sich am Südrand in erster Linie Eichen und Birken, im Ostteil auch eine Baumreihe aus Schwarz-Erlen.

Gebüsch- und Gehölzlebensräume frischer Standorte nehmen knapp 4 % der Fläche des untersuchten Gebietes ein. Ihre Hauptvorkommen liegen in Waldrandbereichen, wo sie natürliche Waldmäntel ausbilden, sowie im Randbereich von Wegen und der Schwanheimer Bahnstraße. Hier handelt es sich teilweise um Pflanzungen unterschiedlichen Alters. Im Bereich von Wegrändern finden sich außerdem niedrige Gebüsche in Form von Brombeerbeständen. Höhere Feldgehölze bestehen aus Arten wie Eingriffeligem Weißdorn (*Crataegus monogyna*), Rotem Hartriegel (*Cornus sanguinea*), Hasel (*Corylus avellana*), Rosen-Arten (besonders *Rosa canina*) und vor allem Schlehe (*Prunus spinosa*). Sie sind pflanzensoziologisch der Ordnung Prunetalia (Schlehen-Gesellschaften) zuzuordnen. Diese Feldgehölze werden von zahlreichen Vogelarten als Versteck, zur Nahrungssuche, als Brutplatz oder als Singwarte genutzt. Mit etwas Glück lässt sich dort sogar der Neuntöter (*Lanius collurio*) beobachten.

Gehölze feuchter bis nasser Standorte in Form von Weiden- und Erlen-Beständen säumen den Hauptgraben westlich des Waldspielparks Schwanheim und sind kleinflächig westlich des neu angelegten Flachgewässers anzutreffen. Neben der Schwarz-Erle (*Alnus glutinosa*) sind vor allem Grau-Weide (*Salix cinerea*) und Fahl-Weide (*Salix rubens*) am Bestandsaufbau beteiligt.

Temporäre Gewässer und Tümpel sind im Gebiet zwar nur durch ein erst im Winter 2007/2008 im Westen der Schwanheimer Wiesen angelegtes Flachgewässer vertreten, doch haben sich dort bereits in den ersten Jahren einige bemerkenswerte Pflanzenarten angesiedelt. In früheren Jahrhunderten gab es sehr viele solcher Tümpel in Frankfurt, die Lebensraum für eine ganz spezielle Flora sind. Verschiedene regulierende Eingriffe, vor allem aber die Absenkung des Grundwasserspiegels haben zum Rückgang dieses Lebensraums geführt. Bereits kurz nach der Neuanlage dieses Gewässers stellten sich mit Echter Fuchssegge (*Carex vulpina*) und Sumpfquendel (*Peplis portula*, Abb. 151) zwei bedrohte Arten ein.

Das Gewässer wurde auf Initiative des Umweltamtes zur Förderung der Amphibien geschaffen. Der Pflanzenbestand wird seit 2008 regelmäßig beobachtet (Tab. 8). Das ca. 800 m^2 große Stillgewässer, das bis ins Frühjahr Wasser führt und in den Sommermonaten völlig austrocknet, wird mittlerweile von dichten Flatterbinsen-Beständen (*Juncus effusus*) besiedelt. Auf den noch offenen Schlammböden haben sich eine Reihe seltener Arten an-

Wissenschaftlicher Name (deutscher Name)	2008	2009	2010	2012
Acer negundo (Eschen-Ahorn)	•			
Achillea millefolium (Gewöhnliche Schafgarbe)				•
Agrostis capillaris (Rot-Straußgras)				•
Agrostis stolonifera (Weißes Straußgras)	•	•	•	•
Ajuga reptans (Kriech-Günsel)	•	•		•
Alopecurus pratensis (Wiesen-Fuchsschwanz)		•		•
Betula pendula (Hänge-Birke)				•
Bidens frondosa (Schwarzfrüchtiger Zweizahn)		•	•	
Carex acutiformis (Sumpf-Segge)	•	•	•	•
Carex demissa (Aufsteigende Segge)		•	•	•
Carex disticha (Zweizeilige Segge)			•	
Carex hirta (Behaarte Segge)		•	•	
Carex leporina (Hasenpfoten-Segge)				•
Chaerophyllum temulum (Betäubender Kälberkropf)				•
Chenopodium polyspermum (Vielsamiger Gänsefuß)	•			
Cirsium arvense (Acker-Kratzdistel)		•		•
Erigeron canadensis (Kanadischer Katzenschweif)	•			
Deschampsia cespitosa (Rasen-Schmiele)			•	•
Echinochloa crus-galli (Gewöhnliche Hühnerhirse)	•	•	•	
Eleocharis palustris (Echte Sumpfsimse)				•
Epilobium parviflorum (Kleinblütiges Weidenröschen)	•			•
Epilobium tetragonum (Vierkantiges Weidenröschen)			•	•
Festuca arundinacea (Rohr-Schwingel)				•
Festuca pratensis (Wiesen-Schwingel)		•		
Galium uliginosum (Moor-Labkraut)				•
Glechoma hederacea (Gewöhnlicher Gundermann)	•	•	•	
Gnaphalium uliginosum (Sumpf-Ruhrkraut)	•	•	•	•
Holcus lanatus (Wolliges Honiggras)		•		•
Iris pseudacorus (Gelbe Schwertlilie)				•
Juncus articulatus (Glieder-Binse)	•	•	•	•
Juncus bufonius (Kröten-Binse)	•			
Juncus conglomeratus (Knäuel-Binse)		•	•	•
Juncus effusus (Flatter-Binse)	•	•	•	•
Lotus pedunculatus (Sumpf-Hornklee)				•
Lychnis flos-cuculi (Kuckucks-Lichtnelke)		•	•	•
Lycopus europaeus (Ufer-Wolfstrapp)	•	•	•	•
Lysimachia nummularia (Pfennig-Gilbweiderich)	•	•	•	•
Lysimachia vulgaris (Gewöhnlicher Gilbweiderich)		•	•	
Lythrum salicaria (Gewöhnlicher Blutweiderich)	•	•	•	•
Mentha spec. (Minze)		•	•	•

Wissenschaftlicher Name (deutscher Name)	2008	2009	2010	2012
Peplis portula (Gewöhnlicher Sumpfquendel)			•	•
Phragmites australis (Gewöhnliches Schilf)	•	•	•	•
Pinus sylvestris (Wald-Kiefer)				•
Plantago uliginosa (Kleiner Wegerich)	•	•	•	•
Plantago lanceolata (Spitz-Wegerich)		•	•	
Plantago major subsp. *major* (Breit-Wegerich)		•		
Poa annua (Einjähriges Rispengras)		•		•
Poa trivialis (Gewöhnliches Rispengras)		•		•
Polygonum arenastrum (Gleichblättriger Vogelknöterich)	•			
Persicaria hydropiper (Pfeffer-Knöterich)		•	•	
Persicaria lapathifolia (Ampfer-Knöterich)	•	•	•	
Persicaria mitis (Milder Knöterich)	•			
Polygonum persicaria (Floh-Knöterich)	•	•		
Populus x *canadensis* juv. (Kanadische Pappel)	•	•	•	
Potentilla reptans (Kriechendes Fingerkraut)		•	•	•
Ranunculus repens (Kriechender Hahnenfuß)	•	•	•	•
Rorippa palustris (Gewöhnliche Sumpfkresse)	•	•	•	
Rumex acetosa (Wiesen-Sauerampfer)		•	•	
Rumex acetosella (Kleiner Sauerampfer)		•		
Rumex crispus (Krauser Ampfer)	•	•	•	
Rumex obtusifolius (Stumpfblättriger Ampfer)			•	
Rumex palustris (Sumpf-Ampfer)			•	
Salix alba (Silber-Weide)				•
Salix cinerea (Grau-Weide)			•	•
Salix spec. juv. (Weidenjungwuchs)	•	•	•	
Sanguisorba officinalis (Großer Wiesenknopf)	•			
Scirpus sylvaticus (Wald-Simse)				•
Senecio vulgaris (Gewöhnliches Greiskraut)	•			
Spergularia rubra (Rote Schuppenmiere)	•			
Stellaria graminea (Gras-Sternmiere)		•	•	
Trifolium repens (Weiß-Klee)				•
Tripleurospermum perforatum (Geruchlose Strandkamille)	•	•		•
Tussilago farfara (Huflattich)	•			
Veronica scutellata (Schild-Ehrenpreis)				•
Veronica serpyllifolia (Quendel-Ehrenpreis)		•		•
Vicia cracca (Vogel-Wicke)				•
Vicia tetrasperma (Viersamige Wicke)	•			

Tab. 8: Im Zeitraum 2008 bis 2012 im Bereich des Flachgewässers auf den Schwanheimer Wiesen festgestellte Pflanzenarten. • – Nachweis.

Wissenschaftlicher Name (deutscher Name)	Schutz	Gefährdung (Rote Liste)		
		Deutschland	Hessen	Region SW
Carex vulpina (Echte Fuchssegge)		3	3	3
Dianthus deltoides (Heide-Nelke)	§	V	V	V
Koeleria macrantha (Zierliche Kammschmiele)			3	V
Myosotis discolor (Buntes Vergissmeinnicht)		3	V	V
Peplis portula (Gewöhnlicher Sumpfquendel)			3	3
Primula veris (Arznei-Schlüsselblume)	§	V	V	V
Saxifraga granulata (Knöllchen-Steinbrech)	§	V	V	V
Thalictrum minus subsp. *pratensis* (Frühe Wiesenraute)		V	V	3
Veronica scutellata (Schild-Ehrenpreis)			V	V

Tab. 9: Pflanzenarten auf den Schwanheimer Wiesen, die nach der Roten Liste Deutschlands (Korneck et al. 1996, 1998), Hessens oder Hessens Region Südwest (SW) (Hemm et al. 2008) einer Gefährdung unterliegen oder nach Bundesnaturschutzgesetz (BNatSchG) besonders geschützt sind. 3 = gefährdet, V = rückläufige Arten der Vorwarnliste, § = besonders geschützt nach BNatSchG.

gesiedelt, darunter Aufsteigende Gelbsegge (*Carex demissa*) und Sumpf-Ampfer (*Rumex palustris*). 2012 kam als weitere seltene Art der Schild-Ehrenpreis (*Veronica scutellata*, Abb. 152) hinzu.

Der Sumpfquendel ist eine ausgeprägte Pionierpflanze offener Lehm- und Tonböden. Im Laufe der zunehmenden Verlandung von Flachgewässern wird sie durch konkurrenzkräftigere Arten abgelöst. Die Art braucht daher neue, offene Bodenstellen, wie sie im Flachgewässer der Schwanheimer Wiesen durch die Wühltätigkeit der Wildschweine immer wieder neu entstehen. Auch der Schild-Ehrenpreis besiedelt Offenböden innerhalb von Verlandungsgesellschaften. Das Vorkommen in den Schwanheimer Wiesen ist das derzeit einzig bekannte im Stadtgebiet von Frankfurt.

Auf den Schwanheimer Wiesen können aktuell insgesamt fünf Pflanzenarten nachgewiesen werden, die nach der hessischen bzw. der bundesdeutschen Roten Liste einer Gefährdung unterliegen, sowie drei, die gesetzlich, d. h. nach dem Bundesnaturschutzgesetz (BNatSchG), besonders geschützt sind (Tab. 9). Weitere neun Arten gelten hessen- bzw. bundesweit als rückläufig (Arten der Vorwarnliste).

Der gesetzlich geschützte Knöllchen-Steinbrech (*Saxifraga granulata*) kommt im Grünland nördlich des Schwanheimer Sportplatzes

vor. Er bevorzugt magere Ausbildungen der Glatthafer- und Goldhafer-Wiese, häufig ist er auch auf Rainen sowie an Waldrändern auf nährstoffarmen, frischen, basenreichen bis mäßig sauren Böden anzutreffen. Weil Grünland heute wesentlich häufiger gedüngt und gemäht wird, geht der Knöllchen-Steinbrech mittlerweile hessenweit stark zurück und wird auf der Vorwarnliste geführt.

Die Echte Fuchssegge war nicht direkt am Ufer des Flachgewässers zu finden, sondern in einer Quecken-Flutrasengesellschaft östlich davon. Es handelt sich um eine Art wechsel- und grundnasser, nährstoff- und basenreicher Wuchsorte, z. B. in Flutrinnen und Verlandungszonen, aber auch an Teich- und Grabenufern. Durch Verfüllung von Flutmulden und Entwässerung von Feuchtwiesen ist die Echte Fuchssegge in ihrem Bestand heute gefährdet.

SCHÜTZENSWERTE SCHÖNHEIT

Die Bedeutung der Schwanheimer Wiesen ist nicht allein mit ihrer Arten- und Biotoptypendiversität zu begründen, sondern zu einem guten Teil auch mit der Ästhetik dieses weiträumigen Grünlandzuges. Besonders die mageren Glatthafer-Wiesen und Magerrasen im Osten des Gebiets sind das Ergebnis einer jahrhundertelangen extensiven Bewirtschaftung und gehören zu den seltenen und stark gefährdeten Lebensgemeinschaften im Frankfurter Stadtgebiet. Sie sind insgesamt zwar nur als mäßig artenreich einzustufen, verfügen aber über eine ganze Reihe floristischer Besonderheiten. Botanische Bedeutung erlangt das Untersuchungsgebiet vor allem aufgrund des Vorkommens von geschützten und gefährdeten Arten. Da sich das Vorkommen der Arten zumeist auf kleine Bereiche beschränkt, ist ein Monitoring und insbesondere eine optimale Pflege und Bewirtschaftung dieser Bereiche ein Muss. Nur so kann verhindert werden, dass diese Pflanzen, bei denen es sich überwiegend um alte Begleiter unserer Kultur handelt, von den Schwanheimer Wiesen und aus dem Frankfurter Stadtgebiet verschwinden.

Abb. 152: Schild-Ehrenpreis (*Veronica scutellata*).

// BIODIVERSITÄT ERLEBEN:
SPAZIERGÄNGE AM FLUSS

DIE NIDDA IM NORDEN –
VON BERKERSHEIM ZUM ALTEN FLUGPLATZ

Abb. 154: Route von Spaziergang 1 (rot).

STARTPUNKT: Bahnhof „Berkersheim"
(wird von S-Bahn und Bus angefahren)
ENDPUNKT: Alter Flugplatz Kalbach/Bonames
(die Bushaltestelle „Alt Bonames" und die U-Bahn-Station „Kalbach" sind nur wenige Gehminuten entfernt)
BESTE ZEIT: Frühling bis Herbst
DAUER: 2–3 Stunden

Der Spaziergang beginnt an der S-Bahnstation Berkersheim (siehe Abb. 154). Aus Richtung Frankfurt Innenstadt kommend, überquert man die Bahnschienen und folgt der Berkersheimer Bahnstraße an Feldern vorbei zur Nidda. Dort angekommen lohnt sich ein Blick von der Nidda-Brücke. Auf der linken Seite mündet der Eschbach in die Nidda. An dieser Stelle, die oft als Badeplatz für Hunde genutzt und bei Hochwasser der Nidda regelmäßig überschwemmt wird, wachsen unter anderem Topinambur (*Helianthus tuberosus*) und Speise-Tomate (*Lycopersicon esculentum*). Der Tobinambur

Abb. 153: Die Nidda-Ufer sind ein wichtiges Naherholungsgebiet.

(*Helianthus tuberosus*) ist eng mit der Sonnenblume verwandt. Im Gegensatz zur einjährigen Sonnenblume handelt es sich beim Topinambur um eine mehrjährige, krautige Pflanze mit Rhizomknollen. Die eiförmigen, rauen Blätter mit gesägtem Rand sitzen an der ebenfalls rauhaarigen, verzweigten, bis 3 m hohen Sprossachse. Die Blütenkörbchen mit gelben Röhren- und Zungenblüten werden zwischen August und November gebildet. Topinambur wächst auf frischen, meist überschwemmten, nährstoffreichen, sandigen Lehmböden und kommt in nährstoffreichen Staudenfluren und ausdauernden Ruderalgesellschaften vor.

Helianthus tuberosus ist ein eingebürgerter Neophyt. Er wurde zuerst im 17. Jahrhundert aus dem östlichen Nordamerika in Frankreich eingeführt. In Frankfurt ist die Pflanze bereits seit dem 18. Jahrhundert als Kulturpflanze dokumentiert (Spilger 1941). Verwildert wächst Topinambur im Stadtgebiet im Uferbereich von Bächen, z.B. am Luderbach, und gelegentlich auf älteren Brachflächen. Grundsätzlich besteht die Gefahr einer unkontrollierten Ausbreitung und Massenentwicklung entlang von Gewässern und im Überflutungsbereich von Auenwäldern, vor allem wenn vegetationsfreie Flächen vorhanden sind. In Süddeutschland wird *Helianthus tuberosus* aus diesem Grund an Flussufern bekämpft. Im Gegensatz dazu ist die Art in Frankfurt bisher nicht als invasiv aufgefallen.

Die zwischen Juli und Oktober blühende Speise-Tomate (*Lycopersicon esculentum*) gilt in Frankfurt als unbeständiger Neophyt, dessen ursprüngliche Heimat Südamerika ist. Die Tomate wurde von Kolumbus nach Europa gebracht und in der ersten Hälfte des 16. Jahrhunderts bereits auf Holzschnitten dargestellt. In Deutschland setzte sich die Art erst sehr spät durch, in einigen Teilen erst in den 1920er Jahren. Die Samen der Pflanzen am Nidda-Ufer stammen aus Fäkalien.

Abb. 155: Gewöhnliches Pfeilkraut (*Sagittaria sagittifolia*) am Nidda-Ufer.

Weiterhin sind an dieser Stelle Götterbaum (*Ailanthus altissima*) und Garten-Kürbis (*Cucurbita pepo*) zu finden. Der Götterbaum (*Ailanthus altissima*) wird als eingebürgerter Neophyt eingestuft und wurde bereits Mitte des 18. Jahrhunderts als Zierpflanze eingeführt. Der bis 30 m hohe Baum mit glatter, grauer Borke, die charakteristische grau-braune Längsrisse zeigt, trägt Fiederblätter und bildet im Hochsommer grünlich-gelbe Blüten in reichblütigen Rispen. Als wärmeliebende Art kommt *Ailanthus altissima* besonders in

Städten vor. Die stadttypischen Stressfaktoren wie Luftverschmutzung und Trockenheit werden von der sehr schnell wachsenden Art gut toleriert. Der Götterbaum ist heute die häufigste wildwachsende Baumart des Frankfurter Siedlungsbereichs. Er kommt sowohl im Stadtkern als auch in Industriegebieten und auf Bahngelände vor, während er in Bereichen mit landwirtschaftlicher Nutzung selten zu finden ist oder fehlt.

Blickt man von der Brücke aus flussaufwärts, sieht man das Gewöhnliche Pfeilkraut (*Sagittaria sagittifolia*, Abb. 155) im flachen Wasser nahe am Ufer.

Der Name „Pfeilkraut" bezieht sich auf die pfeilförmigen Luftblätter, die über die Wasseroberfläche ragen. Die Blattzipfel dieser Blätter können bis 10 cm lang und 1–3 cm breit werden. Neben diesen Luftblättern besitzt die Art auch noch Unterwasser- und Schwimmblätter. Die Unterwasserblätter sind bandförmig und erreichen z. T. 1 m Länge, während die Schwimmblätter oval bis länglich-lanzettlich oder spießförmig sind. Das Gewöhnliche Pfeilkraut ist am besten während der Blütezeit zwischen Juni und August zu beobachten. Es werden männliche und weibliche Blüten gebildet, die in quirligen Trauben angeordnet sind und am Grund der weißen Kronblätter einen purpurfarbenen Fleck tragen.

Nun verlässt man die Brücke und folgt dem Weg entlang des linken Nidda-Ufers. Hier wird der obere Uferbereich von Laubgehölzen eingenommen, die frische bis mäßig trockene Standorte bevorzugen. Im unteren Uferbereich wachsen Große Brennnessel (*Urtica dioica*) und Indisches Springkraut (*Impatiens glandulifera*), das im Verlauf des Spaziergangs noch in größerer Zahl zu sehen sein wird. Am gegenüberliegenden Ufer stehen im Uferbereich Weiden, im oberen Bereich Gehölze, die nasse Standorte meiden. Dies ist ein typisches Beispiel für den Einfluss des Wassers an den Ufern der Nidda. Seit den gewässerbaulichen Eingriffen in den 1920er und 1960er Jahren, während der die Flussschleifen der Nidda abgetrennt und der Fluss deutlich vertieft und begradigt wurde, wird nur noch der untere Uferbereich von Wasser beeinflusst.

Anschließend kann man am Ufer den häufigsten Biotoptyp der Nidda sehen, eine

Abb. 156: Feuchte ruderale Wiese mit Echtem Mädesüß (*Filipendula ulmaria*) und Blut-Weiderich (*Lythrum salicaria*).

ruderale Wiese, die hier einen feuchten Saum besitzt. An den Nidda-Ufern sind ruderale Wiesen meist als Glatthafer-Wiese (Arrhenatheretum elatioris) ausgebildet. Neben Glatthafer (*Arrhenatherum elatius*) wachsen dort häufig Wiesen-Knäulgras (*Dactylis glomerata*), Wiesen-Storchschnabel (*Geranium pratense*) und Wiesen-Labkraut (*Galium album*). Zusätzlich treten ruderale Arten wie Große Brennnessel (*Urtica dioica*), Rüben-Kälberkropf (*Chaerophyllum bulbosum*) oder Gewöhnliches Klebkraut (*Galium aparine*) auf. Die Große Brennnessel kann auch größere Uferflächen bedecken. Der feuchte Saum dieser ruderalen Wiese besteht hauptsächlich aus Rohr-Glanzgras (*Phalaris arundinacea*), aber auch Echtes Mädesüß (*Filipendula ulmaria*, Abb. 156) kommt vor. Andere für feuchte Standorte typische Arten, wie Blut-Weiderich (*Lythrum salicaria*, Abb. 156), Schilf (*Phragmites australis*), Ufer-Wolfstrapp (*Lycopus europaeus*) oder Schwarzfrüchtiger Zweizahn (*Bidens frondosa*), sind ebenfalls in diesen feuchten Säumen vertreten.

An den Ufern der Nidda sieht man häufig schmale Bestände von Schilf, Rohr-Glanzgras oder auch Indischem Springkraut direkt am Wasser, darauf folgen im oberen Uferbereich ruderale Wiesen oder Brennnesselbestände, und direkt neben dem Weg stehen nicht selten Baumgruppen mit Arten eher trockener Standorte. An baumlosen Stellen kann man die Pflanzen, die im flachen Wasser nahe am Ufer wachsen, gut erkennen: Es sind Igelkolben-Arten (*Sparganium* spp.) und Gelbe Teichrose (*Nuphar lutea*).

Die Große oder Gelbe Teichrose (*Nuphar lutea*, Abb. 157) bildet große, ganzrandige und bis 30 cm lange Schwimmblätter. Die gelben, halbkugeligen Blüten werden zwischen Juni und September gebildet, erreichen 3–5 cm Durchmesser und duften stark. *Nuphar lutea* ist nach der Bundesartenschutzverordnung (BArtSchV) besonders geschützt. Die Gelbe Teichrose ist an der Nidda in Frankfurt häufig zu sehen.

Nach dem Passieren einer großen Baumgruppe auf der linken Wegseite ist auf dem gegenüberliegenden Ufer zwischen einem längeren, uferbegleitenden Gehölzstreifen und der nächsten Baumgruppe ein Topinamburbestand zu erkennen. Auf dem diesseitigen Ufer stehen nahe am Wasser zwei Weiden-Arten: Silber-Weide (*Salix alba*) und Grau-Weide (*Salix cinerea*).

Abb. 157: Gelbe Teichrose (*Nuphar lutea*).

Anschließend erreicht man eine Gehölzgruppe, die zum Teil nur den oberen Uferbereich, teilweise aber auch das gesamte Ufer einnimmt. Es sind Laubgehölze frischer bis mäßig trockener Standorte, darunter Roter Hartriegel (*Cornus sanguinea*), Wolliger Schneeball (*Viburnum lantana*, Abb. 158), Gewöhnlicher Schneeball (*Viburnum opulus*), Schwarzer Holunder (*Sambucus nigra*), Gewöhnliches Pfaffenkäppchen (*Euonymus europaeus*), Stiel-Eiche (*Quercus robur*), Gewöhnliche Hasel (*Corylus avellana*), Vogel-Kirsche (*Prunus avium*), Schlehe (*Prunus spinosa*) und Weißdorn-Arten (*Crataegus* spp.). Neben den bereits genannten Weiden-Arten treten auch Fahl-Weide (*Salix rubens*) und Purpur-Weide (*Salix purpurea*) auf.

Nach dem auf der linken Seite des Weges gelegenen Reiterhof wird in einer Biegung des Flusses auf dem gegenüberliegenden Ufer eine Renaturierungsfläche sichtbar. Diese Fläche am Berkersheimer Bogen wurde Mitte der 1990er Jahren neu gestaltet. Ziel war es, einen Übergang zu schaffen: von einer Überschwemmungszone mit Flutmulden über einen Auenwald, der nur bei starkem Hochwasser überflutet wird, zu einer Feldgehölzzone, die bei Hochwasser nicht betroffen ist. Die Überschwemmungszone wird mittlerweile von verschiedenen Weiden-Arten eingenommen, unter anderem Fahl-Weide (*Salix rubens*), Silber-Weide (*Salix alba*), Korb-Weide (*Salix viminalis*) und Mandel-Weide (*Salix triandra*). Im Bereich des Auenwaldes finden sich heute neben Weiden z. B. Schwarz-Erle (*Alnus glutinosa*), Esche (*Fraxinus excelsior*), Stiel-Eiche (*Quercus robur*) und Winter-Linde (*Tilia cordata*). Daneben sind in der Strauchschicht Gewöhnliche Hasel (*Corylus avellana*), Roter Hartriegel (*Cornus sanguinea*) und Weißdorn vertreten.

Abb. 158: Im oberen Uferbereich wachsen Laubgehölze wie der Wollige Schneeball (*Viburnum lantana*).

Am Ufer neben dem Fußweg wächst direkt am Wasser ein Weidenstreifen aus *Salix alba* und *Salix rubens*. Neben Gehölzgruppen im oberen Uferbereich treten hier mehrere große Bestände des Indischen Springkrauts (*Impatiens glandulifera*) auf. Die Flächen werden Anfang des Jahres meist von Großer Brennnessel dominiert, die im Verlauf des Sommers zunehmend vom Indischen Springkraut abgelöst wird.

Das einjährige, bis 2 m hohe Indische Springkraut bildet zwischen Juli und Oktober rosafarbene Blüten, die in lang gestielten, 2- bis 14-blütigen Trauben angeordnet sind. Diese entwickeln sich zu keulenförmigen Kapselfrüchten, die bis zu 2.000 Samen enthalten können. Die Kapseln springen im reifen Zustand bei Berührung auf und schleudern die Samen mehrere Meter weit heraus. Dieser Mechanismus sichert die Nahverbreitung der Art, die Fernverbreitung erfolgt hauptsäch-

lich durch Wasser. Das Indische Springkraut stammt aus dem Himalaya und Ostindien und ist in Deutschland ein eingebürgerter Neophyt. An den Ufern der Nidda in Frankfurt ist *Impatiens glandulifera* der häufigste Neubürger.

Nach der Gabelung des Fußweges trifft man auf eine weitere Renaturierungsfläche. Diese ist eine von drei Stellen, an denen Ende der 1990er Jahre eine Aufweitung des Flussbettes vorgenommen und Überschwemmungsbereiche geschaffen wurden, um den Fluss naturnaher zu gestalten und zusätzlichen Retentionsraum zu erhalten. Die im Zuge des Uferumbaus entstandenen Rohbodenstandorte wurden spontan besiedelt, es wurden lediglich Weidenstecklinge ausgebracht, um die Entwicklung von Ufergehölzen zu fördern. Dadurch trat eine rasche Verbuschung (Abb. 159) ein. Die hier zu sehende Renaturierungsfläche wird von Weiden-Arten dominiert, während die Krautschicht hauptsächlich aus Großer Brennnessel (*Urtica dioica*) besteht. Neben Weiden-Arten – unter anderem Silber-Weide (*Salix alba*) und Grau-Weide (*Salix cinerea*) – haben sich Schwarz-Erle (*Alnus glutinosa*) und Zitter-Pappel (*Populus tremula*) eingefunden.

Auf der dem Weg zugewandten Seite der Fläche kommen auch einige Exemplare der Kanadischen Goldrute (*Solidago canadensis*) vor. Die ausdauernde, bis 2 m hohe Kanadische Goldrute trägt an ihrem straffen, dicht und kurz behaarten Stängel schmal lanzettliche Blätter und besitzt unterirdische Ausläufer, über die sie dichte Bestände bilden kann. Während der Blütezeit (zwischen August und Oktober) entwickelt sie rispenartige Blüten-

Abb. 159: Renaturierungsfläche im Sommer 2007 mit dichtem Feuchtgehölzbestand.

Abb. 160: Renaturierungsfläche auf der rechten Nidda-Seite, 2004.

stände mit vielen Blütenköpfchen. Diese sind klein, goldgelb und einseitswendig nach oben gerichtet. Pro Pflanze werden bis zu 20.000 flugfähige Früchte ausgebildet. *Solidago canadensis* ist ein eingebürgerter Neophyt, der aus Nordamerika stammt und bereits Mitte des 17. Jahrhunderts in Mitteleuropa als Zierpflanze eingeführt wurde. Verwilderungen traten ab Mitte des 19. Jahrhunderts auf.

Direkt nach dieser Renaturierungsfläche finden wir eine weitere auf dem gegenüberliegenden Ufer (Abb. 160). Diese enthält eine Flutmulde, die nur bei Hochwasser aus dem Hauptstrom versorgt wird. Die Flutmulde umgibt ein breiter Bestand des Gewöhnlichen Schilfs (*Phragmites australis*). Direkt an diesem kleinen Gewässer wächst Breitblättriger Rohrkolben (*Typha latifolia*). In den ersten Jahren nach der Renaturierung wurde dort außerdem der seltene Wilde Reis (*Leersia oryzoides*) nachgewiesen, der aber infolge der natürlichen Sukzession inzwischen wieder verschwunden ist. Ein Gürtel von Weiden und Schwarz-Erlen umgibt die Fläche.

Neben dem Fußweg tauchen nun zwei große Weiden-Erlen-Gehölze auf, die von gepflanzten Reihen der Berg-Ulme (*Ulmus glabra*) entlang des Weges gesäumt werden. In der Krautschicht der Baumreihen tritt neben einzelnen Exemplaren der Kanadischen Goldrute und des Kleinen Mädesüß (*Filipendula vulgaris*) Knöllchen-Steinbrech (*Saxifraga granulata*) auf.

Der bis 30 cm hohe Knöllchen-Steinbrech besitzt lang gestielte, nierenförmige und tief eingekerbte, grundständige Blätter. Der zwischen Mai und Juni erscheinende weiße Blütenstand ist locker rispenartig. *Saxifraga granulata* ist nach dem Bundesnaturschutz-

gesetz (BNatSchG) besonders geschützt. Aktuell besteht keine Gefährdung, allerdings ist die Art dort rückläufig, wo man Grünland brachfallen lässt, seine Nutzung intensiviert oder waldnahe Grünlandbereiche aufforstet. Im gesamten Frankfurter Stadtgebiet tritt die Art zerstreut auf. Funde wurden in mageren Wiesen dokumentiert, wie sie beispielsweise im Niddatal, im Niddapark, im Sossenheimer Unterfeld, im Parallelbahnsystem des Frankfurter Flughafens und an Böschungen auf dem Gelände des Güterbahnhofs vorkommen.

Der Weg führt jetzt an ruderalen Wiesen vorbei, die im unteren Uferbereich häufig von Rohr-Glanzgras bestanden sind. Im Wasser wachsen in der Nähe beider Ufer immer wieder Igelkolben und Gewöhnliches Pfeilkraut. Nachdem man zwei Gehölzgruppen mit Schwarzem Holunder, Gewöhnlichem Pfaffenkäppchen, Winter-Linde sowie Wolligem und Gewöhnlichem Schneeball passiert hat, ist auf dem gegenüberliegenden Ufer die Verbindung des Hauptstroms der Nidda zu dem 2009 wieder angeschlossenen Bonameser Altarm zu sehen (Abb. 161).

Abb. 161: Zufluss zum Bonameser Altarm, der wieder mit dem Hauptstrom der Nidda verbunden wurde.

Abb. 162: Leichte Stauung des Hauptstroms durch die errichtete Rampe.

Kurz hinter dem Durchbruch zum Altarm wurde eine 2,5 m hohe Rampe aus Steinbrocken errichtet, so dass sich das Wasser leicht staut (Abb. 162) und es zum Teil in den Altarm fließt. Die planierte Uferböschung wurde mit aufgeschütteten Steinen befestigt, um zu verhindern, dass die Erde abrutscht und weggespült wird. Von einer Bepflanzung des Ufers wurde abgesehen, stattdessen soll die Besiedlung spontan erfolgen.

Kurz danach stößt man am diesseitigen Ufer auf eine Überschwemmungsfläche mit Flutmulde, die von Rohr-Glanzgras (*Phalaris arundinacea*) dominiert und von einem schmalen Streifen Weiden und Erlen umsäumt wird. Dieser enthält neben einheimischen Arten wie Fahl-Weide (*Salix rubens*), Grau-Weide (*Salix cinerea*), Sal-Weide (*Salix caprea*) und Schwarz-Erle (*Alnus glutinosa*, Abb. 163 und 164) auch die in Hessen nicht

Abb. 163: Blätter der Schwarz-Erle (*Alnus glutinosa*).

Abb. 164: Blühende Schwarz-Erle (*Alnus glutinosa*) mit zapfenförmigen Fruchtständen des Vorjahres.

heimische Grau-Erle (*Alnus incana*, Abb. 165). Die beiden Erlen-Arten sind anhand ihrer Blattform gut zu unterscheiden. Die Schwarz-Erle besitzt stumpfliche, einfach gezähnte Blätter, die der Grau-Erle dagegen sind zugespitzt und doppelt gezähnt.

Auf der Überschwemmungsfläche wachsen neben dem dominierenden Rohr-Glanzgras verschiedene Arten feuchter Standorte wie Echtes Mädesüß (*Filipendula ulmaria*), Blut-Weiderich (*Lythrum salicaria*), Wasser-Minze (*Mentha aquatica*) und Ufer-Wolfstrapp (*Lycopus europaeus*). Weiterhin kommen Land-Reitgras (*Calamagrostis epigejos*), Gewöhnliches Leinkraut (*Linaria vulgaris*) sowie typische Wiesenarten wie Glatthafer (*Arrhenatherum elatius*) und Weißes Labkraut (*Galium album*) vor.

Nach Überqueren der Straße erscheint am gegenüberliegenden Ufer ein größeres Weidengehölz, das von Schilf (*Phragmites australis*) umgeben wird. Im flachen Wasser davor stehen mehrere Exemplare der Gelben Schwertlilie (*Iris pseudacorus*).

Bei der Gelben Schwertlilie handelt es sich um eine ausdauernde Wasser- und Sumpfpflanze, die 50–120 cm hoch wird und lineal-lanzettliche, bis 3 cm breite Blätter besitzt. Die lang gestielten gelben Blüten werden im Mai und

Abb. 165: Blätter der Grau-Erle (*Alnus incana*).

Juni gebildet. Aus ihnen entwickeln sich 4–5 cm lange, walzenförmige und stumpf dreikantige Kapseln, die zur Reife herabhängen. In Deutschland ist die Art nach der Bundesartenschutzverordnung (BArtSchV) besonders geschützt.

Etwas weiter links fließt der ehemalige Altarm wieder in den Hauptstrom. Wenn man mehr von ihm sehen möchte, geht man zurück zur Straße und überquert die Nidda. Vom Fußweg entlang der Straße zweigt nach ca. 150 m ein Weg nach links, Richtung Altarm, ab. Von der Brücke über den nun wieder angeschlossenen Altarm hat man einen guten Blick darauf.

Bevor der Altarm wieder mit der Nidda verbunden wurde, verlandete dieser Teil (Abb. 165 bis 167).

Wie auf den Bildern aus der Zeit vor dem Anschluss zu erkennen, war der Altarm im Bereich der Brücke dicht mit Wasserpflanzen, vor allem Wasserkresse (*Rorippa amphibia*), bewachsen. Auch der Breitblättrige Rohrkolben (*Typha latifolia*, Abb. 168) war häufig. Im Zuge der Arbeiten für den Anschluss wurde das Flussbett geräumt. Auf den Bildern vom Herbst 2010 ist zu erkennen, dass sich die Wasserkresse in den ufernahen, flachen Bereichen wieder ausgebreitet hat und sich auch die Gelbe Schwertlilie wieder ansiedeln konnte.

Der Feldweg, der nach der Brücke über den Altarm beginnt, führt an einem gewässerbegleitenden Gehölzgürtel und ruderalen Wiesen vorbei. Als letzte besondere Art findet man ca. 80 m bzw. ca. 150 m nach der Brücke über den Hauptstrom, gegenüber dem Alten Flugplatz Bonames, mehrere Bestände des Kleinen Mädesüß (*Filipendula vulgaris*). Hier ist auch der Knöllchen-Steinbrech (*Saxifraga granulata*, Abb. 169) auf beiden Seiten des Uferweges in größeren Beständen vertreten.

Das Kleine Mädesüß, auch Knollige Spierstaude genannt, ist eine ausdauernde,

Abb. 166: Bonameser Altarm 2009 vor dem Wiederanschluss an die Nidda, stromaufwärts.

Abb. 167: Bonameser Altarm im Herbst 2010 nach dem Wiederanschluss an die Nidda, stromaufwärts.

Abb. 168: Breitblättriger Rohrkolben (*Typha latifolia*).

bis 60 cm hohe Staude. Der Name Knollige Spierstaude bezieht sich auf die spindelförmigen bis kugeligen Verdickungen (Knollen) der Wurzeln. Auch außerhalb der Blütezeit ist die Art an ihren langen, grundständigen Blättern, die mit 8–25 größeren Fiederblattpaaren unterbrochen gefiedert sind, gut zu erkennen. Der zwischen Mai und Juli gebildete Blütenstand ist eine Trugdolde. Die einzelnen, 5–9 mm langen Blüten besitzen sechs weiße, zum Teil außen rötliche Kronblätter. Die Blüten entwickeln sich zu aufrechten, behaarten Früchten. Die Art kommt unter anderem in Magerwiesen und Halbtrockenrasen vor; in wechselfeuchten Glatthafer-Wiesen, wie hier an der Nidda, ist sie eher selten anzutreffen.

Filipendula vulgaris wird in der Roten Liste Hessen und der Region Südwest als gefährdet (3) eingestuft (Hemm et al. 2008). Gefährdungsfaktoren sind vor allem Grünlanddüngung und das Brachfallenlassen extensiv genutzten Grünlands. An der Nidda tritt das Kleine Mädesüß hauptsächlich in Bonames auf, einzelne Vorkommen wurden auch in Harheim, Berkersheim und Praunheim dokumentiert.

Der Spaziergang endet hier am Alten Flugplatz Bonames. Als Abschluss bietet sich ein Besuch des Tower Cafés und eine Besichtigung des Geländes an. Die Betonflächen des ehemaligen Flugplatzes wurden teilweise aufgebrochen, zerkleinert und – nach der Größe der Stücke sortiert – auf sieben Geröllfelder verteilt. Nun kann man beobachten, wie Pflanzen und Tiere das Gebiet wiederbesiedeln (vgl. Ottich et al. 2009).

Abb. 169: Knöllchen-Steinbrech (*Saxifraga granulata*).

DIE NIDDA UND IHRE ALTARME – ZWISCHEN NIED UND SOSSENHEIM

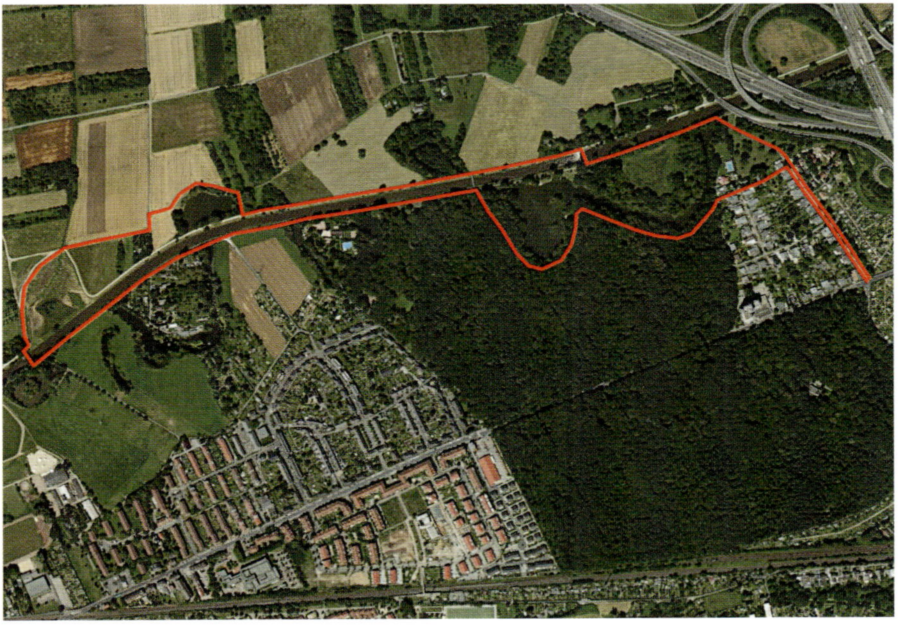

Abb. 170: Route von Spaziergang 2 (rot).

START- UND ENDPUNKT:
Bushaltestelle „Neufeld" in Nied
BESTE ZEIT: Frühling bis Herbst
DAUER: 2–3 Stunden

Der Spaziergang startet an der Bushaltestelle Neufeld in Nied (Abb. 170). In der Nähe befinden sich am Waldrand Parkmöglichkeiten. Von dort geht es ein Stück die Oeserstraße entlang, anschließend nach links in die Straße „Am Neufeld". Am Ende der Straße schließt sich ein kleiner Park an. Im Park stehen mehrere gepflanzte Exemplare der Balsam-Pappel (*Populus balsamifera*, Abb. 171). Bei der Art handelt es sich um einen ursprünglich aus Nordamerika stammenden Baum, der in Frankfurt auch verwildert und Einbürgerungstendenz zeigt. Aus den klebrigen, sehr harzreichen Knospen der Balsam-Pappel wurde früher das sogenannte Balsamöl gewonnen, das zur Wundheilung bei schmerzenden Gelenken und Gicht verwendet wurde. Nordamerikanische Indianer verwendeten den Absud von Balsam-Pappelknospen außerdem zur Behandlung von Atemwegserkrankungen (Bronchitis).

Abb. 171: Balsam-Pappel (*Populus balsamifera*).

Hinter dem Park liegt auch schon die Nidda, die auf dieser Seite von einem gut ausgebauten Rad- und Fußweg begleitet wird. Die Route nimmt an dieser Stelle den Weg nach links, parallel zum Ufer. Dort stehen typische Uferpflanzen wie Rüben-Kälberkropf (*Chaerophyllum bulbosum*), Echtes Mädesüß (*Filipendula ulmaria*) und Blut-Weiderich (*Lythrum salicaria*) neben Wiesenarten wie Glatthafer (*Arrhenatherum elatius*), Wiesen-Lieschgras (*Phleum pratense*) oder Wiesen-Storchschnabel (*Geranium pratense*). Auf der linken Seite des Weges befindet sich ein Ausläufer des „Grill'schen Altarms", eines Altarms der Nidda, der in diesem Bereich wie ein Teich aussieht. Er ist unterirdisch über Rohre mit der Nidda verbunden. Mit rund 3,16 ha gehört dieses Gewässer zu den größten Altarmen der Nidda in Frankfurt.

Am Ufer des Altarms sowie an der Nidda befinden sich Gehölze mit Weiden (*Salix* spp.), Schwarz-Erle (*Alnus glutinosa*), Esche (*Fraxinus excelsior*) und Gewöhnlicher Hasel (*Corylus avellana*). Im flachen Wasser, nahe dem Ufer, wachsen Gelbe Teichrosen (*Nuphar lutea*). Von Juni bis September erscheinen ihre gelben, halbkugeligen Blüten zwischen den großen, ganzrandigen Schwimmblättern. Am Ufer und

Abb. 172: Blick über die Nidda, auf dem Wehr stehend.

Abb. 173: Großes Mädesüß (*Filipendula ulmaria*).

im Wasser halten sich häufig Höcker-Schwäne (*Cygnus olor*) und Stock-Enten (*Anas platyrhynchos*) auf.

Kurz vor dem Wehr trifft man auf einen Schilf-Bestand (*Phragmites australis*), begleitet von einigen Baldrian-Pflanzen (*Valeriana* spec). Links des Weges befindet sich ein Rastplatz am Grill'schen Altarm. Der Weg führt über das Wehr (Abb. 172), danach weiter links an der Nidda entlang. Am Wasser blüht im Sommer Echtes Mädesüß (*Filipendula ulmaria*) mit creme-weißen, stark duftenden Blüten (Abb. 173). Die Mädesüßblüten lassen sich in der Küche ähnlich wie Holunderblüten zum Aromatisieren von Süß- und Fruchtspeisen sowie Getränken verwenden.

Entlang des Ufers dominieren ruderale Arten wie Große Brennnessel (*Urtica dioica*), Gewöhnliches Klebkraut (*Galium aparine*), Krause Distel (*Carduus crispus*, Abb. 174), Weiße Lichtnelke (*Silene latifolia* subsp. *alba*) und Wiesen-Storchschnabel (*Geranium pratense*). Der Name „Storchschnabel" bezieht sich auf die Form der Früchte. Diese Spaltfrüchte (Abb. 175) zerfallen in fünf Fruchtfächer, die jeweils einen durch den Griffel schnabelartig verlängerten Fortsatz besitzen. Zum Zeitpunkt der Fruchtreife lösen sich Teile der Fruchtfächer ruckartig von der Mittelsäule und schleudern die Samen heraus. Durch diesen Schleudermechanismus können die Samen bis zu 2,5 m weit verbreitet werden.

Außerdem wachsen hier am Ufer einzelne Bäume, z. B. ein großes Exemplar der Silber-Weide (*Salix alba*). In Wassernähe sieht man im Sommer blühenden Baldrian, Blut-Weiderich sowie Rohr-Glanzgras (*Phalaris arundinacea*, Abb. 176), und am Ufer kann man die Blauflügelige Prachtlibelle (*Calopteryx virgo*) beobachten.

Rechts des Weges wachsen Armenische Brombeere (*Rubus armeniacus*) und Walnuss (*Juglans regia*). Diese Brombeer-Art ist ein eingebürgerter Neophyt, der ursprünglich aus dem Kaukasus kommt. Wegen ihrer schmackhaften Früchte wurde sie als Gartenpflanze

Abb. 174: Krause Distel (*Carduus crispus*).

Abb. 175: Früchte des Wiesen-Storchschnabels (*Geranium pratense*).

Abb. 176: Rohr-Glanzgras (*Phalaris arundinacea*) am Nidda-Ufer.

eingeführt. Verwildert kann die Pflanze ausgedehnte, undurchdringliche Bestände bilden. In Frankfurt ist sie heute mit Abstand die häufigste Brombeere. Dies trifft vor allem im Offenland zu, weil die Art im Gegensatz zu vielen einheimischen Brombeeren volle Sonne vertragen kann. Die Armenische Brombeere ist überall im Stadtgebiet anzutreffen, insbesondere auf Brachflächen und Bahndämmen. Als anspruchslose, konkurrenzstarke Art kann sie problematisch werden, wenn sie in bedrohte Lebensräume vordringt, z. B. an der Schwanheimer Düne. Aus diesem Grund wird sie lokal bekämpft (Bönsel et al. 2009).

Kurz vor der Brücke, die über die Nidda führt, steht eine Flatter-Ulme (*Ulmus laevis*), erkennbar an ihren asymmetrischen Blättern. Direkt nachdem man an der Brücke vorbeigegangen ist, befindet sich auf der rechten Seite der Altarm „Holler". Auch dieser ist unterirdisch mit einem Rohr an die Nidda angebunden. Er erhält zusätzlich Wasser aus einem aus nordöstlicher Richtung einmündenden Graben. Der „Holler" wurde nach Johann Holler benannt, der das Gelände nach dem Zweiten Weltkrieg gepachtet hatte und eine Nutria-Farm betrieb. Das Gewässer ist nur 0,34 ha groß. Außergewöhnlich ist, dass im Uferbereich, inmitten von anderen Gehölzen, vier Schwarz-Pappeln (*Populus nigra*) stehen. Dieser Baum kann über 30 m hoch werden und ist vor allem an den ausgeprägten, horizontalen Korkwülsten, vielen Wasserreisern und Maserknollen zu erkennen, die am Stamm gebildet werden und bei älteren Exemplaren mitunter bizarre Stammformen hervorrufen (Abb. 177). In Hessen ist die Schwarz-Pappel vor allem durch die Vernichtung der natürlichen Lebensräume sowie durch die Einkreuzung von Hybridpappeln (*Populus ×canadensis*) gefährdet (Rote Liste Hessen 3). Früher war diese Baumart an Gewässerufern häufig. Heute sind in Frankfurt, durch genetische Untersuchungen gesichert, nur die vier Bäume an diesem Nidda-Altarm bekannt.

Im dichten, auwaldartigen Ufergehölz des „Hollers" nisten außerdem Nachtigall (*Luscinia megarhynchos*) und Pirol (*Oriolus oriolus*).

Der Weg folgt weiter dem Ufer der Nidda. Dieses ist auf dem nächsten Abschnitt mit einem größeren Bestand des Schilfs (*Phragmites australis*) bewachsen. Anschließend führt die Route nach rechts auf den Feldweg neben dem nächsten Altarm, dem Kollmann-Weiher. Er ist etwa 0,7 ha groß und vermutlich durch Auskiesung einer alten Niddaschlinge entstanden. Der Weg führt an Brombeergebüschen vorbei, die im Spätsommer zum Essen der Früchte einladen, sowie direkt am Kollmann-Weiher an Kirsch-Pflaumen (*Prunus cerasifera*), deren Früchte von Juni bis August reif werden. Diese Pflanze stammt ursprünglich aus dem Balkan sowie Klein- bis Mittelasien und wird bei uns einerseits als Pfropfunterlage für Zwetschgen und, vor allem in einer Form mit rotüberlaufenen Blättern und rosafarbenen Blüten, als Zierbaum verwendet. Die säuerlichen Früchte können roh oder als Marmelade gegessen werden. Am Kollmann-Weiher können zahlreiche Libellenarten beobachtet werden. Dagegen ist sein Uferbereich als Brutplatz für Wasservögel eher schlechter geeignet. Dennoch sind auch hier regelmäßig Stock-Enten und andere Wasservögel anzutreffen (Abb. 178).

Abb. 177: Schwarz-Pappel (*Populus nigra*) am „Holler".

Am Ufer stehen mannshohe Schilfbestände sowie eine große Eiche. Der Weg führt weiter an Feldern vorbei bis zu einer Weggabelung. Dort wird der linke Weg gewählt, der an einem Garten entlangführt. Direkt nach dem Garten wächst Riesen-Bärenklau (*Heracleum mantegazzianum*, Abb. 179). Der eingebürgerte Neophyt wurde im 19. Jahrhundert aus dem Kaukasus als Bienenweide und Zierpflanze nach Mitteleuropa eingeführt. Die bis zu 5 m hohe Pflanze ist gut an ihren riesigen, tief gefiederten und grob gezähnten Blättern sowie an ihren charakteristischen weißen Blütendolden zu erkennen, die bis zu 50 cm Durchmesser erreichen. Der Riesen-Bärenklau enthält einen phototoxischen Pflanzensaft, der bei Belichtung mit Sonnenlicht auf der Haut Verbrennungen hervorruft.

Der Weg führt nun an Feldern vorbei. In deren Saum sind Wiesen-Platterbse (*Lathyrus pratensis*), Rainfarn (*Tanacetum vulgare*), Ausdauernder Lolch (*Lolium perenne*), Schweden-Klee (*Trifolium hybridum*), Rot-Klee (*Trifolium pratense*) und Gewöhnliche Schafgarbe (*Achillea millefolium*) zu finden. Schließlich wird eine Renaturierungsfläche im Sossenheimer Unterfeld (Abb. 180) erreicht, die Sossenheimer Flutmulde.

Abb. 178: Stock-Enten (*Anas platyrhynchos*) am Kollmann-Weiher.

Die Flutmulde wurde 2009 angelegt, um bei Hochwasser des Mains rückstauendes Wasser der Nidda aufzufangen. Im Zuge dieser Maßnahme wurde ein Teil des Dottenfeldgrabens naturnah ausgebaut, so dass dieser nun mäandrierend zur Nidda fließt. Um den ehemaligen Mündungstunnel wurde eine erhöhte Fläche als Insel erhalten, während der restliche Bereich fast bis auf das Niveau der Nidda vertieft ist. In den vergangenen Jahren wurden Schwarz-Erlen (*Alnus glutinosa*) sowie Gelbe Schwertlilien (*Iris pseudacorus*) am Ufer des kleinen Baches gepflanzt. Dort findet man außerdem Gewöhnliche Brunnenkresse (*Nasturtium officinale*), Blut-Weiderich, Sumpf-Hornklee (*Lotus pedunculatus*) sowie den seltenen Knotenblütigen Sellerie (*Helosciadium nodiflorum*), der bei uns gefährdet ist (Rote Liste Hessen 3).

Die umgebenden Wiesen sind artenreich, wobei durch Ansaaten nachgeholfen wurde. Dort wachsen beispielsweise Wiesen-Kammgras (*Cynosurus cristatus*), Rasen-Schmiele (*Deschampsia cespitosa*), Gewöhnliches Johanniskraut (*Hypericum perforatum*), Moschus-Malve (*Malva moschata*, Abb. 181) sowie die Neophyten Futter-Esparsette (*Onobrychis*

Abb. 179: Riesen-Bärenklau (*Heracleum mantegazzianum*).

viciifolia, Abb. 182) und Breitblättrige Platterbse (*Lathyrus latifolius*). Während die Breitblättrige Platterbse eine häufige Gartenpflanze ist, mit der vor allem Zäune begrünt werden, ist die Futter-Esparsette eine Art, die regelmäßig an Böschungen angesät wird und durch ihre sehr attraktiven Blütenstände auffällt. Entlang des Weges, der um die Renaturierungsstelle herumführt, wurden außerdem säulenförmige Hainbuchen (*Carpinus betulus*) gepflanzt.

Mit der nächsten Brücke ist der Wendepunkt des Spaziergangs erreicht. Die Brücke wird überquert und die Route folgt weiter dem Fuß- und Radweg nach links an der Nidda entlang. Gegenüber der Brücke liegt ein weiterer Altarmrest der Nidda, der zu zwei durch einen schmalen Damm getrennten Fischteichen umgestaltet wurde, die heute als „Behälter" und „Rondell" bezeichnet werden. In ihrer heutigen Form haben sie nur wenig Ähnlichkeit mit der Flussschlinge, die sich hier noch Ende der 1920er Jahre entlangzog. Die

Abb. 180: Sossenheimer Flutmulde.

Gewässer weisen einen hohen Fischbesatz und, damit verbunden, erhöhte Nährstoffgehalte auf. Dies wirkt sich negativ auf die Wasserpflanzenflora aus. Lediglich ein Eutrophierungszeiger, das Ährige Tausendblatt (*Myriophyllum spicatum*), wurde hier gefunden.

An der Nidda befindet sich direkt neben der Brücke im unteren Uferbereich ein größerer Bestand des Indischen Springkrauts (*Impatiens glandulifera*). Dieser Neophyt, der ursprünglich aus dem Himalaya und Ostindien stammt, wurde erstmals 1976 in Frankfurt dokumentiert (Bönsel et al. 2009) und bildet heute an fast allen Gewässern im Stadtgebiet Massenbestände aus. Die rosafarbenen Blüten sind reich an stark zuckerhaltigem Nektar, der sie sehr attraktiv für Bienen und Hummeln macht. Die Samen werden entweder über einen Schleudermechanismus bis zu 7 m weit oder mit fließendem Wasser über große Strecken verbreitet.

Von dieser Seite kann man noch einmal einen Blick auf die Sossenheimer Flutmulde werfen (Abb. 183).

Auf dieser Seite der Nidda wird die Ufervegetation zunächst von Großer Brennnessel (*Urtica dioica*) und Rüben-Kälberkropf (*Chaerophyllum bulbosum*) dominiert. Durch die Uferpflanzen kann man im Flachwasser Gewöhnliches Pfeilkraut (*Sagittaria sagittifolia*) erkennen, dessen Name sich auf die über das Wasser hinausragenden, pfeilförmigen Blätter bezieht. Zwischen Juni und August bringt das Pfeilkraut in quirligen Trauben angeordnete, weibliche und männliche Blüten hervor, die am Grund der weißen Kronblätter einen purpurfarbenen Fleck aufweisen.

Nachdem „Behälter" und „Rondell" passiert wurden, kann man vom Weg aus auf

Abb. 181: Moschus-Malve (*Malva moschata*).

Abb. 182: Futter-Esparsette (*Onobrychis viciifolia*).

der rechten Seite die denkmalgeschützte Eisenbahnsiedlung erkennen. Sie wurde zwischen 1918 und 1930 für die Arbeiter des Königlich Preußischen Dampflokomotiven-Ausbesserungswerks in Nied gebaut.

Weiterhin sieht man in einigen Metern Entfernung den Altarm „Wiesengraben". Mit einer Fläche von nur 0,27 ha ist er der kleinste Altarm der Nidda im Gebiet. Er ist zwar nicht mit der Nidda, über Rohre aber mit den Altarmen westlich und östlich verbunden. Da weder der Nidda-Uferweg noch der weiter südlich verlaufende Feldweg direkt an die Ufer heranreichen, ist dieses Gewässer verhältnismäßig ungestört. Die Uferbereiche sind schmal und von Röhricht- und Großseggenbeständen gesäumt. Mit insgesamt 14 Libellenarten ist das Gewässer vergleichsweise artenreich. Als Besonderheit wurde hier der Spitzenfleck (*Libellula fulva*) beobachtet, eine im Frankfurter Raum

Abb. 183: Sossenheimer Flutmulde von der anderen Uferseite der Nidda gesehen.

Abb. 184: Großer Algenfarn (*Azolla filiculoides*) auf dem „Kellerseck".

Abb. 185: Der Niederwald ist ein Laubmischwald mit Stiel-Eichen (*Querus robur*) und weiteren Arten.

bislang seltene Art, die in den letzten Jahren offenbar von den günstigen Klimabedingungen profitiert. Auch verschiedene Wasservögel brüten hier, ebenso wie Dorngrasmücke (*Sylvia communis*) und Rohrammer (*Emberiza schoeniclus*).

Das „Kellerseck" ist der nächste Altarm, an dem der Weg vorbeiführt. Er wird von einem Verein genutzt. Im Jahre 2012 kam es auf diesem Gewässer zu einer Massenvermehrung des Großen Algenfarns (*Azolla filiculoides*, Abb. 184). Hinter der Insel, die für die Öffentlichkeit gesperrt ist, ist es möglich, einen Blick auf den kleinen Verbindungsbach zwischen dem im Niedwald gelegenen Altarm „Waldspitze" und dem „Kellerseck" zu werfen.

Abb. 186: Blick auf den „Grill'schen Altarm" im Niedwald.

Hier wachsen direkt am Ufer verschiedene alte Bäume, die mit ihren Wurzeln bis in das Wasser reichen.

Rechter Hand ist der Weg nun von Gebüschen der Armenischen Brombeere gesäumt und Bänke laden zu einer kurzen Rast ein. Am Nidda-Ufer wurden hier im oberen Ufer-Bereich junge Schwarz-Erlen gepflanzt. An der nächsten Brücke über den Fluss biegt unsere Route nach rechts in den Niedwald ab. Der Niedwald ist ein Laubmischwald aus Eichen (*Quercus robur*, Abb. 185, *Quercus petraea*), Hainbuche (*Carpinus betulus*) und Buche (*Fagus sylvatica*). Der Pfad folgt halblinks dem Ufer entlang des „Grill'schen Altarms" (Abb. 186).

Im Altarm wächst die Gelbe Teichrose (*Nuphar lutea*) in größeren Beständen. Weiterhin können hier, wie auch an anderen Teilen der Nidda, Nilgänse (*Alopochen aegyptiacus*) und Kanadagänse (*Branta canadensis*) sowie Teichralle (*Gallinula chloropus*) und Blässhuhn (*Fulica atra*) beobachtet werden. Im Frühjahr wird der Niedwald vom Knoblauchgeruch des dort fast überall wachsenden Bär-Lauchs (*Allium ursinum*, Abb. 187) erfüllt. Die Blätter des Bär-Lauchs kann man – am besten im April und Mai, vor der Blüte –, ernten und für würzige Gerichte und Pesto verwenden. Dabei sollte man jedoch verantwortungsvoll vorgehen, so wenig wie möglich zertreten und niemals alle Blätter einer Pflanze sammeln. Jedoch Vorsicht: es besteht eine gewisse Verwechslungsgefahr mit dem giftigen Maiglöckchen (*Convallaria majalis*). Dessen Blätter sind allerdings meist etwas derber als die des Bär-Lauchs und oft etwas bläulich-grün, vor allem fehlt dem Maiglöckchen aber jeglicher Knoblauchgeruch.

Zuletzt führt der Weg zurück zum Wohngebiet. Er mündet in einen Fußweg zwischen Häusern, welcher schließlich auf die Straße „Am Neufeld" stößt. Nun sind es nur noch wenige Meter nach rechts, bis zur Oeserstraße und der Bushaltestellt Neufeld, dem Start und Ziel dieses Spaziergangs.

Abb. 187: Bär-Lauch (*Allium ursinum*) im Niedwald.

DIE WÖRTHSPITZE –
WO NIDDA UND MAIN SICH VEREINEN

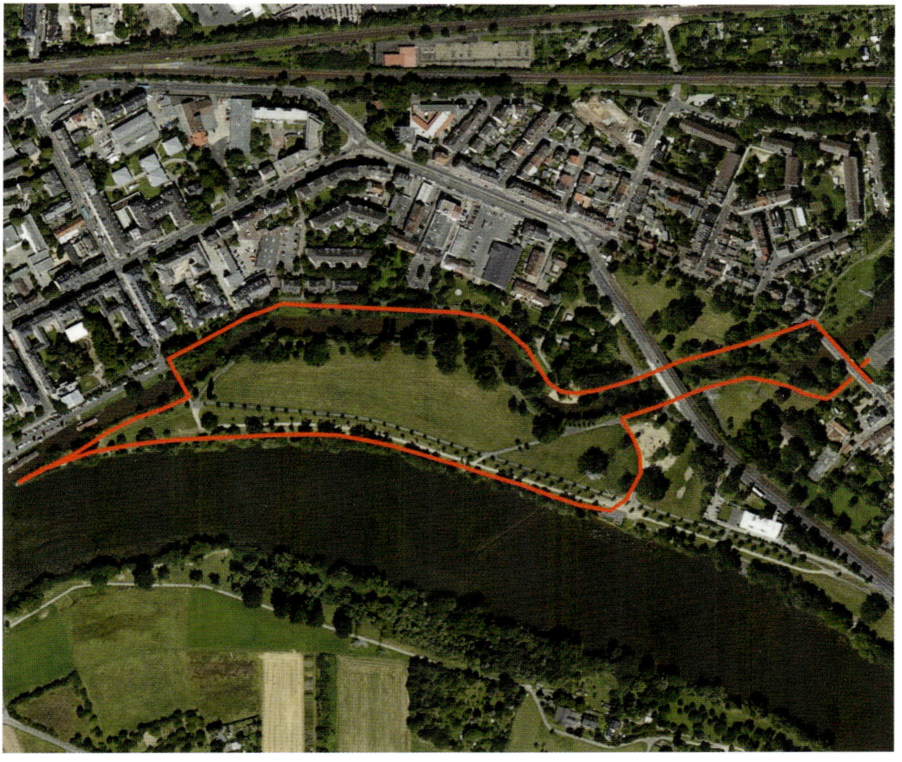

Abb. 188: Route von Spaziergang 3 (rot).

START- UND ENDPUNKT: Festplatz an der Niedbrücke (die Haltestelle „Nied Brücke" wird von mehreren Buslinien angefahren)
BESTE ZEIT: Sommer bis Herbst
DAUER: 2–3 Stunden

Der Spaziergang beginnt auf dem Festplatz an der Niedbrücke (Abb. 188). Hier befand sich 2014 erstmals ein Storchennest auf einem Strommast. Weißstörche (*Ciconia ciconia*) hatten den Menschen über viele Jahrhunderte begleitet. Im Zuge der Industrialisierung waren sie selten geworden, doch in den letzten 30 Jahren sind die Bestände weltweit wieder angestiegen. 2012 zählte man in Hessen 300 Brutpaare, in Frankfurt werden seit einigen Jahren regelmäßig Störche beobachtet (Stadt Frankfurt am Main 2014).

Abb. 189: Große Esche (*Fraxinus excelsior*) am Rand des Festplatzes.

Noch auf dem Festplatz sind am Nidda-Ufer große (Abb. 189) und kleine Eschen (*Fraxinus excelsior*) zu sehen. Mit bis zu 40 m Höhe gehören die Eschen zu den höchsten Bäumen Europas. Dabei liefern sie ein wertvolles hartes, aber auch biegsames Holz, das insbesondere für Werkzeugstiele und Sportgeräte benutzt wird.

Das Ufer der Nidda ist wie fast überall entlang des Flusses im Stadtgebiet sehr steil. Der Einfluss des Wassers lässt sehr schnell nach, nur im unteren Bereich sind typische Uferpflanzen wie der Gewöhnliche Gilbweiderich (*Lysimachia vulgaris*, Abb. 190) zu finden. Im oberen Bereich des Ufers entspricht die Artenzusammensetzung eher der einer Ruderalfläche, wie man sie auch anderswo im Stadtgebiet sehen kann. Auffällige hohe Gräser sind der Glatthafer (*Arrhenaterum elatius*) und das Wiesen-Knäuelgras (*Dactylis glomerata*). Die Große Brennnessel (*Urtica dioica*) wird wohl jeder leicht erkennen. Zwischen den Brennnesseln wachsen Einjähriges Berufkraut (*Erigeron annuus*) und Kanadische Goldrute (*Solidago canadensis*), die beide aus Nordamerika stammen; die Goldrute wird auch immer noch als Zierpflanze verwendet. Wegen seiner Größe fällt der Rüben-Kälberkropf (*Chaerophyllum bulbosum*) auf. Man erkennt den Doldenblütler daran, dass der unterste Stängelabschnitt borstig behaart ist. Darüber ist der Stängel kahl, oben bereift und unter den Knoten verdickt, außerdem ist er häufig rot gefleckt. Die knollige Wurzel wurde früher gegessen. Davon ist jedoch abzuraten, da die Pflanze mit anderen Arten, unter anderem mit dem ebenfalls in Frankfurt vorkommenden, sehr giftigen Gefleckten Schierling (*Conium maculatum*) verwechselt werden kann.

Am oberen Rand der Uferböschung findet sich die Stinkende Schwarznessel (*Ballota nigra* subsp. *meridionalis*). Im Unterwuchs kriecht die

Abb. 190: Gewöhnlicher Gilbweiderich (*Lysimachia vulgaris*).

Abb. 191: Das Gänse-Fingerkraut (*Potentilla anserina*).

Gundelrebe (*Glechoma hederacea*) mit ihren rundlichen Blättern und den violetten Blüten. Inmitten dieser Staudenflur sind Ranken des Hopfens (*Humulus lupulus*) zu finden. Auch die Armenische Brombeere (*Rubus armeniacus*) gedeiht in diesem Uferabschnitt, ebenso wie junge Berg-Ahorne (*Acer pseudoplatanus*).

Der Spaziergang folgt nun nicht dem Hauptweg, sondern verlässt den Festplatz in Ufernähe in Richtung Brücke. Im Scherrasen kurz vor der Brücke fällt eine Pflanze mit leicht silbrigen, gefiederten Blättern auf, die dort in großer Zahl wächst. Es ist das Gänse-Fingerkraut (*Potentilla anserina*, Abb. 191), eine verbreitete Pflanze auf nährstoffreichen, oft verdichteten und feuchten Böden. Seinen Namen trägt es, weil es auch auf Gänseweiden gut gedeihen kann.

Die Niedbrücke wird nun in Ufernähe passiert. Wenn man sich anschließend nach rechts umdreht, kann man an der Brücke die Hochwassermarken aus den Jahren 1909 und 1995 erkennen (Abb. 192). Außerdem fällt auf, dass anspruchslose Gehölze wie Berg-Ahorn und Robinie (*Robinia pseudoacacia*) sogar auf den Brückenpfeilern wachsen (Abb. 193).

Vom Ufer aus fällt der Blick auf die Kiesbank am gegenüberliegenden Ufer. Diese wird regelmäßig von vielen Wasservögeln, z. B. verschiedenen Enten-Arten, aufgesucht, aber auch von Singvögeln wie der Bachstelze (*Motacilla alba*), die auf der Kiesbank nach Nahrung sucht. Andererseits wird diese Kiesbank aber auch von vielen Hundebesitzern dazu genutzt, ihren Vierbeinern einen einfachen Zugang zum Wasser zu ermöglichen.

Der Spaziergang folgt weiter dem Uferverlauf. Nur wenige Meter nach der Brücke befindet sich eine kleine Insel in der Nidda. Sie hat ein steiles Ufer, das mit aufgeschütteten Steinen gesichert ist, und ist von Gehölzen und Hochstauden bewachsen. Unter Große

Abb. 192: Hochwassermarken an der Niedbrücke.

Abb. 193: Anspruchslose Gehölze gedeihen sogar auf den Brückenpfeilern.

Brennnessel und Rüben-Kälberkropf mischt sich hier vor allem das Indische Springkraut (*Impatiens glandulifera*) mit seinen auffälligen pinkfarbenen Blüten. In der Umgebung der Insel kann man mit etwas Glück auch einen tierischen Neueinwanderer beobachten, die Nutria (*Myocastor coypus*, Abb. 194). Die ursprünglich aus Südamerika stammenden Tiere fühlen sich an der Nidda inzwischen sehr wohl. Viele von ihnen haben sich an die Menschen gewöhnt und manche lassen sich sogar von Spaziergängern füttern.

Der Spaziergang folgt nun dem Weg durch die Grünanlage, vorbei an einer großen Robinie, einer Esche und einer Silber-Weide (*Salix alba*). Im Wasser ist die Gelbe Teichrose (*Nuphar lutea*), eine geschützte Pflanzenart, zu sehen. Diese verfügt über zwei unterschiedliche Blatttypen. Die Blätter können entweder nierenförmig sein und auf der Wasseroberfläche aufliegen oder sie sind untergetaucht, stark gewellt und erinnern an Rhabarber.

Abb. 194: Nutria (*Myocastor coypus*) an der Nidda.

Abb. 195: Kratzbeere (*Rubus caesius*).

Das Ufer wird von jungen Gehölzen dominiert: Berg-, Feld- und Spitz-Ahorn (*Acer pseudoplatanus*, *Acer campestre*, *Acer platanoides*), Walnuss (*Juglans regia*), Balsam-Pappel (*Populus balsamifera* agg.) und Schwarz-Erle (*Alnus glutinosa*) wachsen hier. Dazwischen gedeihen Kratzbeere (*Rubus caesius*, Abb. 195) sowie die aromatischen Kräuter Echter Beifuß (*Artemisia vulgaris*) und Rainfarn (*Tanacetum vulgare*). Die Früchte der Kratzbeere werden in einigen Regionen, z. B. in Norddeutschland, genutzt und zu Marmelade oder Likör verarbeitet. Geschmacklich sind sie allerdings viel weniger intensiv als die der inzwischen im Stadtgebiet weit verbreiteten Armenischen Brombeere.

Der Weg erreicht nun die nächste Brücke. Nach der Brücke wird der Uferbereich vom Indischen Springkraut dominiert. Auf der linken Seite gibt es einen Kinderspielsplatz und den Fußweg zur Bushaltestelle „Tillystraße". Nach dem Spielplatz kommt eine Abzweigung. Die

Abb. 196: Eine Allee aus jungen Walnuss-Bäumen (*Juglans regia*) parallel zum Main-Ufer.

Abb. 197: Kanadagänse (*Branta canadensis*) sind häufig im Flachwasserbereich unterhalb des Ausgucks zu beobachten.

Spaziergangsroute folgt hier dem nach links abzweigenden Weg und verlässt damit das Nidda-Ufer in Richtung Main.

Im Park fallen die großen freistehenden Bäume auf. Überwiegend handelt es sich dabei um die Stiel-Eiche (*Quercus robur*), eine für Frankfurt typische Baumart, deren größte und bemerkenswerteste Exemplare die „Schwanheimer Alteichen" am Waldrand in der Nähe des Stadtteils Schwanheim sind.

Der Weg trifft auf eine erst in jüngerer Zeit angelegte Allee aus jungen Walnuss-Bäumen, die parallel zum Main verläuft (Abb. 196). Dahinter liegt ein alter, gemauerter Ausguck, von dem aus man den Blick auf das Höchster Schloss genießen kann. Dieses besteht heute aus dem Alten und dem Neuen Schloss. Der ältere Teil wurde zwischen dem 14. und dem 16. Jahrhundert erbaut, der jüngere Teil im ausgehenden 16. Jahrhundert. Bekannt ist die ehemalige Residenz der Beamten des Mainzer Erzbistums auch durch das jährlich stattfindende Höchster Schlossfest.

In der anderen Richtung kann man die imposante Schwanheimer St.-Mauritius-Kirche sehen. Sie wird auch als „Dom des Maingaus" bezeichnet.

Auf dem Main sorgen die vorbeiziehenden Schiffe der Berufsschifffahrt immer wieder für Wellen. Im flachen Wasser unterhalb des Ausgucks tummeln sich häufig verschiedene Wasservögel. Darunter sind auch eingewanderte Arten wie Nilgänse (*Alopochen aegyptiacus*) und Kanadagänse (*Branta canadensis*, Abb. 197). Außerdem kann man im Flachwasser Schwärme verschiedener Fische entdecken.

Interessant ist es, den Ausguck selbst einmal näher zu betrachten. In den Fugen des Kopfsteinpflasters hat sich allerlei angesiedelt, z. B. der Mäuseschwanz-Federschwingel (*Vulpia myuros*), ein kleines Gras, und die Rote Schuppenmiere (*Spergularia rubra*), ein zartes Nelkengewächs, dessen rosafarbene Kronblätter nur etwa 3 mm lang sind.

In den Fugen der Treppe wächst die Wegwarte (*Cichorium intybus*, Abb. 198). Sie gehört

Abb. 198: Wegwarte (*Cichorium intybus*).

Abb. 199: Schwarzer Holunder (*Sambucus nigra*) ist bei Vögeln sehr beliebt.

zur Familie der Korbblütler (Asteraceae). Was für uns wie eine große hellblaue Blüte aussieht, ist in Wahrheit ein Blütenstand, der sich aus zahlreichen Einzelblüten zusammensetzt. Die Krone jeder Einzelblüte ist zungenförmig ausgezogen, daher der Name Zungenblüten. Im Gegensatz zu Gänseblümchen oder Margeriten, die ebenfalls Korbblütler sind, befinden sich im Inneren des Blütenstandes keine kleinen Röhrenblüten mit röhrenförmiger Krone. Aus der Wegwarte wurden Radicchio und Chicorée gezüchtet, ihre Wurzeln dienten früher der Bereitung von Kaffeeersatz, dem Zichorienkaffee.

Der Weg führt nun weiter entlang des Mainufers in Richtung Höchst und Niddamündung. Nach wenigen Metern sind einige Exemplare der stattlichen Arznei-Engelwurz (*Angelica archangelica*) am Ufer zu entdecken. Kandierte Stängel werden von Konditoren zur Dekoration benutzt und können gegessen werden. Wurzeln und Früchte werden vielseitig verwendet, z. B. in Kräuterlikör, Magenbitter sowie als Heilmittel vor allem gegen Blähungen und leichte Magen-Darm-Krämpfe. Arznei-Engelwurz ist auch Bestandteil eines bestimmten Schnupftabaks. Die Arznei-Engelwurz steht am Ufer zwischen Himbeere (*Rubus idaeus*) und Gewöhnlicher Waldrebe (*Clematis vitalba*). Die Waldrebe ist eine Liane, also eine rankende verholzte Pflanze, und ursprünglich ein Element des Auwaldes. Sie kommt heute aber außerdem auf trockenen Ruderalstellen vor und ist sogar auf Bahndämmen zu beobachten. Besonders interessant sieht die Waldrebe im Winter aus, wenn sich der Reif auf ihren an lange Bärte erinnernden Sammelfrüchten absetzt.

Wenn man nicht den Weg zwischen den gepflanzten Nussbäumen, sondern weiter am Ufer entlanggeht, kann man Mauerreste im Flachwasser erkennen. Am Ufer stehen Rote Johannisbeeren (*Ribes rubrum*), wenn man zur richtigen Zeit (etwa im Juni) vorbeikommt, tragen sie reife Früchte. Die Roten Johannisbeeren sind einheimische Sträucher, die man im Uferbereich vieler Gewässer findet. Die leuchtend roten Früchte sollen eigentlich Vögel anlocken, die die Farbe Rot besonders gut sehen können. Stare und Drosseln fressen die Früchte gern, verdauen aber deren Kerne nicht. Diese werden an anderer Stelle wieder ausgeschieden. Damit wird für die Ausbreitung dieser Pflanzenart gesorgt.

Am Ufer stehen mit Schwarzem Holunder (*Sambucus nigra*, Abb. 199) und verschiedenen Weißdornen (*Crataegus* spp.) weitere gerne von Vögeln aufgesuchte Sträucher. Der Schwarze Holunder ist deshalb so beliebt,

weil seine kleinen Früchte auch von vielen Kleinvögeln gefressen werden, die sonst auf Insektennahrung spezialisiert sind. Die Früchte sind besonders für Zugvögel wichtig. Wie man heute weiß, sind darin sekundäre Inhaltsstoffe enthalten, die das Anlegen von Fettdepots erleichtern (Simons 1993, Bairlein & Simons 1995). Das Fett ist für die Vögel unentbehrlicher Treibstoff auf ihrem Weg in den Süden. Für den Schwarzen Holunder wiederum sind die Vögel Ausbreitungsvektoren: Sie sollen die Holunderbeeren fressen, genau wie die Johannisbeeren, um den Samen unverdaut an anderer Stelle auszuscheiden und so die Art auszubreiten. Um zu verhindern, dass die Kerne selbst gefressen werden, sind diese – auch für den Menschen – leicht giftig. Man sollte Holunderkerne daher besser nicht zerbeißen, dann passieren sie auch unseren Darm unverdaut und ohne Schaden für uns. Die Weißdornfrüchte mit ihren vergleichsweise großen Kernen werden von viel weniger Vogelarten gefressen, z.B. von verschiedenen Drosseln. Die meisten würgen den Kern später wieder aus. Die mehligen Früchte des Weißdorns stecken voller Vitamine und können zu Marmelade verarbeitet werden.

Im Saum des Gehölzstreifens findet sich auch der Giersch (*Aegopodium podagraria*), der bei vielen Gartenbesitzern sehr unbeliebt ist. Grund dafür sind seine unterirdisch kriechenden Sprossachsen, die sogenannten Rhizome, die es fast unmöglich machen, ihn aus dem Garten zu entfernen. Immerhin kann man

Abb. 200: Blick auf Höchst.

Abb. 201: Gewöhnlicher Beifuß (*Artemisia vulgaris*).

die jungen Fiederblätter essen, sie erinnern geschmacklich leicht an Petersilie und können auf vielfältige Weise zubereitet werden.

Nach einigen Weiden (*Salix* spp.) und jungen Nussbäumen wird am Ufer ein frei geschnittener Bereich erreicht. Dort steht eine Bank, die zum Ausruhen mit Blick auf Höchst und die Höchster Fähre einlädt (Abb. 200). Aber auch die Umgebung der Bank hat Interessantes zu bieten, z. B. den aus Nordamerika stammenden Eschen-Ahorn (*Acer negundo*). Im Gegensatz zu den anderen Ahorn-Arten besitzt dieser gefiederte Blätter. Auffällig ist auch die Bereifung der jungen Zweige. Der besonders in den ersten Jahren sehr rasch wachsende Eschen-Ahorn ist gelegentlich als Parkbaum zu finden. Er verwildert in Frankfurt auf Brachflächen, besonders wohl fühlt er sich aber im Uferbereich des Mains.

In der Ufermauer unterhalb der Bank ist eine Besonderheit zu finden: Hier steht Färber-Waid (*Isatis tinctoria*) und fühlt sich offenkundig wohl. Die alte Färbepflanze, die man im Mittelalter auf Feldern anbaute, ist in Frankfurt nur an sehr wenigen Stellen zu finden. Hier am Main-Ufer wird sie aber schon seit Jahren beobachtet. Junge Pflanzen erkennt man an den Rosetten aus ganzrandigen, blaugrünen Blättern mit einer hellen Mittelrippe. Im zweiten Jahr blüht die Pflanze mit zahlreichen kleinen gelben Blüten, allerdings schon früh, meist im April. Den Sommer über kann man jedoch noch die länglichen, schwarz-braunen Früchte an den abgestorbenen Pflanzen hängen sehen. Aus dem Färber-Waid wurde jahrhundertelang in einem aufwändigen Verfahren der blaue Farbstoff Indigo gewonnen. Auf Besonderheiten des Färbeverfahrens, das erst durch eine Reaktion mit dem Luftsauerstoff wirksam wird, gehen bis heute verwendete Ausdrücke in unserer Sprache zurück, z. B. „Blaumachen" oder der „blaue Montag".

Am Rand des sich an den Aussichtsplatz anschließenden Gehölzes kann man sogar eine Orchidee finden. Die Breitblättrige Ständelwurz (*Epipactis helleborine*) ist in den letzten Jahren recht häufig geworden. Wer mit offenen Augen durch die Stadt geht, kann sie an vielen Stellen unter Hecken oder an Säumen entdecken. Wie alle Orchideen produziert sie winzige Samen ohne Nährgewebe, so dass junge Pflanzen nur gedeihen können, wenn sie im Boden einen bestimmten Pilz als Partner vorfinden. Die Ständelwurz wächst an dieser Stelle zusammen mit dem Efeu (*Hedera helix*) und der Kronwicke (*Coronilla varia*). Die Kronwicke trägt ihren Namen aufgrund der kreisförmigen Anordnung ihrer Blüten und der daraus entstehenden Hülsenfrüchte.

Es geht weiter mit dem Eschen- und dem Feld-Ahorn (*Acer campestre*), zu diesen gesellen sich verschiedene Ruderalpflanzen wie

Abb. 202: Wasserdost (*Eupatorium cannabinum*).

Rainfarn (*Tanacetum vulgare*), Kanadische Goldrute (*Solidago canadensis*), Gewöhnlicher Beifuß (*Artemisia vulgaris*, Abb. 201) und Spitz-Wegerich (*Plantago lanceolata*). Als Gehölze treten die Silber-Weide (*Salix alba*) und die Kanadische Pappel (*Populus ×canadensis*) hinzu. Am Ufer ist schließlich ein Bestand des Schwarzfrüchtigen Zweizahns (*Bidens frondosa*) zu entdecken.

Im weiteren Verlauf stößt man auf heimische Uferpflanzen wie den Wasserdost (*Eupatorium cannabinum*, Abb. 202) und den Ufer-Wolfstrapp (*Lycopus europaeus*), aber auch auf aus Nordamerika stammende Astern (*Symphyotrichum* spp.), die aus Gärten verwildert sind und sich heute an den Ufern von Main und Nidda wohlfühlen. Eine weitere Ahornart aus Nordamerika ist im Uferbereich zu finden, der Silber-Ahorn (*Acer saccharinum*). Am gegenüberliegenden Schwanheimer Ufer ist die Art schon seit vielen Jahren bekannt (Abb. 203). Besonders auffällig sind die Bäume im Herbst, wenn sich die Blätter leuchtend rot verfärben.

Der Hauptweg knickt nun nach rechts ab, doch der Spaziergang führt weiter geradeaus, der Uferlinie folgend. Am Ufer ist ein weiteres nichteinheimisches, aber in Frankfurt sehr vertrautes Gehölz zu finden: die Platane (*Platanus ×hybrida*). Platanen gehören zu den ältesten bezeugten Stadtbäumen, die schon im antiken Griechenland Verwendung gefunden haben sollen. In Frankfurt kennt man sie vor allem von der Zeil oder auch von der Siesmayerstraße, wo vor dem Palmengarten besonders stattliche Exemplare zu finden sind. Bei den heute gepflanzten Bäumen handelt es sich um eine Hybride der altbekannten Art aus dem Mittelmeergebiet mit einer Art aus Amerika. Verwilderte Exemplare sind oft auf Brachflächen anzutreffen. Am wohlsten fühlen sie sich aber in dem Lebensraum, aus dem auch ihre Vorfahren stammen, den Flussufern. Insbesondere am Main sind, wie hier an der Wörthspitze, verwilderte Exemplare zu finden. Zu ihnen gesellen sich mit der Silber-Weide und der

Abb. 203: Silber-Ahorn (*Acer saccharinum*) mit Herbstfärbung.

Abb. 204: Diese gemütliche Ecke am Mainufer wird von Wasservögeln und Besuchern gleichermaßen gerne aufgesucht.

Schwarz-Erle auch einheimische Ufergehölze. Zwischen den Gehölzen gibt es auch immer Zugänge zum Main (Abb. 204).

In der Nähe einer beeindruckenden, gepflanzten Kanadischen Pappel liegt ein beliebter Platz zum Feiern. Bei den Farbtupfern auf der Wiese an diesem eigentlich sehr gemütlichen Ort handelt es sich daher leider meist um zurückgelassenen Müll, während am Ufer der Blut-Weiderich (*Lythrum salicaria*) mit seinen purpurnen Blüten für Farbe sorgt. Bei genauem Hinsehen erkennt man, dass sich auf dem Blut-Weiderich ein Schmarotzer eingerichtet hat (Abb. 205). Es ist eine sogenannte „Seide" (Nessel-Seide, *Cuscuta europaea*), auch „Teufelszwirn" genannt. Die Seiden sind Pflanzen, die auf grüne Blätter und überhaupt auf die durch Chlorophyll hervorgerufene grüne Farbe verzichten, mit der andere Pflanzen Photosynthese betreiben und sich selbst ernähren. Bei Kontakt mit einer Wirtspflanze bilden die Seiden Saugorgane, die sogenannten Haustorien aus, mit denen es ihnen gelingt, dem Wirt Wasser und Assimilate zu entziehen. Hauptwirt ist die Große Brennnessel (*Urtica dioica*).

Abb. 205: Die Nessel-Seide (*Cuscuta europaea*) ist ein Schmarotzer.

Abb. 207: Nilgans (*Alopochen aegyptiacus*) an der Wörthspitze.

Der Trampelpfad führt nun weiter auf die immer schmaler werdende Wörthspitze. Er wird gesäumt von Bastard-Luzerne (*Medicago ×varia*, Abb. 206). Bei der Bastard-Luzerne handelt es sich um eine Hybride aus einer Art mit gelben Blüten und halbmondförmigen Früchten (*Medicago falcata*) mit einer Art mit dunkelvioletten Blüten und dreifach aufgerollten Früchten (*Medicago sativa*). Die Pflanzen entlang des Pfades zeigen viele Farbvariationen und unterschiedlich stark aufgewickelte Hülsenfrüchte.

Abb. 206: Bastard-Luzerne (*Medicago* ×*varia*) auf der Wörthspitze.

Auf der rechten Seite ragt nun jenseits der Nidda der beeindruckende Bolongaro-Palast mit seinem goldenen Adler auf dem Dach auf. Die Bolongaros waren aus Italien stammende Kaufleute und Tabakfabrikanten des 18. Jahrhunderts, die zu Reichtum gekommen waren und gerne Frankfurter Bürger werden wollten. Dies wurde ihnen jedoch aufgrund ihrer Konfession verwehrt (sie waren katholisch, die freie Reichsstadt Frankfurt lutherisch). Daraufhin ließen sie sich im katholischen Höchst nieder und erbauten dort ihren Palast (Wikipedia 2014). Dieser dient heute u. a. als Standesamt.

Auf der Nidda liegen mehrere Hausboote fest verankert. Eines davon kann man sogar

besuchen, denn es ist ein Hotel- und Restaurantschiff. Die Wörthspitze ist ein beliebter Rastplatz für Wasservögel, insbesondere die Nilgänse (Abb. 207), wovon die vielen auf dem Boden liegenden Federn zeugen.

An der Spitze der Wörthspitze hat man nun freien Blick auf die Uferpromenade von Höchst, die Höchster Fähre, aber auch auf die Leuna-Brücke und den Industriepark Höchst (Abb. 208). Wenn man sich satt gesehen hat, kann man umdrehen und zurückgehen, dieses Mal jedoch dem Ufer der Nidda folgend. In der Nidda sind hier zahlreiche gelbe Teichrosen zu sehen. Am Ufer erneut der Wasserdost und die Kanadische Goldrute, aber auch die Wehrlose Trespe (*Bromus inermis*). Dieses Gras trägt seinen ungewöhnlichen Namen, weil es im Gegensatz zu den anderen Vertretern seiner Gattung nicht oder höchstens über sehr kurze Grannen an seinen Deckspelzen verfügt. Es ist außerdem dafür bekannt, dass es sowohl Überschwemmungen als auch Trockenzeiten gut überstehen kann.

Beim Gehen ist wegen der vielen Hinterlassenschaften der Gänse in diesem Bereich Vorsicht geboten! Auf der Nidda tummeln sich in diesem Abschnitt häufig die majestätischen Höcker-Schwäne (*Cygnus olor*, Abb. 209).

Abb. 208: Blick von der Wörthspitze auf den Main.

Abb. 209: Höcker-Schwan (*Cygnus olor*) auf der Nidda nahe der Wörthspitze.

Schräg am Ufer steht eine große, beeindruckende Esche. Noch einmal hat man freie Sicht auf den Bolongaro-Palast, dann wird der Blick auch schon von einer großen Trauerweide angezogen, deren Zweige bis zum Boden hängen. Der Stamm ist mit Efeu bewachsen.

Gleich hinter der Weide führt nach links eine Fußgängerbrücke über die Nidda. Von der Brücke aus überblickt man die Kanustrecke in der Nidda mit ihren Toren und kann Sportler beim Training beobachten. Direkt an der Brücke steht ein großer Eschen-Ahorn, den Hintergrund bilden ein dichter Bestand aus Robinien und eine riesige Platane.

Der Weg führt anschließend rechtsherum, an den Platanen vorbei. Die Gehölze versperren vorerst den Blick auf die Nidda. Am Weg wachsen Schwarzer Holunder und Robinien mit Efeu und Giersch (Abb. 210), eine große Rosskastanie (*Aesculus hippocastanum*) und Schneebeeren (*Symphoricarpos albus*). Zwischen den Gehölzen tauchen erste Vertreter der Staudenknöteriche auf. Es ist hier zunächst vor allem der Japanische Staudenknöterich (*Fallopia japonica*), der mit seiner Höhe von bis zu 3 m und bis zu 15 cm langen Blättern der kleinste und zierlichste der drei bei uns vorkommenden Staudenknöteriche ist. Am Ende des Gehölzes schließt sich ein dichter und hoher Bestand des Bastard-Staudenknöterichs (*Fallopia* x*bohemica*) an. Diese Hybride ist in Europa als Kreuzung aus zwei asiatischen Staudenknöterich-Arten entstanden, der Japanische Staudenknöterich ist einer seiner Eltern. In seinen Merkmalen wie Größe und Blattgröße liegt er zwischen den Eltern, in seiner Anpassung an das hiesige Klima und die Bedingungen in Deutschland ist er den Elternarten jedoch überlegen. An Böschungen kann er beeindruckende Bestände

Abb. 210: Giersch (*Aegopodium podagraria*).

Abb. 211: Zaunrübe (*Bryonia dioica*).

bilden. Trotz regelmäßiger Mahd erstreckt sich hier ein dichter Bestand auf mindestens 20 m Länge, der mehrfach im Jahr auf 4 m und höher nachwächst. Auch auf der linken Seite des Weges zu den Häusern hin, kommen immer wieder Triebe aus dem Boden.

Schließlich werden die Staudenknöteriche von einem Gehölz mit wild wachsenden Walnussbäumen, Schwarzem Holunder und darauf rankender Zaunrübe (*Bryonia dioica*, Abb. 211) abgelöst. Die leuchtend roten Früchte der Zaunrübe sind für Vögel genießbar, für Menschen sind sie dagegen giftig. Ihre rübenförmigen Wurzeln wurden früher gelegentlich als Ersatz für die Alraune verwendet, da sie sich manchmal ebenfalls verzweigen und damit an menschliche Figuren erinnern können.

An das Gehölz schließt sich eine Hochstaudenflur an, also ein Bewuchs aus großwüchsigen, krautigen Pflanzen mit Knolligem Kälberkropf, Indischem Springkraut, Großer Brennnessel und Schwarznessel, wie er schon ganz zu Anfang des Spaziergangs am anderen Nidda-Ufer zu beobachten war. Wann immer Gehölze und Hochstauden zurücktreten und einen Blick auf das Wasser erlauben, ist die hier reichlich vertretene Gelbe Teichrose zu sehen.

Viele Ufergehölze sind mit dichten Lianenvorhängen überzogen. Lianen sind eine typische Lebensform der flussbegleitenden Auen. Dort wo Nährstoffe und Wasser in ausreichender Menge vorhanden sind, beginnt der Kampf ums Licht. Um möglichst schnell möglichst hoch hinauszukommen, verzichten die Lianen auf die aufwändige Bildung dicker, aufrechter Stämme. Stattdessen benutzen sie ihre Nachbarn als Stütze. Von den Wurzeln gut versorgt, können sie so ihre Blätter und Blüten der Sonne entgegenstrecken. Zu der einheimischen Waldrebe (*Clematis vitalba*) gesellt sich hier an der Nidda in den letzten Jahren, wie inzwischen auch an vielen anderen Stellen im Stadtgebiet, die Jungfernrebe (*Parthenocissus inserta*). Diese auch als „Wilder Wein" bezeichnete Art stammt aus Nordamerika und wird in Frankfurt häufig zur Begrünung von Haus- und Lärmschutzwänden eingesetzt. Sie blüht und setzt in Frankfurt auch zahlreiche ihrer für uns nicht essbaren Früchte an. Die Samen werden ebenfalls durch Vögel verbreitet. Besonders große Bestände der Jung-

fernrebe im Stadtgebiet haben ihren Ursprung allerdings meist in aufgelassenen Gärten. Sie können mehrere Hundert Quadratmeter überziehen. Besonders eindrucksvoll sind die Pflanzen im Herbst, wenn sich ihr Laub rot verfärbt. An dieser Stelle am Nidda-Ufer werden Weiden und Weißdorn von der Jungfernrebe eingehüllt.

Im weiteren Verlauf wechseln sich kleine Bestände des Bastard-Staudenknöterichs mit Hochstaudenfluren und Gehölzen ab (Abb. 212). Neben dem Ufer weitet sich die Parkanlage allmählich auf. Eine stattliche, gepflanzte Balsam-Pappel (*Populus balsamifera* agg.) dominiert diesen Bereich. Wer sich etwas Zeit nimmt, kann viele typische Parkvögel wie Amsel (*Turdus merula*) und Kohlmeise (*Parus major*) entdecken. Seit vielen Jahren ist hier auch die Wacholderdrossel (*Turdus pilaris*) anzutreffen. Sie ist leicht an ihrem hellgrauen Kopf und Hals sowie dem braunem Rücken mit braunen Flügeln zu erkennen. Die Brust ist gelblich mit schwarzer Zeichnung. Vor allem aber macht der metallisch klingende Ruf diese Vogelart unverwechselbar.

Nach einigen Metern durch den Park nähert man sich erneut der Brücke. Der Spaziergang kann hier beendet werden, indem man dem nach links abzweigenden Weg folgt. Man erreicht dort die Bus- und Straßenbahnhaltestelle „Tillystraße".

Alternativ kann der Weg auch fortgesetzt werden, dann wird die Brücke passiert. Man kann weiter durch die Grünanlage spazieren, abwechselnd begleitet von ufernahen Hochstauden und Gehölzen bereits bekannter Arten und mit Blick auf das andere Ufer und die aufgeschüttete Insel.

Kurz vor der Nied-Brücke kann man noch einmal zum Wasser gehen. Dort befindet sich die Kiesbank, die bereits am Anfang des Spaziergangs vom gegenüberliegenden Ufer zu sehen war. Hier kann man sich Muschelschalen ansehen oder Wasservögel beobachten. Zum Abschluss folgt man dem Weg nach links zur Bolongarostraße und kann nun die Brücke überqueren, um zurück zum Startpunkt zu gelangen. Von der Brücke hat man noch ein letztes Mal einen guten Blick auf die Kiesbank und auf die Insel.

Abb. 212: Kleine Bestände des Bastard-Staudenknöterichs (*Fallopia* x*bohemica*) wechseln sich mit Gehölzen ab.

// AUSBLICK:
WANDEL UND WACHSTUM

Mit rund 40 % Grün-, Wald- und Ackerflächen in ihrem Stadtgebiet ist Frankfurt eine „grüne Stadt" (Abb. 213). Verschiedene Auszeichnungen (z. B. Europäische Stadt der Bäume 2014, unter den drei Finalisten beim „Green City"-Wettbewerb 2014) belegen, dass dies auch „von außen" so gesehen wird. Eine Grundlage für diese Erfolge ist die Entscheidung der Stadtverordnetenversammlung 1991, ein rund 8.000 ha umfassendes System von Grünflächen und naturnahen Bereichen als „GrünGürtel" zum Landschaftsschutzgebiet zu erklären und auf diese Weise zu schützen. Damit wurde eine vorausschauende und äußerst wichtige Weichenstellung zur Erhaltung der Stadtnatur und zur Sicherung der Lebensqualität in Frankfurt vorgenommen.

Aufgrund der vielfältigen menschlichen Eingriffe unterliegt nicht nur die Zusammensetzung der Arten, sondern auch die der Lebensräume einem stetigen Wandel, der der Beobachtung und des verschiedentlichen Eingreifens bedarf. Alle Naturräume im städtischen Lebensraum sind durch den Menschen mehr oder weniger stark geformt, seien es die Wälder, die Uferbereiche von Main und Nidda oder die Streuobstwiesen am Berger Hang. Die intensive Nutzung der Stadtnatur (z. B. als Erholungsraum) und die vielfältigen Einflüsse des Menschen erfordern erheblichen Aufwand zu ihrer Erhaltung. Die Entwicklung von Stadtnatur hat das Ziel, unmittelbaren Nutzen für den Menschen (Freizeit, Erholung, Erbauung) und das Stadtklima mit der Erhaltung von Vielfalt und Naturnähe zu verbinden.

FOLGEN DES KLIMAWANDELS

Der Klimawandel und seine Folgen werden in Städten besonders spürbar sein und die Stadtnatur wird eine wichtige Rolle bei der Abschwächung der Folgen spielen. Für Frankfurt am Main liegen mit der Studie des Deutschen Wetterdienstes (Früh et al. 2011) umfangreiche Projektionen für die zukünftige Klimaentwicklung vor. Sie zeigen unter anderem, dass sich das Stadtklima, das ohnehin höhere Durchschnittstemperaturen aufweist als das Umland, spürbar verändern wird. Die Anzahl der von vielen als belastend empfundenen „heißen Tage" (Tage mit Höchsttemperaturen von 30 °C oder mehr) und der „Tropennächte" (Lufttemperatur sinkt nicht unter 20 °C) wird deutlich zunehmen. Damit wird die Bedeutung von Grünflächen und schattenspendenden Bäumen für das Stadtklima steigen, da diese die Hitzebelastung senken können. Aus den gleichen Gründen wird die Bedeutung von Dach- und Fassadenbegrünungen zunehmen. Zur Auswirkung von Dachbegrünungen liegen Untersuchungen vor (z. B. Hoeschele & Schmidt 1974, Wittig et al. 2012), von Fassadenbegrünungen sind ähnliche positive Effekte in Bezug auf Lufterwärmung, Verdunstung und Untergrundtemperatur zu erwarten. Bisher steht bei der Dach- und Fassadenbegrünung allerdings fast ausschließlich der klimatische Effekt im Blickpunkt; verwendet werden überwiegend fremdländische Pflanzenarten (Abb. 214), z. B. die Amerikanische Pfeifenwinde (*Aristolochia macrophylla*) bei Fassadenbegrünungen. Je

Abb. 213: Frankfurt ist eine grüne Stadt und trägt den Titel „Europäische Stadt der Bäume 2014".

häufiger solche begrünten Flächen in der Stadt angelegt werden, desto wichtiger wird es, dafür einheimische Pflanzen zu verwenden. Dies erhöht die Wahrscheinlichkeit, dass die einheimische Flora und Fauna – etwa die von Trockenstandorten – auch im Stadtgebiet erhalten werden kann.

Weitere Möglichkeiten der Begrünung des städtischen Lebensraums sollten ausgelotet werden. So hat das Frankfurter „Speichen und Strahlen"-Konzept das Ausstrahlen des GrünGürtels in die Innenstadt und in das Frankfurter Umland zum Ziel. Die Schaffung neuer Grünflächen in dicht bebauten Stadtbereichen ist aber außerordentlich schwierig. Neben der Umwandlung von versiegelten in begrünte Flächen kann auch die Verwendung anderer Fahrbahn- und Gehwegoberflächen zu einer Begrünung beitragen. Das Ersetzen von geschlossenen Belägen durch Pflaster mit breiten Fugen oder gar Gittersteinen kann bei Erfüllen der gleichen Funktion wesentlich mehr Versickerung von Wasser sicherstellen und ist Lebensraum für eine vielfältige Flora (Abb. 215). Dies belegt eine gerade abgeschlossene Masterarbeit zur Artenvielfalt in städtischen Pflasterfugen (Walther 2014).

Ein weiterer, häufig diskutierter Aspekt des Klimawandels ist die Frage, ob die zu erwartende Erwärmung zum Verschwinden von Pflanzenarten im städtischen Lebensraum führen wird. Wir beobachten bereits jetzt im Rhein-Main-Gebiet, dass mancherorts Wälder unter den zu trockenen und warmen Sommern leiden. Andererseits nimmt die natürliche Verjüngung mancher wärmeliebender

Abb. 214: Beispiel für Fassadenbegrünung mit nichteinheimischen Pflanzen im Industriegebiet „Am Martinszehnten".

Abb. 215: Pflasterfugen tragen zur Diversität in der Stadt bei.

Arten in den letzten Jahren deutlich zu, z. B. bei der Walnuss (*Juglans regia*) entlang der Nidda-Ufer. Der Blick in die Vergangenheit zeigt allerdings, dass das Verschwinden von Arten aus der Frankurter Flora bisher fast ausschließlich auf Änderungen der menschlichen Nutzung, nicht auf die bereits für die letzten Jahrzehnte nachgewiesene Erwärmung (0,34 °C pro Dekade) zurückzuführen ist (Gregor et al. 2012). Auch wenn das Verschwinden von Arten aus unserer Stadtflora durch den Klimawandel noch nicht abzusehen ist, so kann es aber sehr wohl sein, dass Neubürger, denen es bisher bei uns zu kalt war, Frankfurt erreichen oder auch, dass in Zukunft Arten durch ein für sie günstigeres Klima noch weiter zunehmen werden, z. B. Mahonie (*Mahonia aquifolium*, Abb. 216) oder Schmetterlingsflieder (*Buddleja davidii*, Abb. 217).

STADTPLANUNG UND STADTENTWICKLUNG

Für die Zukunft der Stadtnatur in Frankfurt sind die derzeit geführten Diskussionen und Planungen, die sich aus dem stetigen Wachstum der Frankfurter Einwohnerzahl ergeben, von entscheidender Bedeutung. Steigende Mietpreise und das Fehlen von günstigem Wohnraum erzeugen schwerwiegende Probleme und daraus resultierend den politischen Druck, durch Wohnungsbau und Ausweisung von Baugebieten Abhilfe zu schaffen. Die Diskussion darüber wird in der Stadtgesellschaft intensiv geführt und findet regelmäßig ihren Niederschlag in umfangreichen Berichten und Analysen in den großen Frankfurter Tageszeitungen. Die unmittelbaren finanziellen und sozialen Aspekte werden in der Regel ausführlich gewürdigt und die Bereitstellung von günstigem Wohnraum gefordert.

Wie kann man unter solchen Rahmenbedingungen der Bedeutung von Stadtnatur und auch der besonderen Situation von Frankfurt gerecht werden? Obwohl Stadtnatur als wesentlicher städtischer Standortfaktor erkannt ist, wird sie in solchen Diskussionen oft nicht adäquat berücksichtigt. Vor allem zwei Umstände haben eine stärkere Würdigung verdient: zum einen die besondere Situation Frankfurts im Ballungsraum Rhein-Main, zum anderen die sehr hohe Verkehrs- und Lärmbelastung. Auch und gerade wegen dieser Faktoren kommt den Grünflächen innerhalb des Stadtgebiets eine besondere Bedeutung

zu. Frankfurt ist mehr auf diese Grünflächen angewiesen als andere Städte mit einem dünner besiedelten Umland, geringerem Verkehrsaufkommen und geringerer Lärmbelastung (Abb. 218). Das Gegenüberstellen von Zahlen zur Siedlungsdichte in Großstädten greift also zu kurz und liefert für Frankfurt keine Antworten.

Mit der zunehmenden Intensität der Diskussion um Flächen für den Wohnungsbau wird ein anderes Problem besonders deutlich: Während die Vorteile eines Bauprojektes an einem bestimmten Standort in der Regel genau beziffert und entsprechend ins Feld geführt werden (z. B. Anzahl der neuen Wohnungen, Büroraumfläche, Verkehrsentlastung etc.), fällt eine vergleichbare Quantifizierung der „Leistungen" eines an diesem Standort bestehenden naturnahen Areals sehr schwer. Dies liegt daran, dass wir trotz vieler Ansätze zur und Fortschritte bei der Erforschung der „Ökosystemdienstleistungen" immer noch nicht in der Lage sind, Wert und Nutzen der Natur für uns Menschen (bzw. die Nachteile durch ihr Verschwinden) in all ihren Aspekten zu erfassen und zu kalkulieren. Leider wird Natur immer noch allzu oft als „gegeben" hingenommen. Hinzu kommt, dass es keine „harten" Kriterien dafür gibt, wie der Lebensraum Stadt zu gestalten ist, sondern dafür ein gesellschaftlicher Konsens gefunden werden muss.

Abb. 216: Die immergrüne Mahonie (*Mahonia aquifolium*) gilt als Profiteur des Klimawandels.

Abb. 217: Schmetterlingsflieder (*Buddleja davidii*).

Die mit dem GrünGürtel verbundene Umwelt- und Planungspolitik begreift die Stadtnatur Frankfurts als ein Netzwerk von Lebensräumen, das nur als Ganzes seine Funktion erfüllt. Dies hat sich gerade im Hinblick auf die Problematik der Erhaltung und Entwicklung eines „menschengerechten" städtischen Lebensraumes als erfolgreich erwiesen. Diese Sichtweise hat wesentlich dazu beigetragen, einer langsamen, stückweisen Reduktion der Stadtnatur entgegenzuwirken, die langfristig nur zu einer Verschlechterung der Lebens-

bedingungen in der Stadt führen kann. Die dynamische Stadtentwicklung hat auf der anderen Seite zu vielen neuen Infrastruktur- und Wohnungsbauprojekten geführt, für die in erheblichem Maße zuvor unversiegelte Flächen außerhalb des GrünGürtels bereitgestellt wurden, z. B. am Riedberg, in Kalbach, in Preungesheim und beim Ausbau des Flughafens. Die Abbildungen 219 und 220 vermitteln einen Eindruck von den starken Veränderungen im Stadtteil Riedberg. Vor diesem Hintergrund der besonderen Belastungen und der bereits erfolgten baulichen Veränderungen müsste in der aktuellen Diskussion die Sorge um die nachhaltige Entwicklung des „Organismus Stadt" eine größere Rolle spielen. Bedenkt man die Veränderungen der letzten Jahre, sollte eigentlich auch eine Ausweitung des GrünGürtels angestrebt werden, z. B. auf Flächen mit noch existierenden, hochwertigen und im Netzwerk der Stadtnatur wichtigen Lebensräumen, deren Erhaltung so sichergestellt werden könnte. Den neu ausgewiesenen Baugebieten entsprechende neu zu erhaltende, naturnahe Bereiche gegenüberzustellen wäre ein wichtiger Schritt, um die so schwer zu findende Balance zwischen Beton und Natur zu erhalten und die Lebensqualität in unserer Stadt langfristig zu sichern.

Besonders wichtig erscheint in der momentanen Situation die intensive Suche nach Möglichkeiten zum Wohnungsbau ohne oder

Abb. 218: Eingebettet in das dicht besiedelte Rhein-Main-Gebiet ist die wachsende Stadt Frankfurt stärker auf die Grünflächen innerhalb ihrer Grenzen angewiesen als viele andere Städte.

Abb. 219: Riedberg 1996.
Regionalverband FrankfurtRheinMain.

mit geringem Verbrauch „neuer" Flächen im Stadtgebiet (Umwidmung von Gewerbeflächen, Verdichtung an den Kanten zum GrünGürtel oder in anderen Stadtbereichen). Die Suche nach Bauland hat auch die Diskussion über die zukünftige Nutzung von nicht zum GrünGürtel gehörenden Ackerflächen im Stadtgebiet befeuert. Auch wenn man eine Bebauung dieser Flächen als wichtigem Teil der Stadtnatur ablehnt, so bleibt doch die Frage, ob ihre Bedeutung für urbane Natur und die Nutzung durch die Bürger nicht durch Extensivierung der landwirtschaftlichen Nutzung verbessert werden kann.

Abb. 220: Neubaugebiet Riedberg, 2014 (gleicher Gebietsausschnitt wie Abb. 219).

Ebenso wie Naturschutz und Naturnutzung nicht allein in den Grenzen der einzelnen Kommunen geplant und realisiert werden können, so werden in der Zukunft wohl auch Wohnraum-, Arbeitsplatz- und Verkehrsprobleme im Rhein-Main-Gebiet nur kommunenübergreifend nachhaltig zu lösen sein.

Die hier von den Verantwortlichen zu treffenden, schwierigen Entscheidungen werden maßgeblich von Interessen und dem Engagement der Bürger beeinflusst. Eine der wichtigsten Aufgaben zur Erhaltung der Stadtnatur ist es daher, Informationen über ihren Nutzen und ihre Bedeutung, aber auch über ihre Vielfalt und ihre Dynamik an die Bürger zu vermitteln. Denn gemäß einem bekannten Leitsatz aus der Naturschutzpraxis schützen die Menschen nur, was sie lieben, und lieben nur, was sie kennen. Nur mit breiter Unterstützung der Bürger kann es gelingen, die Stadtnatur als unverzichtbaren Teil unserer Umwelt angemessen in Wert zu setzen und dauerhaft zu erhalten.

Abb. 221: Die Balance zwischen „Beton und Natur" zu erhalten ist in wachsenden Städten wie Frankfurt eine schwierige Aufgabe.

// „FLORA VON FRANKFURT“ ONLINE – WAS SIE SCHON IMMER ÜBER UNSERE PFLANZEN WISSEN WOLLTEN . . .

Abb. 222: Titelseite der „Flora von Frankfurt am Main“ (www.flora-frankfurt.de) im Internet. Mit der Suchfunktion (Feld links oben) kann rasch nach deutschen oder wissenschaftlichen Namen bzw. Namensteilen gesucht werden.

Das Medium Internet wird immer wichtiger und ist durch die Smartphones allgegenwärtig. Es gibt daher heute verschiedenste Ansätze, Informationen zur Biodiversität darüber zugänglich zu machen. Zur Frankfurter Pflanzenwelt gibt es bereits seit 2009 die Internetplattform „Flora von Frankfurt am Main" (www.flora-frankfurt.de, Abb. 222). Sie finden dort eine Fülle von Informationen zu den in Frankfurt vorkommenden Gefäßpflanzen (Farngewächse und Samenpflanzen). Die Seite wird – mit Unterstützung der Stadt Frankfurt – von der Abteilung Botanik und molekulare Evolutionsforschung des Senckenberg-Instituts betrieben und aktualisiert. Ziel ist es, Wissenschaftler und Öffentlichkeit umfassend über unsere Pflanzenarten und ihr Vorkommen in Frankfurt zu informieren. Natürlich ist es auch ein Anliegen der „Flora", durch bessere Kenntnis der städtischen Pflanzenvielfalt und ihrer Dynamik das Verständnis für die Bedeutung von Stadtnatur und das Engagement für ihre Erhaltung zu erhöhen.

Von den insgesamt fast 1.900 jemals für Frankfurt dokumentierten Blütenpflanzenarten sind im Moment etwa 1.200 bearbeitet und im Internet verfügbar. Das Besondere dieser „Flora" ist, dass nicht nur die einzelnen Arten mit Bildern vorgestellt werden, sondern dass auch die Verbreitung und Geschichte der Arten in Frankfurt genau recherchiert und in einer Datenbank dokumentiert wurden. Die Daten zu den Pflanzen werden laufend ergänzt und aktualisiert, so dass ein Nutzer bei seiner Abfrage immer auf die neuesten Informationen zugreifen kann. Diese von der Abteilung Botanik laufend gepflegte Datenbank umfasst zur Zeit über 120.000 Datensätze. Wenn Sie die Internetseite besuchen, haben Sie die Möglichkeit, sowohl nach deutschen als auch wissenschaftlichen Pflanzennamen zu suchen. Wird die gesuchte Art gefunden, so erhalten Sie die Informationen in einem standardisierten Format, das eine kurze Beschreibung der Pflanze sowie detaillierte Informationen zu ihrer Geschichte und Bestandsentwicklung in Frankfurt enthält. Zum Beispiel kann es sein, dass eine Pflanze erst vor wenigen Jahrzehnten in Frankfurt eingeführt wurde und trotzdem heute auf bestimmten Standorten allgegenwärtig ist, wie das Schmalblättrige Greiskraut (*Senecio inaequidens*, Abb. 223).

Andere Arten sind aus dem Stadtgebiet verschwunden, vor allem solche, die an alte Formen von Land- und Forstwirtschaft angepasst waren. Ergänzt wird der Text durch Bilder der Pflanze und eine Karte der Verbreitung im Stadtgebiet. Diese wird bei einer Abfrage immer neu aus der Datenbank erstellt und ist damit stets aktuell. Da in der Datenbank die Fundpunkte mit weiteren Informationen, z. B. dem Fundjahr, gespeichert sind, ist es auch möglich, Verbreitungskarten bestimmter Zeiträume zu erstellen (vor 1880, 1880–1919, 1920–1949, 1950–1969, 1970–1989, 1990–1999, 2000–heute). Dies ist besonders interessant für eingewanderte, fremdländische Arten, da man so sehr gut die Ausbreitung und Entwicklung ihrer Bestände im Stadtgebiet verfolgen kann. Die Abbildungen 224 und 225 illustrieren das an zwei Beispielen: Der Schmetterlingsflieder (*Buddleja davidii*, Abb. 224) ist ein Neubürger, der heute fast überall im Stadtgebiet auf Ruderal-, Gleis- und Brachflächen zu finden ist. Der Strauch, dessen Blüten gerne von Schmetterlingen besucht werden, ist vor 1970 überhaupt nicht sicher für das Stadtgebiet dokumentiert. Erst in den

Schmalblättriges Greiskraut

Senecio inaequidens DC.

Familie:

Korbblütler (Asteraceae)

Beschreibung:

Mehrjährige, 0,2-1,2 m hohe, krautige Pflanze, die an der Basis verholzen kann. Blätter lineal, bis 7 cm lang, Rand fein gezähnt oder (meist) ganzrandig. Blütezeit August-Oktober. Gelbe Blüten in bis zu 2,5 cm breiten Köpfchen, die durch randlich stehende, einseitig verlängerte Zungenblüten wie Einzelblüten wirken. Köpfchen mit 10-20 Außenhüllblättern, deren Rand typischerweise weiß-trockenhäutig.

Status:

Eingebürgerter Neueinwanderer (Neophyt) aus Südafrika.

Ökologie:

Auf trockenen, steinig-lockeren Böden. Wärme- und lichtliebend.

Vorkommen in Frankfurt:

In der Region zuerst 1984 bei Rüsselsheim gefunden (Hohmann 1984). In Frankfurt zuerst 1988 in Nied (Dechent et al. 1991). In den Folgejahren rasante Ausbreitung über das Stadtgebiet. Heute allgemein verbreitet auf Ruderalstellen. Schwerpunkt im Zwischengleisbereich und an Autobahnen. Dort oft zusammen mit Diplotaxis tenuifolia.

Anmerkung:

Die Ausbreitung erfolgte seit ca. 1955 von Lüttich nach Osten, Deutschland wurde ca. 1970 bei Aachen erreicht. Rasche Ausbreitung entlang von Bahnschienen, daher auch als „Eisenbahnwanderer" bezeichnet.

Literatur:

Dechent, H.-J., Kramer, H., Peukert, M., Redeker, H. & Böffinger, A. (1991): Floristische Beobachtungen aus dem Stadtgebiet Frankfurt am Main. Bot. Naturschutz Hessen, 5: 70-100. * Hohmann, M.-L. (1987): 27. - 28. Fundmeldung. Bot. Naturschutz Hessen, 1: 33.

- Fund melden
- Download als PDF

© I. Ottich, 2006, Güterbahnhof
weitere Bilder

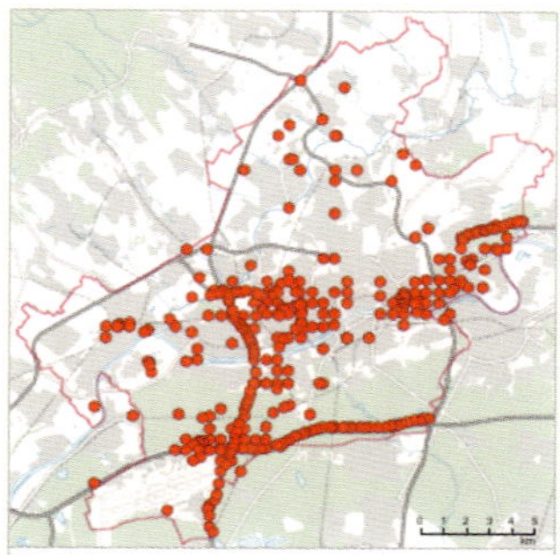

Bebauung 2008	Punkt-Karte	2000-heute
Bebauung 1955	Raster-Karte (Stadt)	1990-1999
Bebauung 1900	Punkt-Karte (TK25)	1970-1989
Gewässer		1950-1969
Waldflächen		1920-1949
Verkehrswege		1880-1919
		< 1880

- Unschärfe max. 0,5 km
- Unschärfe max. 2,5 km
- Unschärfe max. 0,25 km
- Unschärfe max. 1 km

Weitere Erläuterungen

Abb. 223: Flora Frankfurt: Informationen und Verbreitungskarte zu *Senecio inaequidens*. Die Daten werden von der Online-Flora zu jeder Art bereitgestellt. Die Ausgabe kann auch im PDF-Format erfolgen, das den Ausdruck auf einer DIN A4-Seite ermöglicht.

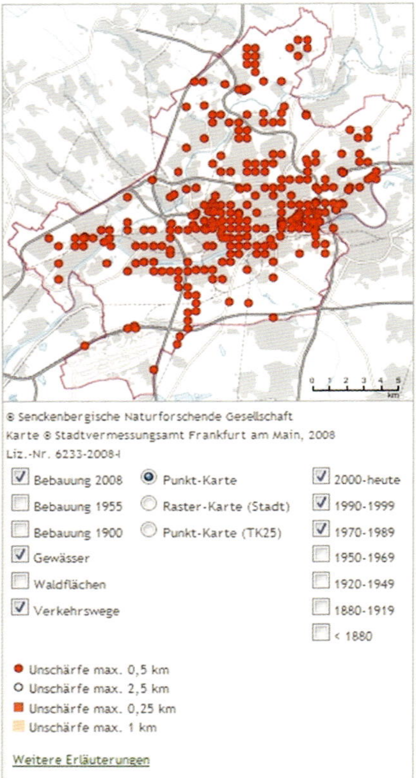

Abb. 224: Verbreitung des Schmetterlingsflieders (*Buddleja davidii*) in Frankfurt. Die aus Asien eingewanderte Art ist auf Brachflächen heute allgegenwärtig, aus der Zeit vor 1970 sind keine Vorkommen sicher dokumentiert.

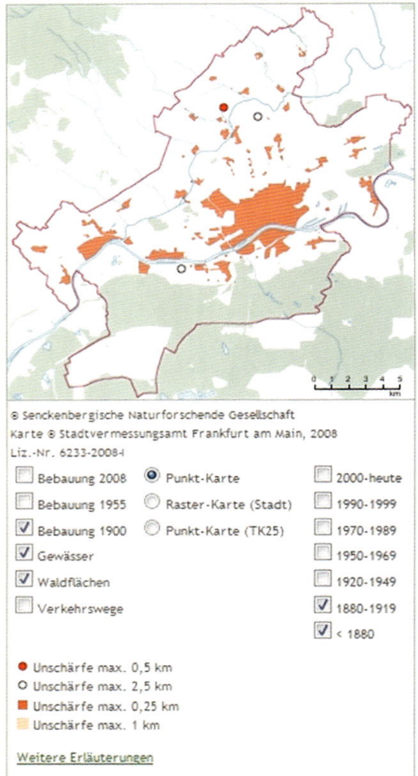

Abb. 225: Die Hohlzunge (*Coeloglossum viride*) ist ein Beispiel für Arten, die aus Frankfurt verschwunden sind. Die drei dokumentierten Funde stammen alle aus der Zeit vor 1920.

1980er Jahren mehren sich die Funde, um dann seit 1990 stark zuzunehmen. Diese historische Recherche zur Ausbreitung einer Art kann jeder leicht vornehmen, indem er den gewünschten Zeitraum in der Legende anklickt. Für die heute nicht mehr in Frankfurt vorkommende Hohlzunge (*Coeloglossum viride*, Abb. 225 und 226) liefert die Datenbank nur drei Fundpunkte. Die kurze „historische Recherche" zeigt, dass diese drei Punkte vor 1919 dokumentiert wurden und danach keine Meldungen mehr erfolgt sind. Aus den Angaben für die Mücken-Händelwurz (*Gymnadenia conopsea*) wird deutlich, dass zwar ein Vorkommen im Süden Frankfurts erloschen ist, die Art ansonsten aber konstant im Osten des Stadtgebiets vorkommt.

Abb. 226: Letzter Nachweis der Hohlzunge (*Coeloglossum viride*). Beleg von Martin Dürer, 1883 (Herbarium Senckenbergianum).

Eine weitere Möglichkeit, mehr über die Pflanzen zu erfahren, bietet die Kartendarstellung mit ihren verschiedenen Einstellungen. Man kann die Ausdehnung der Bebauung zu verschiedenen Zeitpunkten (1900, 1955, 2008) abbilden oder auch nur Fließgewässer, Wald oder Verkehrswege anzeigen lassen. Schaut man sich die Verbreitung des Indischen Springkrauts (*Impatiens glandulifera*, Abb. 237) an, so wird deutlich, dass die Art vor allem auf Fluss- und Bachufer beschränkt ist. Die Späte Traubenkirsche (*Prunus serotina*) ist dagegen offensichtlich besonders in Waldgebieten zu finden, allerdings auch an Gewässerufern. Ganz andere Vorlieben offenbart der Australische Gänsefuß (*Chenopodium pumilio*, Abb. 228 und 229), der vor allem in dichter bebauten Bereichen zu finden ist. Die Beispiele lassen sich beliebig fortsetzen.

Die gebotenen Informationen gehen also über das rein Botanische hinaus und betreffen auch die Geschichte Frankfurts, den Wandel der Stadtnatur und die Veränderungen in der landwirtschaftlichen und forstlichen Nutzung. Natürlich werden zu jeder Art auch die wichtigen naturschutzfachlichen Informationen gegeben (Rote Liste, Schutzstatus).

Weitere wichtige Informationen für den interessierten Bürger bietet außerdem die

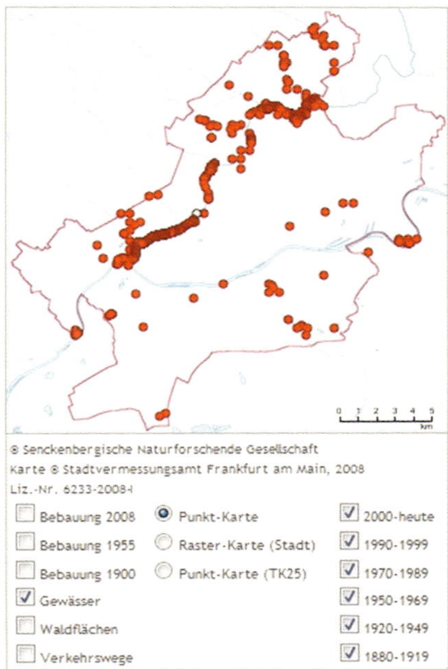

Abb. 227: Verbreitung des Indischen Springkrauts (*Impatiens glandulifera*) in Frankfurt. Wählt man den hier gezeigten Kartenhintergrund, auf dem nur die Gewässer dargestellt sind, so zeigt sich die Bindung der Art an die Uferbereiche.

aktuelle Liste aller Blütenpflanzen in Frankfurt, die als Datei (*.pdf) heruntergeladen werden kann. Hinzu kommen Artenlisten verschiedener Teile des Stadtgebietes (z. B. Harheimer Ried, Alter Flugplatz Bonames, Riedberg), die für den Pflanzenfreund eine Hilfe beim Besuchen dieser Gebiete sind.

Ein weiteres wichtiges Ziel der „Flora von Frankfurt" ist es, interessierte Bürger in die Beobachtung der Stadtnatur einzubinden und ihre Beobachtungen zu dokumentieren. Man weiß, dass sehr viel Fachkenntnis – gerade über Pflanzen und Tiere – außerhalb des engeren Wissenschaftsbetriebs vorhanden ist. Diese wissenschaftlich wertvollen Kenntnisse und Beobachtungen der Bürger („citizen science") sollen ebenfalls dokumentiert und zugänglich gemacht werden. Die „Flora von Frankfurt" bietet daher die Möglichkeit, Funde und Beobachtungen in ein Online-Formular einzutragen und über das Internet an uns zu melden. Diese

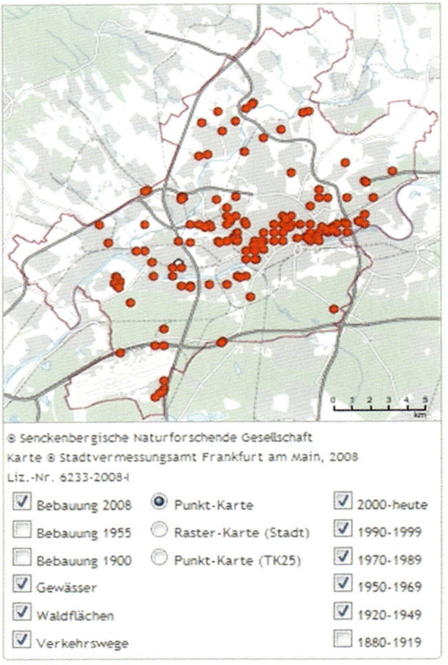

Abb. 229: Verbreitung des Australischen Gänsefußes (*Chenopodium pumilio*) in Frankfurt.

Meldungen werden von uns überprüft, in die Datenbank überführt und erscheinen nach einiger Zeit als neue Punkte in den Verbreitungskarten der Internetseite.

Seit dem Start der „Flora" haben wir über 38.000 Besuche auf der Seite erhalten. Bis Ende 2015 wollen wir alle der rund 1.400 aktuell in Frankfurt vorkommenden Arten auf der Seite verfügbar machen. Wir hoffen, dass die Seite intensiv genutzt wird und wir auch weiterhin zahlreiche Meldungen zu neuen Beobachtungen erhalten.

Abb. 228: Der Australische Gänsefuß (*Chenopodium pumilio*) bevorzugt den besiedelten Bereich.

Einfach mal anschauen: www.flora-frankfurt.de

LITERATUR

Arlt, K. & Eggers, T. (1997): Natürliche Vegetation – Ackerunkraut-Vegetation. — Schriftenreihe des Bundesministeriums für Ernährung, Landwirtschaft und Forsten (BML), Reihe A: Angewandte Wissenschaft, **465**: 20–28.

Atwell, S. (2014): Trüffel in Frankfurter Garten gefunden. — Maintower 16.07.2014, URL: https://www.youtube.com/watch?v=phlCozszA0U (1.3.2014).

Bairlein, F. & Simons, D. (1995): Nutritional adaptions in migrating birds. — Israel Journal of Zoology, **41**: 357–367.

Bakker, P. & Boeve, E. (1985): Stinzenplanten. — 168 S.; Noordereinde (Natuurmonumenten).

Bauer, M. (1995): Verbreitung neophytischer Knötericharten an Fließgewässern in Baden-Württemberg. — In: Böcker, R., Gebhardt, H., Konold, W. & Schmidt-Fischer, S. (Hrsg.): Gebietsfremde Pflanzenarten: Auswirkungen auf einheimische Arten, Lebensgemeinschaften und Biotope; Kontrollmöglichkeiten und Management. — 215 S.; Landsberg (Ecomed).

Baumann, K., Bönsel, D., Gregor, T. & Starke-Ottich, I. (2011): Die Hinkelsteinschneise – der letzte Rest des Frankfurter Weidewaldes. — Senckenberg – Natur, Forschung, Museum, **141**(7/8): 240–245.

Becker, J. (1827): Flora der Gegend um Frankfurt am Main. Erste Abtheilung. Phanerogamie. — [III], 557 + [1] S. + 1 Tabelle; Frankfurt am Main (Ludwig Reinherz, „1828").

Becker, J. (1828): Flora der Gegend um Frankfurt am Main. Zweite Abtheilung Cryptogamie. — [I] + 813 + [1]; Frankfurt am Main, (Ludwig Reinherz).

BfN (Bundesamt für Naturschutz) & NetPhyD (Netzwerk Phytodiversität Deutschland e.V.) (Hrsg.) (2013): Verbreitungsatlas der Farn- und Blütenpflanzen Deutschlands. — 912 S.; Münster (Landwirtschaftsverlag).

Blaschke, M., Helfer, W., Ostrow, H., Hahn, C., Loy, H., Bußler, H. & Krieglsteiner, L. (2009): Naturnähezeiger – Holz bewohnende Pilze als Indikatoren für Strukturqualität im Wald. — Natur und Landschaft, **12**: 560–566.

Bönsel, D. (2003): Stellungnahme zum Vorkommen von Wildrosen sowie der seltenen Gras-Platterbse (Lathyrus nissolia) am Heiligenstock. — Unveröffentlichtes Gutachten, 4 S.; Frankfurt am Main.

Bönsel, D. (2015): Naturschutzgebiet „Harheimer Ried". Monitoring der Pflege- und Entwicklungsmaßnahmen 2014. — Unveröffentlichtes Gutachten, 15 S.; Frankfurt am Main.

Bönsel, D. & Malten, A. (2007): Begleituntersuchung zum Umbau der Nidda zwischen Bonames und Berkersheim. — Unveröffentlichtes Gutachten, 30 S.; Frankfurt am Main.

Bönsel, D. & Malten, A. (2011): Naturschutzgebiet „Harheimer Ried". Ist-Zustand 2010 und Rahmenpflegeplan. — Unveröffentlichtes Gutachten, 26 S.; Frankfurt am Main.

Bönsel, D. & Malten, A. (2013): Entwicklungs- und Pflegekonkzept für die Nidda-Altarme in den Gemarkungen Nied, Sossenheim und Griesheim. – Unveröffentlichtes Gutachten, 51 S.; Frankfurt am Main.

Bönsel, D. & Ottich, I. (2005): Über neue Funde des Kurzfrüchtigen Weidenröschens (Epilobium brachycarpum) in Frankfurt am Main. — Botanik und Naturschutz in Hessen, **18**: 43–54.

Bönsel, D., Wagner, S. & Malten, A. (2007): Biotoptypenschlüssel der Stadtbiotopkartierung Frankfurt am Main. — Unveröffentlichtes Manuskript, 4. überarbeitete und ergänzte Fassung, 57 S.; Frankfurt am Main, URL: http://www.senckenberg.de/files/content/forschung/abteilung/botanik/phanerogamen1/biotoptypenschlussel_2007.pdf (1.3.2015).

Bönsel, D., Ottich, I., Malten, A. & Zizka, G. (2008): An updated list of the vascular plants of Frankfurt am Main (Pteridophyta & Spermatophyta). — Senckenbergiana Biologica, **88**(1): 111–121, Tabelle unter: URL: http://www.senckenberg.de/biotopkartierung/florafrankfurt (1.3.2015).

Bönsel, D., Brunken, U., Gregor, T., Malten, A., Ottich, I. & Zizka, G. (2009): Flora von Frankfurt am Main. — Senckenberg Forschungsinstitut, Frankfurt am Main, URL: http://www.flora-frankfurt.de (19.10.2014).

Böttger, O. (1869): Beitrag zur Kenntnis der Fische der unteren Maingegend. — 13 S.; Offenbach am Main (Kohler & Teller).

Brockmann, E. (1990): Kommentierte Bibliographie zur Faunistik der hessischen Lepidopteren. — Nachrichten des Entomologischen Vereins Apollo, **Suppl. 10**: 1–324.

Buttler, K. P. (1982): Ein Neufund von Lathyrus nissolia L. bei Frankfurt. — Hessische Floristische Briefe, **31**(1): 14–16.

Buttler, K.P. & Klein, W. (2000): Oekonomisch-technische Flora der Wetterau von G. Gärtner, Dr. B. Meyer und Dr. J. Scherbius. Taxonomie, Nomenklatur und Floristik: eine Auswertung des Gefäßpflanzenteils. — Jahresberichte der Wetterauischen Gesellschaft für die Gesamte Naturkunde, **149–151**: 1–494.

Cullen, J., Knees, S. & Cubey, H. (2011): The European Garden Flora V – Dicotyledons: Boraginaceae to Compositae. — 639 S.; Cambridge (Cambridge University Press).

Dechent, H.-J., Flechtner, G., Georg, H. & Peukert, M. (1991): Ökologisch bedeutsame Lebensräume in der Niddaaue. Von der Stadtgrenze bei Harheim und Berkersheim bis zur Maybachbrücke und Eschersheim. — Unveröffentlichter Bericht, 26 S.; Frankfurt am Main.

Dierschke, H. (1994): Pflanzensoziologie. — 683 S.; Stuttgart (Eugen Ulmer Verlag).

Dierschke, H. (1997): Molinio-Arrhenatheretea (E1), Teil 1: Arrhenatheretalia – Wiesen und Weiden frischer Standorte. — Synopsis der Pflanzengesellschaften Deutschlands, **3**: 1–74.

Dittmann, C. (2002): Das Naturschutzgebiet „Schwanheimer Düne" in Frankfurt am Main: eine Effizienzkontrolle. — Hessische Faunistische Briefe, **21**(2/3): 27–47.

Dorow, W., Redeker, H., Schartner, S. & Kramer, H. (1992): Materialien zur Landschaftsplanung 8, Heiligenstock. — Unveröffentlichtes Manuskript mit einer Zusammenstellung der Untersuchungsergebnisse aus den Jahren 1987–1992, 12 S.; Frankfurt am Main.

Dümpelmann, C. & Korte, E. (2014): Rote Liste der Fische und Rundmäuler Hessens (Pisces & Cyclostomata). 4. Fassung (September 2013). — Hessisches Ministerium für Umwelt, Klimaschutz, Landwirtschaft und Verbraucherschutz (Hrsg.). — 34 S.; Wiesbaden.

Eberle, G. (1972): Lilien und Lilienverwandte in den Floren Mittel- und Südeuropas. — 203 S.; Frankfurt am Main (Waldemar Kramer).

Ebert, W., & Langer, R. (1992): Frankfurter Stadtwald. — Broschüre des Forstamtes Frankfurt am Main. — 68 S.; Frankfurt am Main.

Eidgenössische Forschungsanstalt für Wald, Schnee und Landschaft WSL (2004): Grösster Pilz der Schweiz. — URL: http://www.wsl.ch/medien/presse/pm_040924_DE (1.3.2015).

Ellenberg, H. (1996): Vegetation Mitteleuropas mit den Alpen in ökologischer, dynamischer und historischer Sicht. 5. Auflage — 1357 S.; Stuttgart (Eugen Ulmer Verlag).

Emrich, P. (2008): Epilobium brachycarpum C. Presl (Kurzfrüchtiges Weidenröschen) in Mittelhessen. — Hessische Floristische Briefe („2007"), **56**: 55–59.

Fehlow, M. (2002): Tagfalter. — In: Malten, A., Bönsel, D., Fehlow, M. & Zizka, G.: Erfassung von Flora, Fauna und Biotoptypen im Umfeld des Flughafens Frankfurt am Main. Teil II. Untersuchungsgebiet Schwanheim. — Unveröffentlichtes Gutachten, S. 74–80; Frankfurt am Main, URL: http://www.senckenberg.de/files/content/forschung/abteilung/botanik/phanerogamen1/pro-2_2_s.pdf (1.3.2015).

Flechtner, G., Georg, H., Klinger, R., Kramer, H., Schartner, S. & Dorow, W. (1987): Das Harheimer Ried. Fauna, Flora, Naturschutz. — Unveröffentlichtes Gutachten, 58 S. + 1 Karte; Frankfurt am Main.

Fresenius, G. (1832, 1833): Taschenbuch zum Gebrauche auf botanischen Excursionen in der Umgegend von Frankfurt a. M., enthaltend eine Aufzählung der wildwachsenden Phanerogamen, mit Erläuterungen und kritischen Bemerkungen im Anhange, 1 & 2. — 1 (1832): I–VI, 1–332; 2 (1833): 337–621; Frankfurt am Main (Heinr. Ludw. Brönner).

Freyhof, J. (2009): Rote Liste der im Süßwasser reproduzierenden Neunaugen und Fische (Cyclostomata & Pisces). Fünfte Fassung. — Naturschutz und Biologische Vielfalt **70**(1): 291–316.

Fricke, M. (1992): Biotoptypen, Flora und Vegetation des Frankfurter Hauptfriedhofes. — Unveröffentlichte Diplom-Arbeit, Universität Frankfurt am Main, 116+20 S.; Frankfurt am Main.

Frölich, N. (2011): Untersuchung zur Flora und Vegetation im Lebensraum sowie zum Bestand des Feldhamsters (Cricetus cricetus) in Frankfurt am Main. — Unveröffentlichte Diplom-Arbeit, Universität Frankfurt am Main, 115 S.; Frankfurt am Main.

Früh, B., Koßmann, M. & Roos, M. (2011): Frankfurt am Main im Klimawandel – Eine Untersuchung zur städtischen Wärmebelastung. — Berichte des Deutschen Wetterdienstes, **237**: 1–69.

Gaedike, R. & Heinicke, W. (Hrsg.) (1999): Verzeichnis der Schmetterlinge Deutschlands. — In: Entomofauna Germanica, Band 3. — Entomologische Nachrichten und Berichte, **Beiheft 5**: 1–216.

Gall, M. (2007): Artenhilfskonzept Feldhamster Hessen 2007. — Hessisches Ministerium für Umwelt, ländlichen Raum und Verbraucherschutz (Hrsg.), 92 S. + Karten; Gießen.

Gall, M., Sperling, C., Heinzerling, U., Godmann, O., Wenisch, M., Kuprian, M. & Scheld, H. (2010): Maßnahmenblatt Feldhamster (Cricetus cricetus, L.). — In: Gall, M., Sylla, S., Wenisch, M., Wittich, V., Richter, B. & Godmann, H.: Artgutachten 2010. Erfolgskontrolle der Feldhamster-Schutzmaßnahmen in Hessen 2010. — 38 S.; Butzbach (HessenForst-FENA), URL: http://www.hessen-forst.de/download.php?file=uploads/fena/download/aktuelle-arten/saeugetiere/artgutachten/artgutachten_2010_feldhamster_cricetus_cricetus.pdf (1.3.2015).

Gärtner, G., Meyer, B. & Scherbius, J. (1799–1802): Oekonomisch-technische Flora der Wetterau. — 1 (1799), I–XII, 1–532, 1 Karte; 2 (1800), I–II, 1–512; 3(1) (1801), 1–438, 1–52; 3(2) (1802), 1–391, 1–32; Frankfurt am Main (Philipp Heinrich Guilhauman).

Godmann, O. (1998): Zur Bestandssituation des Feldhamsters (Cricetus cricetus, L.) im Rhein-Main-Gebiet. — Jahrbücher des Nassauischen Vereins für Naturkunde, **119**: 93–102.

Godmann, O. (2001): Feldhamster in Frankfurt. Fachgutachten zur Verbreitung des Feldhamsters in Frankfurt. — Unveröffentlichtes Gutachten, 18 S.; Frankfurt am Main.

Goebel, W., Fritz, H.-G. & Gillen, G. (2002): Schutzwürdigkeitsgutachten für das geplante Naturschutzgebiet „Harheimer Ried". — Unveröffentlichtes Gutachten, 51 S. + Anhang + 4 Karten; Groß-Zimmern.

Gregor, T., Bönsel, D., Starke-Ottich, I. & Zizka, G. (2012): Drivers of floristic change in large cities – A case study of Frankfurt/Main (Germany). — Landscape and Urban Planning **104**(2): 230–237, URL: http://dx.doi.org/10.1016/j.landurbplan.2011.10.015 (1.3.2015).

Gregor, T., Bönsel, D., Starke-Ottich, I., Tackenberg, O., Wittig, R. & Zizka, G. (2013): Epilobium brachycarpum: a fast-spreading neophyte in Germany. — Tuexenia, **33**: 259–283.

Hampicke, U., Litterski, B. & Wichmann, W. (2005): Ackerlandschaften. Nachhaltigkeit und Naturschutz auf ertragsschwachen Standorten. — 311 S.; Heidelberg (Springer Verlag).

Hanf, M. (1999): Ackerunkräuter Europas mit ihren Keimlingen und Samen. 4. Auflage. — 496 S.; München (BLV).

Hawksworth, D. L. (2001): The magnitude of fungal diversity: the 1.5 million species estimate revisited. — Mycological Research, **105**: 1422–1432.

Hemm, K., Frede, A., Kubosch, R., Mahn, D., Nawrath, S., Uebeler, M., Barth, U., Gregor, T., Buttler, K.P., Hand, R., Cezanne, R., Hodvina, S., Huck, S. unter Mitarbeit von Gottschlich, G. & Jung, K. (2008): Rote Liste der Farn- und Samenpflanzen Hessens, 4. Fassung. — Hessisches Ministerium für Umwelt, ländlichen Raum und Verbraucherschutz (Hrsg.), 188 S.; Wiesbaden.

Henker, H. (2004): Stinsenpflanzen in Mecklenburg-Vorpommern. — Botanischer Rundbrief für Mecklenburg-Vorpommern, **39**: 91–108.

Hepp, A. (1930–31): Zusammenstellung der Noctuiden, Cymatophoriden und Brephiden

aus der Umgebung von Frankfurt am Main. — Entomologische Zeitschrift, **44**:10–13,34–37,65–68,153–157,298–302, 314–316, 342–345; **45**: 11–15.

Hilbig, W. & Bachthaler, G. (1992): Wirtschaftsbedingte Veränderung der Segetalvegetation in Deutschland im Zeitraum von 1950–1990. I. u. II. — Angewandte Botanik, **66**: 192–200, 201–209.

Hill, B., Roland, H.-J., Stübing, S. & Geske, C. (2011): Atlas der Libellen Hessens. — FENA Wissen Band 1, 184 S.; Gießen.

Hillesheim-Kimmel, U. (2007): Floristische Notizen aus dem Vorderen Vogelsberg 2. Folge. Umgebung von Rabenau/ Kesselbach. — Hessische Floristische Briefe, **56**(1): 6–11.

HLUG (Hessisches Landesamt für Umwelt und Geologie) (2010): Daten zur Bodenbeschaffenheit. — URL: http://www.hlug.de/start/boden/fisbo/bodenviewer-hessen.html (10.11.2010).

Hoeschele, K. & Schmidt, H. (1974): Klimatische Wirkung einer Dachbegrünung. — Garten und Landschaft, **84**(6): 334–337.

Hofmeister, H. & Garve, E. (2006): Lebensraum Acker. 2. Auflage. – 322 S.; Remagen-Oberwinter (Kessel).

Jäger, E.J., Ebel, F., Hanelt, P. & Müller, G.K. (Hrsg.) (2008): Rothmaler – Exkursionsflora von Deutschland 5. Krautige Zier- und Nutzpflanzen. — 880 S.; Heidelberg (Spektrum).

Kayser, A., Hering, J., Kastler, M. & Weidling, A. (1998): Erste Ergebnisse zu Bodenbeschaffenheit und Feldhamsterbauverteilung. — In: Stubbe, M. & Stubbe, A. (Hrsg.): Ökologie und Schutz des Feldhamsters. Materialien des 5. Internationalen Workshops. Halle/Saale. — 251–258.

Keil, P. & Loos, G.H. (2005): Anökophyten im Siedlungsraum des Ruhrgebietes – eine erste Übersicht. Biodiversität im besiedelten Bereich. — CONTUREC, **1**: 27–34.

Kirschner, R. (2010): First record of Erysiphe magnifica on lotus, a host outside the Magnoliales. — Mycological Progress, 9(3): 417–424.

Klausewitz, W. (1972): Zustandsbilder des Untermains. – II: Die frühe Abwasserbelastung des Flusses. — Natur und Museum, **102**(6): 214–220.

Klausewitz, W. (1974): Die frühe Fischfauna des Untermains. — Natur und Museum, **104**(1): 1–7.

Klausewitz, W. (1978): Der Main – zerstörte Lebensader einer kranken Landschaft. — Natur und Museum, **108**(8): 238–243.

Klausing, O. (1974): Die Naturräume Hessens mit einer Karte der naturräumlichen Gliederung im Maßstab 1:200000. — Schriften aus der Hessischen Landesanstalt für Umwelt [ohne Nummer]: 1–86 + 1 Karte.

Klotz, S., Kühn, I. & Durka, W. (2002): Bioflor. Eine Datenbank mit biologisch-ökologischen Merkmalen zur Flora von Deutschland. — Schriftenreihe für Vegetationskunde, **38**: 1–334.

Knitzel, W. & Möller, C. (2008): Stinsenpflanzen auf den Kirchhöfen der südeldischen Dörfer im Landkreis Parchim. — Botanischer Rundbrief für Mecklenburg-Vorpommern, **43**: 25–36.

Kobelt, W. (1912): Der Schwanheimer Wald. — Berichte der Senckenbergischen

Naturforschenden Gesellschaft, **43**: 72–96, 156–188, 255–286.

Koch, G. (1856): Die Schmetterlinge des südwestlichen Deutschlands, insbesondere der Umgegend von Frankfurt, Nassau und der hessischen Staaten, nebst Angabe der Fundorte und Flugplätze etc. etc. zum Gebrauch für Sammler bei Excursionen. — xx + 498 S. + 2 Tafeln; Kassel (Theodor Fischer).

Korneck, D., Schnittler, M. & Vollmer, I. (1996): Rote Liste der Farn- und Blütenpflanzen (Pteridophyta et Spermatophyta) Deutschlands. — Schriftenreihe für Vegetationskunde, **28**: 21–187.

Korneck, D., Schnittler, M., Klingenstein, F., Ludwig, G., Takla, M., Bohn, U. & May, R. (1998): Warum verarmt unsere Flora? Auswertung der Roten Liste der Farn- und Blütenpflanzen Deutschlands. — Schriftenreihe für Vegetationskunde, **29**: 299–444.

Korte, E. (2002): Die fischökologische Situation des Untermains bei Frankfurt am Main. — Unveröffentlichtes Gutachten, 50 S.; Frankfurt am Main, URL: http://www.frankfurt.de/sixcms/media.php/738/Fisch%C3%B6kologie%20Main2002.pdf (27.2.2015).

Korte, E., Albrecht, U. & Berg, T. (2004): Fischanfall in den Kühlwasser- und Reinigungsanlagen des HKW West der Mainova AG Frankfurt. — Unveröffentlichtes Gutachten, 24 S.; Frankfurt am Main.

Kossler, G.-P. (1991): Wald im Süden Frankfurts: Stadtwald, Gravenbruch, Mönchbruch. — 115 S.; Frankfurt am Main (Eigenverlag).

Kossler, G.-P., Lehr, G. & Seipel, K. (1991): Der korrigierte Fluss: die Nidda zwischen Regulierung und Renaturierung. — 95 S.; Fulda (Fuldaer Verlagsanstalt).

Kowarik, I. (2003): Biologische Invasionen: Neophyten und Neozoen in Mitteleuropa. — 380 S.; Stuttgart (Eugen Ulmer Verlag).

Krausch, H. D. (2007): »Kaiserkron und Päonien rot…« Von der Entdeckung und Einführung unserer Gartenblumen. — 535 S.; München (Dölling & Galitz).

Krieglsteiner, G. (1991a): Verbreitungsatlas der Großpilze Deutschlands (West). Band 1: Ständerpilze. Teil A: Nichtblätterpilze. — 426 S.; Stuttgart (Eugen Ulmer Verlag).

Krieglsteiner, G. (1991b): Verbreitungsatlas der Großpilze Deutschlands (West). Band 1: Ständerpilze. Teil B: Blätterpilze. — 1016 S.; Stuttgart (Eugen Ulmer Verlag).

Krieglsteiner, G. (1993): Verbreitungsatlas der Großpilze Deutschlands (West). Band 2: Schlauchpilze. — 596 S.; Stuttgart (Eugen Ulmer Verlag).

Lang, W. & Wolff, P. (2000): Achte Nachträge zur „Flora der Pfalz. Verbreitungsatlas der Farn- und Blütenpflanzen für die Pfalz und ihre Randgebiete". — Mitteilungen der Pollichia, **86**: 122–123.

Langer, G. (2009): Pilze als Naturnähezeiger in Wäldern. — URL: http://www.nw-fva.de/fileadmin/user_upload/Sachgebiet/Waldnaturschutz_Naturwald/VortragLanger.pdf (1.3.2015).

Langer, R. & Ebert, W. (1984): 255 Jahre Frankfurter Forstverwaltung. — Broschüre des Forstamtes Frankfurt am Main, 86 S.; Frankfurt am Main.

Lehr, T. (2004): Über einen bemerkenswerten Pilzfund im Nebelwaldhaus des Tropicariums; der Eckigstielige Fingerpilz, Lysurus mokusin. — Der Palmengarten, **68**(1): 16–18.

Lelek, A. (1975): Erster fischereibiologischer Einsatz des Forschungsbootes „Courier" im Main und Rhein. — Natur und Museum, **105**(10): 312–316.

Lelek, A. & Tobias, W. (1982): Ergebnisse einer limnologisch-fischereibiologischen Exkursion auf dem Main unterhalb des Frankfurter Stadtgebietes. — Natur und Museum, **112**(3): 87–93.

Lenker, K.-H. (2001): Epilobium brachycarpum Presl in Südhessen. — Umweltamt Wissenschaftsstadt Darmstadt, Schriftenreihe, **16**(4), 27–28.

Leonhardt, W. (1913): Die Orthopteren von Frankfurt am Main und einzelner Gebiete der weiteren Umgebung. — Verhandlungen des Naturhistorischen Vereins der Preußischen Rheinlande und Westphalens, **70**(2): 120–147.

Leonhardt, W. (1929): Beiträge zur Orthopteren- und Odonatenfauna Deutschlands. — Internationale Entomologische Zeitschrift, **23**: 278–295.

Linnaeus, C. (1758): Systema Naturae per regna tria naturae, secundum classes, ordines, genera, species, cum characteribus, differentiis, synonymis, locis. Tomus I. Editio decima, reformata. — 824 S.; Stockholm (Laurentius Salvius).

Lommatzsch, W. (1930–31): Die Großschmetterlingsfauna um Frankfurt a. M. im Jahre 1929. — Entomologischer Anzeiger, **10**: 391–393, 409–413, 429–432, 453–456; **11**: 11–14, 33–36, 53–56, 69–76, 91–94.

Lotz-Winter, H., Hofmann, T., Kirschner, R., Kursawe, M., Trampe, T. & Piepenbring, M. (2011): Pilze im Botanischen Garten der Universität Frankfurt am Main. — Zeitschrift für Mykologie, **77**(1): 89–122.

Ludwig, W. (1956): Über Binsen (Juncaceae) und Wegerich-Gewächse (Plantaginaceae) an den Salzstellen der Wetterau. — Jahresberichte des Nassauischen Vereins für Naturkunde, **92**: 6–26.

Ludwig, W. (1962): Epilobium adenocaulon, ein Neuankömmling in der hessischen Flora. — Hessische Floristische Briefe, **11**(128): 29–32.

Ludwig, W. 1982: Über Dipsacus strigosus bei Frankfurt a. M. und an anderen Orten Deutschlands sowie in botanischen Gärten. — Hessische Floristische Briefe, **31**: 25–28.

Ludwig, W. (1993): Zur Ausbreitung von Galinsoga parviflora Cav. und Galinsoga quadriradiata Ruiz & Pavon in Hessen. — Oberhessische Naturwissenschaftliche Zeitschrift, **55**: 25–52.

Malten, A., Bönsel, D. & Zizka, G. (2005): Erfassung von Flora, Fauna und Vegetation auf dem Flughafen Frankfurt am Main. — Unveröffentlichtes Gutachten, 116 S.; Frankfurt am Main, URL: http://www.senckenberg.de/files/content/forschung/abteilung/botanik/phanerogamen1/florafaunaflughafenfrankfurt2004.pdf (1.3.2015).

Malten, A., Wagner, S. & Zizka, G. (1999): Biotopkartierung der Stadt Frankfurt am Main. – Grundlagenforschung für den Naturschutz. — Kleine Senckenberg-Reihe, **32**: 113–119.

Malten, A., Bönsel, D., Fehlow, M. & Zizka, G. (2002a): Erfassung von Flora, Fauna und Biotoptypen im Umfeld des Flughafens

Frankfurt am Main. Teil II Untersuchungsgebiet Schwanheim, Abschnitt „Holzkäfer". — URL: http://www.senckenberg.de/files/content/forschung/abteilung/botanik/phanerogamen1/pro2_2_s.pdf (1.3.2015).

Malten, A., Bönsel, D., Fehlow, M. & Zizka, G. (2002b): Erfassung von Flora, Fauna und Biotoptypen im Umfeld des Flughafens Frankfurt am Main. Teil V Arten und Biotope. — Unveröffentlichtes Gutachten, 452 S.; Frankfurt am Main, URL: http://www.senckenberg.de/files/content/forschung/abteilung/botanik/phanerogamen1/pro2_5_ab.pdf (1.3.2015).

Matthiesen, K. (1988): Schutzprogramm der Ackerwildkräuter. 2. Fassung. — Schriftenreihe Ministerium für Umwelt, Raumordnung und Landwirtschaft des Landes Nordrhein-Westfalen (Hrsg.), 39 S.; Düsseldorf.

Meinel, W., Barlas, M., Lelek, A., Pelz, G.R. & Brunken, H. (1986): Natur in Hessen: Fische. — Hessisches Ministerium für Landwirtschaft und Forsten (Hrsg.), 72 S.; Wiesbaden.

Meyer, S., Wesche, K., Leuschner, C., van Elsen, T. & Metzner, J. (2010): Schutzbemühungen für die Segetalflora in Deutschland – Das Projekt „100 Äcker für die Vielfalt". — Treffpunkt biologische Vielfalt IX, BFN Scripten, **265**: 59–64.

Möller, G. (2009): Struktur- und Substratbindung holzbewohnender Insekten, Schwerpunkt Coleoptera – Käfer. — Dissertation, Freie Universität Berlin, 293 S.; Berlin, URL: http://www.diss.fu-berlin.de/diss/servlets/MCRFileNodeServlet/FUDISS_derivate_000000005851/PromotionMoeller2009.pdf (1.3.2015).

Müller, C. (2009): Untersuchungen zu Inventar und Verbreitung der Blütenpflanzenarten sowie Vegetation und Biotoptypen der Niddaufer im Stadtgebiet Frankfurt am Main. — Unveröffentlichte Diplom-Arbeit, Universität Frankfurt, 183 S. + elektron. Anhang; Frankfurt am Main.

Müller-Knatz, J. (1910): Die Farnpflanzen in der Umgegend von Frankfurt a. M. — Abhandlungen der Senckenbergischen Naturforschenden Gesellschaft, **261**: 1–52.

Nau, B. S. (1789): Ökonomische Naturgeschichte der Fische in der Gegend um Mainz. — 22 S.; Mainz (Schillerscher Verlag).

Nawrath, S. (2002): Naturschutzgebiet „Am Berger Hang". — Geobotanische Kolloquien, **17**: 39–58.

New England Wildflower Society (2014): Mazus pumilus (Japanese mazus). — URL: https://gobotany.newenglandwild.org/species/mazus/pumilus/ (12.08.2014).

Noll, C. F. (1864): Der Main in seinem unteren Laufe. I. die Thiere. — Einladungsschrift der höheren Bürgerschule Frankfurt: 3–24.

Nörpel, M. (1982): Die Libellen (Odonata) des Mönchbruchgebietes. — Nachrichten des Entomologischen Vereins Apollo, N.F. **3**: 1–16.

Oehler, R. (1911): Die Fischerei im hiesigen Maingebiet nebst Anhang über die darin vorkommenden Fische. 2. Auflage. — 53 S.; Fechenheim am Main (Schack).

Ott, J. & Piper, W. (1998): Rote Liste der Libellen (Odonata) (Bearbeitungsstand: 1997). — Schriftenreihe für Landschaftspflege und Naturschutz, **55**: 260–263.

Otte, A. (1984): Änderungen in Ackerwildkraut-Gesellschaften als Folge sich wan-

delnder Feldbaumethoden in den letzten 3 Jahrzehnten – dargestellt an Beispielen aus dem Raum Ingolstadt. — Dissertationes Botanicae, **78**: 1–165.

Ottich, I. & Bönsel, D. (2002): Neophyten an ausgewählten Fließgewässerabschnitten. — Unveröffentlichtes Gutachten, 49 S.; Frankfurt am Main.

Ottich, I., Bönsel, D., Gregor, T., Malten, A. & Zizka, G. (2009): Natur vor der Haustür – Stadtnatur in Frankfurt am Main. — Kleine Senckenberg-Reihe, **50**: 1–204.

Patrzich, R. & Nitsch, J. (1994): Artenschutz Libellen (Insecta, Odonata) – Stand der Bearbeitung in Hessen, Gefährdung und Schutzmaßnahmen. — Naturschutz Heute, **14**: 109–124.

Patrzich, R., Malten, A. & Nitsch, J. (1996): Rote Liste der Libellen (Odonata) Hessens. – 1. Fassung, Stand: September 1995. — Hessisches Ministerium des Innern und für Landwirtschaft, Forsten und Naturschutz (HMILFN), 14 S., Wiesbaden.

Paulus, T. (1999): Neophyten. 3. Auflage. — DVWK-Gemeinnützige Fortbildungsgesellschaft für Wasserwirtschaft und Landschaftsentwicklung (Hrsg.), 47 S.; Mainz.

Petzsch, H. (1950): Der Hamster. — 56 S.; Leipzig (Geest & Portig G.-K.).

Plarre, W. (1976): Die Entwicklung von Land- und Zuchtsorten unter Berücksichtigung ihrer genökologischen Veränderungen (dargestellt am Beispiel der Gerste in den letzten 50 Jahren). — Schriftenreihe für Vegetationskunde, **10**: 133–153.

Pohl, W. (2009): Daldinia childiae – Birnenförmiger Holzkohlenpilz. — URL: http://aphyllopower.blogspot.com/2009_07_01_archive.html (1.3.2015).

Pötsch, J. (1991): Unkraut oder Wildpflanze? — 156 S.; Leipzig (Urania).

Pyšek, P., Richardson, D.M., Rejmanek, M., Webster, G., Williamson, M. & Kirschner, J. (2004): Alien plants in checklists and floras: Towards better communication between taxonomists and ecologists. — Taxon, **53**: 131–143.

Raabe, U. (1983): Ackergoldstern (Gagea villosa (MB.) Duby) und Wiesengoldstern (Gagea pratensis (Pers.) Dum.) auf Friedhöfen des Münsterlandes. — Göttinger Floristische Rundbriefe, **16**(3/4): 100–102.

Raunkiaer, C. (1977): The life forms of plants and statistical plant geography. — 632 S.; New York (Arno Press).

Reck, H.-P. (1991): Besonderheiten des Bodens im Oberwald. – In: Kossler, G.-P.: Wald im Süden Frankfurts: Stadtwald, Gravenbruch, Möchbruch. 115 S.; Frankfurt am Main (Selbstverlag): 7–12.

Reichard, J. J. (1772, 1778): Flora Moeno-Francofurtana enumerans stirpes circa Francofurtum ad Moenum crescents secundum methodum sexualem dispositas. — 1: [12], 112 + [4] S.; 2: [8], 196 + [10] S., 1 Tafel; Francofurti ad Moenum (Henricus Ludovicus Broenner).

Reiners, T.E. (2009): Der Einfluss von Landschaftelementen auf Populationen des Feldhamsters Cricetus cricetus in Hessen. — Unveröffentlichte Diplomarbeit, Universität Gießen, 99 S.; Gießen.

Rennwald, E. (2000): Verzeichnis und Rote Liste der Pflanzengesellschaften Deutschlands – mit Datenservice auf CD-ROM. —

Schriftenreihe für Vegetationskunde, **35**: 1–800 + CD-Rom.

Rochelmeyer, F. (1980): Was der Chronist über Seckbach berichten kann. — In: Festausschuss 1100 Jahre Seckbach e.V. (Hrsg.): 1100 Jahre Seckbach. — 93 S.; Frankfurt am Main (Selbstverlag).

Rodriguez, L. O. (2000): Implementing the GTI: recommendations from the DIVERSITAS core programme element 3, including an assessment of present knowledge of key species groups. — 24 S.; Paris (International Union of Biological Sciences).

Römer-Büchner, B. J. (1827): Verzeichniss der Steine und Thiere welche in dem Gebiete der freien Stadt Frankfurt und deren nächsten Umgebung gefunden werden. Mit 2 Steindrucktafeln. — 88 S.; Frankfurt am Main (J. D. Sauerländer).

Rostański, K. & Schnedler, W. (1992): Zur derzeitigen Kenntnis der Oenothera-Sippen (Nachtkerzen) in Hessen. — Oberhessische Naturwissenschaftliche Zeitschrift („1991"), **53**: 43–117.

Rostański, K., Rostański, A. & Gerold-Smietańska, I. (2010): Evening-primroses (Oenothera) occurring in Europe. — 157 S.; Warzaw (Polish Academy of Sciences).

Scheuer, C. H., Bauer, R., Lutz, M., Stabentheiner, E., Mel'nik, V. A. & Grube, M. (2008): Bartheletia paradoxa is a living fossil on Ginkgo leaf litter with a unique septal structure in the Basidiomycota. — Mycological Research, 112: 1265–1279.

Schiegg Pasinelli, K. & Suter, W. (2000): Lebensraum Totholz. — Merkblatt für die Praxis, 33: 1–7. URL: http://www.wsl.ch/dienstleistungen/publikationen/pdf/5029.pdf (1.3.2015).

Schneider, C., Sukopp, U. & Sukopp, H. (1994): Biologisch-ökologische Grundlagen des Schutzes gefährdeter Segetalpflanzen. — Schriftenreihe für Vegetationskunde, **26**: 348–356.

Schneidewind, M. (2010): Ackerwildkräuter in Frankfurt am Main. — Unveröffentlichte Diplomarbeit, Universität Leipzig in Kooperation mit der Universität Frankfurt am Main, 112 S. + elektron. Anhang; Frankfurt am Main.

Scholz, H. (1991): Einheimische Unkräuter ohne Naturstandorte („Heimatlose" oder obligatorische Unkräuter). — Flora et Vegetatio Mundi, **9**: 105–112.

Scholz, H. & Ristow, M. (2005): Neue Nachrichten über die Gattung Eragrostis (Gramineae) in Mitteleuropa. — Verhandlungen des Botanischen Vereins von Berlin und Brandenburg, **138**: 15–29.

Scholz, H. & Thiel, H. (2012): Eine neue in Mitteldeutschland endemische Unterart des Bromus secalinus (Poaceae). — Kochia, **6**: 1–9.

Schroeder, F.-G. (1995): Amelanchier. — In: Scholz, H. (Hrsg.): Gustav Hegi, Illustrierte Flora von Mitteleuropa, Bd. IV, Teil 2B, 2: 385–404. Berlin, Wien (Blackwell Wissenschafts-Verlag).

Schwenzer, B. (1967): Die naturräumlichen Einheiten auf Blatt 139 Frankfurt am Main. — 35 S.; Bad Godesberg (Selbstverlag).

Schwevers, U. & Adam, B. (1999): Fischaufstiegsuntersuchungen am hessischen Main. — 2. Mainsymposium, Tagungsband Arbeitsgemeinschaft Main e.V.: 6–12.

Simons, D. (1993): Die adaptive Bedeutung saisonaler Frugivorie für die zugzeitliche Depotfettbildung bei der Gartengrasmücke

(Sylvia borin). — Dissertation, Universität Köln, 85 S.; Köln.

Spilger, L. (1941): Senckenberg als Botaniker und die Flora von Frankfurt zu Senckenberg's Zeiten. – Abhandlungen der Senckenbergischen Naturforschenden Gesellschaft, **458**: 1–175.

Ssymank, A., Hauke, U., Rückriem, C. & Schröder, E. (1998): Das europäische Schutzgebietssystem NATURA 2000. BfN-Handbuch zur Umsetzung der Flora-Fauna-Habitat-Richtlinie (92/43/EWG) und der Vogelschutzrichtlinie (79/409/EWG). — Schriftenreihe für Landschaftspflege und Naturschutz, **53**: 1–560.

Stadt Frankfurt am Main (Hrsg.) (1993): Frankfurter Friedhöfe. — Stadt Frankfurt am Main, 22 S.; Frankfurt am Main.

Stadt Frankfurt am Main (Hrsg.) (2004): Stadtgewässer. Flüsse, Bäche, Altarme entdecken. — Stadt Frankfurt am Main, 96 S. + 1 Karte; Frankfurt am Main.

Stadt Frankfurt am Main (Hrsg.) (2010): Statistisches Jahrbuch 2014. Stadtgebiet, Flächennutzung und Klima. — URL: http://www.frankfurt.de/sixcms/media.php/678/J2014K01x.pdf (1.3.2015).

Stadt Frankfurt am Main (Hrsg.) (2012): Der Friedhofswegweiser. — 211 S.; Leipzig (Mammut-Verlag).

Stadt Frankfurt am Main (Hrsg.) (2014): Alter Flugplatz: Wer sieht den Storch? — URL: http://www.frankfurt.de/sixcms/detail.php?id=2805&_ffmpar[_id_inhalt]=14589953 (29.9.2014).

Steeg, M. (1961): Die Schmetterlinge von Frankfurt am Main und Umgebung mit Angabe der genauen Flugzeiten und Fundorte. — 122 S.; Frankfurt am Main (Internationaler Entomologischer Verein e. V.).

Steeg, M. (1972): Die Schmetterlinge von Frankfurt am Main und Umgebung mit Angabe der genauen Flugzeiten und Fundorte. Nachtrag I. — Mitteilungen des Internationalen Entomologischen Vereins e. V., **2**: 17–31.

Stich, K. (2012): Verwildernde Frühlingsgeophyten als Neophyten auf Frankfurter Friedhöfen. — Unveröffentlichte Bachelorarbeit, Universität Frankfurt am Main, 77 S.; Frankfurt am Main.

Stubbe, M., Seluga, K. & Weidling, A. (1998a): Bestandssituation und Ökologie des Feldhamsters Cricetus cricetus (L., 1758). — In: Stubbe, M. & Stubbe, A. (Hrsg.): Ökologie und Schutz des Feldhamsters. Materialien des 5. Internationalen Workshops. Halle/Saale: 119–124.

Stubbe, M., Stubbe. A. & Weidling, A. (1998b): Der Feldhamster im Spiegel der Presse und Ämtern, von Vernichtungs- und Schutzstrategien. — In: Stubbe, M. & Stubbe, A. (Hrsg.): Ökologie und Schutz des Feldhamsters. Materialien des 5. Internationalen Workshops. Halle/Saale: 333–446.

Stübing, S. & Hill, B. T. (2008): Prüfung und fachliche Überarbeitung von heterogenen Artendaten („Altdaten") sowie Anpassung auf die derzeitigen Standard-NATIS-Anforderungen. Artengruppe Libellen. — Unveröffentlichtes Gutachten, 86 S.; Gießen.

Sukopp, H. & Kowarik, I. (2007): Stinsenpflanzen in Mitteleuropa und deren agriophytische Vorkommen. — Berichte des Institutes für Landschafts- und Pflanzenökologie der Universität Hohenheim, **17**: 81–90.

Sulzer, F. (1774): Versuch einer Naturgeschichte des Hamsters. — 112 S.; Göttingen und Gotha (Johann Christian Dieterich).

Tree of Life Project (2011): The Tree of Life web project. — URL: http://tolweb.org/tree/phylogeny.html (10.05.2011).

Tsuji, K., Hosokawa, M., Morita, S. & Tominaga, T. (2013): Resistance to paraquat in Mazus pumilus. — Weed Research, **53**: 176–182.

Unger, B. (2014): Pilzfunde im Stadtgebiet von Frankfurt, Stand Juni 2014, Kartierungsdaten der Pilzfreunde Südhessen. — URL: http://pilzfreunde-sulzbach.jimdo.com/ (17.10.2014).

Wagner, R. (1982): Libellen (Insecta, Odonata) aus der Wetterau und angrenzenden Gebieten. — Hessische Faunistische Briefe, **2**(1): 13–16.

Wagner, S., Malten, A. & Redeker, H. (1996): Geplante Aufforstungsfläche „Flurstück 6/8692, Flur 40" in Schwanheim. — Unveröffentlichtes Gutachten, 18 S. + 1 Karte; Frankfurt am Main.

Walther, F. (2014): Flora und Vegetation von Pflasterfugen in Frankfurt am Main. — Unveröffentlichte Masterarbeit, Universität Frankfurt am Main, 101 + LXII S. + elektron. Anhang; Frankfurt am Main.

Weidling, A. & Stubbe, M. (1998): Feldhamstervorkommen in Abhängigkeit vom Boden. — Naturschutz und Landschaftspflege in Brandenburg, **1**: 18–21.

Weinhold, U. & Kayser, A. (2006): Der Feldhamster Cricetus cricetus. — Neue Brehm Bücherei, **625**: 1–128.

Wikipedia (2014): Bolongaropalast. — URL: http://de.wikipedia.org/wiki/Bolongaropalast (30.09.2014).

Willerding, U. (1986): Zur Geschichte der Unkräuter Mitteleuropas. — Göttinger Schriften zur Vor- und Frühgeschichte, **22**: 1–382.

Wittig, R. & Tokhtar, V. (2003): Die Häufigkeit von Oenothera-Arten im westlichen Mitteleuropa. — Feddes Repertorium, **114**(5–6): 372–379.

Wittig, R., Kuttler, W. & Tackenberg, O. (2012): Urban-industrielle Lebensräume. — In: Mosbrugger, V., Brasseur, G., Schaller, M. & Stribrny, B. (Hrsg.): Klimawandel und Biodiversität: Folgen für Deutschland. — 420 S.; Darmstadt (Wissenschaftliche Buchgesellschaft).

Wittig, R., Dittmann, C. & Lenker, K.-H. (2002): Naturschutzgebiet „Schwanheimer Düne". — Geobotanische Kolloquien, **17**: 13–38.

Zhengyi, W. & Raven, P.H. (1998): Flora of China 18: Scrophulariaceae through Gesneriaceae. — 450 S.; Beijing (Science Press), St. Louis (Missouri Botanical Garden Press).

Zub, P. (2002): Nachtfalter. — In: Malten, A., Bönsel, D., Fehlow, M. & Zizka, G.: Erfassung von Flora, Fauna und Biotoptypen im Umfeld des Flughafens Frankfurt am Main. Teil II. Untersuchungsgebiet Schwanheim. – Unveröffentlichtes Gutachten, S. 81–100; Frankfurt am Main, URL: http://www.senckenberg.de/files/content/forschung/abteilung/botanik/phanerogamen1/pro-2_2_s.pdf (1.3.2015).

Zub, P. & Nässig, W. A. (1996): Untersuchung zur Tag- und Nachtfalterfauna des Schwanheimer Unterwaldes im Stadtwald von Frankfurt am Main. — Unveröffentlichtes Gutachten, 76 S.; Frankfurt am Main.

DANKSAGUNG

Wir danken dem Umweltamt der Stadt Frankfurt am Main für die langjährige gute Zusammenarbeit. Den folgenden Personen, die durch Bereitstellung von Funddaten, Bildern und Informationen zum Gelingen des Bandes beigetragen haben: Dieter Baumgart, Bernd Dressler, Sebastian Emde, Peter Emrich, Matthias Fehlow, Thomas Geier, Renate Karolyi, Norbert Kühnberger, Thomas Lehr, Tapio Linderhaus, Randolf Manderbach, Marleen Mika, Julian Münster, Tobias Reiners, Hanns-Jürgen Roland, Manfred Sattler, Reinhard Teuber, Franziska Walther.
Den KollegInnen Rainer Döring, Micheline Middeke und Viola Ziller für ihre Unterstützung.

ANSCHRIFT DER AUTOREN

Dr. Indra Starke-Ottich
Dipl.-Geogr. Dirk Bönsel
PD Dr. Thomas Gregor
Dipl.-Biol. Andreas Malten
Dipl.-Biol. Christina Müller
Prof. Dr. Georg Zizka
Dipl.-Biol. Nicole Frölich
Dipl.-Biol. Mandy Schneidewind
M. Sc. Koloman Stich
M. Sc. Franziska Walther
Abteilung Botanik und
molekulare Evolutionsforschung,
Senckenberg Forschungsinstitut und
Naturmuseum Frankfurt und Fachbereich
Biowissenschaften, Goethe-Universität
Senckenberganlage 25
60325 Frankfurt am Main
biotopkartierung@senckenberg.de

Dr. Benjamin T. Hill
Egenolffstr. 22
60316 Frankfurt am Main

Dr. Egbert Korte
Plattenhof
64560 Riedstadt-Erfelden

Dr. Wolfgang A. Nässig
Dipl.-Biol. Petra Zub
Abteilung Entomologie II
Senckenberg Forschungsinstitut
und Naturmuseum Frankfurt
Senckenberganlage 25
60325 Frankfurt am Main

Prof. Dr. Meike Piepenbring
Hermine Lotz-Winter
Institut für Ökologie, Evolution
und Diversität
Fachbereich Biowissenschaften
Goethe-Universität
Max-von-Laue-Str. 13
(Biologicum, Flügel D)
60438 Frankfurt am Main

Helmut Sandau
Verein der Pilzfreunde
Südhessen Sulzbach e. V.
Steinbacher Weg 6
65843 Sulzbach / Ts.

ABBILDUNGSNACHWEIS

Abb. 1: K. Stich; Abb. 2: I. Starke-Ottich; Abb. 3: Herbarium Senckenbergianum, Senckenberg Gesellschaft für Naturforschung; Abb. 4: N. Frölich; Abb. 5: Herbarium Senckenbergianum, Senckenberg Gesellschaft für Naturforschung; Abb. 6–7: I. Starke-Ottich; Abb. 9: K. Baumann; Abb. 10, 12–13: I. Starke-Ottich; Abb. 14: F. Walther; Abb. 15: K. Stich; Abb. 16: GBIF, www.gbif.org; Abb. 17: D. Bönsel; Abb. 18–21: I. Starke-Ottich; Abb. 22: © Stadtvermessungsamt Frankfurt am Main, Lizenznummer Liz.-Nr. 6233-2008-I; Abb. 23: I. Starke-Ottich; Abb. 24: D. Bönsel; Abb. 25–33, 35: K. Stich; Abb. 36: I. Starke-Ottich; Abb. 37–38: N. Frölich; Abb. 39: M. Schneidewind; Abb. 40: N. Frölich; Abb. 41: © Umweltamt Frankfurt am Main; Abb. 42: M. Schneidewind; Abb. 43: N. Frölich; Abb. 44–45: M. Schneidewind; Abb. 46: I. Starke-Ottich; Abb. 47: M. Schneidewind; Abb. 48: R. Karolyi; Abb. 49: B. T. Hill; Abb. 50–51: A. Malten; Abb. 52: R. Karolyi; Abb. 53: A. Malten; Abb. 54: R. Karolyi; Abb. 55: Senckenberg Gesellschaft für Naturforschung, Kartengrundlage: Esri, HERE, DeLorme, TomTom, Intermap, increment P Corp., GEBCO, USGS, FAO, NPS, NRCAN, GeoBase, IGN, Kadaster NL, Ordnance Survey, Esri Japan, METI, Esri China (Hong Kong), swiss topo, MapmyIndia. © Open Street Map contributors, and the GIS User Community; Abb. 56: I. Starke-Ottich; Abb. 57: T. Geier, Arbeitsgemeinschaft der Hessischen Lepidopterologen; Abb. 58: I. Starke-Ottich; Abb. 59–61: W. A. Nässig, Senckenberg Gesellschaft für Naturforschung; Abb. 62–63: T. Geier, Arbeitsgemeinschaft der Hessischen Lepidopterologen; Abb. 64: G. Zizka; Abb. 65: C. Müller; Abb. 66: Urheber: A. F. Lydon, Quelle: British fresh water fishes, Wikimedia; Abb. 67: I. Starke-Ottich; Abb. 68–69: S. Emde; Abb. 70: J. Münster; Abb. 71: S. Emde; Abb. 72: E. Korte; Abb. 73: M. Mika; Abb. 74: N. Frölich; Abb. 75–77: M. Sattler; Abb. 78: Esri, DigitalGlobe, GeoEye, i-cubed, Earthstar Geographics, CNES/Airbus DS, USDA, USGS, AEX, Getmapping, Aerogrid, IGN, IGP, swiss topo, and the GIS User Community; Abb. 79: N. Frölich; Abb. 80: M. Sattler; Abb. 81–86: H. Lotz-Winter; Abb. 87–90: N. Kühnberger; Abb. 91: H. Lotz-Winter; Abb. 92: N. Kühnberger; Abb. 93: H. Lotz-Winter; Abb. 94: H. Sandau; Abb. 95: N. Kühnberger; Abb. 96: H. Lotz-Winter; Abb. 97: N. Kühnberger; Abb. 98–102: H. Lotz-Winter; Abb. 103: N. Kühnberger; Abb. 104–105: H. Lotz-Winter; Abb. 106: N. Kühnberger; Abb. 107: T. Lehr; Abb. 108–109: N. Kühnberger; Abb. 110: H. Lotz-Winter; Abb. 111–113: D. Bönsel; Abb. 114: I. Starke-Ottich; Abb. 115–119: D. Bönsel; Abb. 120: © Hessisches Landesamt für Bodenmanagement und Geoinformation; Abb. 121–122: © Stadtvermessungsamt Frankfurt am Main; Abb. 123–125: D. Bönsel; Abb. 126: I. Starke-Ottich; Abb. 127: C. Müller; Abb. 128: ©Hessisches Landesamt für Bodenmanagement und Geoinformation; Abb. 129: Stadtarchiv Frankfurt am Main; Abb. 130: D. Bönsel; Abb. 131: P. Emrich; Abb. 132–133: C. Müller; Abb. 134–135: I. Starke-Ottich; Abb. 136: C. Müller; Abb. 137: I. Starke-Ottich; Abb. 138: C. Müller; Abb. 139: Herbarium Senckenbergianum, Senckenberg Gesellschaft für Naturforschung; Abb. 140: I. Starke-Ottich; Abb. 141: C. Müller; Abb. 142–143: I. Starke-Ottich; Abb. 144: T. Gregor; Abb. 145: D. Bönsel; Abb. 146: Esri, DigitalGlobe, GeoEye, i-cubed, Earthstar Geographics, CNES/Airbus DS, USDA, USGS, AEX, Getmapping, Aerogrid, IGN, IGP, swiss topo, and the GIS User Community; Abb. 147: I. Starke-Ottich; Abb. 148: D. Bönsel; Abb. 149: N. Frölich; Abb. 150: I. Starke-Ottich; Abb. 151–152: D. Bönsel; Abb. 153: K. Stich; Abb. 154: Esri, DigitalGlobe, GeoEye, i-cubed, Earthstar Geographics, CNES/Airbus DS, USDA, USGS, AEX, Getmapping, Aerogrid, IGN, IGP, swiss topo, and the GIS User Community; Abb. 155–157: C. Müller; Abb. 158: I. Starke-Ottich; Abb. 159: D. Bönsel; Abb. 160: I. Starke-Ottich; Abb. 161–162: C. Müller; Abb. 163: I. Starke-Ottich; Abb. 164: C. Müller; Abb. 165: I. Starke-Ottich; Abb. 166–167: C. Müller; Abb. 168: I. Starke-Ottich; Abb. 169: D. Bönsel; Abb. 170: Esri, DigitalGlobe, GeoEye, i-cubed, Earthstar Geographics, CNES/Airbus DS, USDA, USGS, AEX, Getmapping, Aerogrid, IGN, IGP, swiss topo, and the GIS User Community; Abb. 171: I. Starke-Ottich; Abb. 172–173: K. Stich; Abb. 174: D. Bönsel; Abb. 175–183: K. Stich; Abb. 184: D. Bönsel; Abb. 185: I. Starke-Ottich; Abb. 186: K. Stich; Abb. 187: D. Bönsel; Abb. 188: Esri, DigitalGlobe, GeoEye, i-cubed, Earthstar Geographics, CNES/Airbus DS, USDA, USGS, AEX, Getmapping, Aerogrid, IGN, IGP, swiss topo, and the GIS User Community; Abb. 189–193: I. Starke-Ottich; Abb. 194: A. Malten; Abb. 195–197: I. Starke-Ottich; Abb. 198: N. Frölich; Abb. 199–218: I. Starke-Ottich; Abb. 219: Darstellung auf der Grundlage und mit Erlaubnis des Regionalverbandes FrankfurtRheinMain; Abb. 220: Esri, DigitalGlobe, GeoEye, i-cubed, Earthstar Geographics, CNES/Airbus DS, USDA, USGS, AEX, Getmapping, Aerogrid, IGN, IGP, swiss topo, and the GIS User Community; Abb. 221: I. Starke-Ottich; Abb. 222–225: Senckenberg Gesellschaft für Naturforschung; www.flora-frankfurt.de; Abb. 226: Herbarium Senckenbergianum, Senckenberg Gesellschaft für Naturforschung; Abb. 227: Senckenberg Gesellschaft für Naturforschung, www.flora-frankfurt.de; Abb. 228: I. Starke-Ottich; Abb. 229: Senckenberg Gesellschaft für Naturforschung, www.flora-frankfurt.de.

ANHANG

Tab. I: Nachweise von verwilderten Geophyten auf Frankfurter Friedhöfen (Stich 2012).
• – Nachweis der Art auf einem Friedhof. Angaben aus der Roten Liste Hessens, Region SW (RL HE SW, Hemm et al. 2008): **E** – etablierter Neophyt, **T** – Sippe mit Etablierungstendenz, **u** – unbeständige Sippe, 2 – stark gefährdet, 3 – gefährdet, **V** – Vorwarnliste, zurückgehende Art, * – ungefährdet, / – keine Daten. Schutz: **B** – besonders geschützt nach Bundesartenschutzverordnung, **E** – besonders geschützt nach EG-Artenschutzverordnung 338/97.
a – Friedhof Höchst, **b** – Friedhof Westhausen, **c** – Hauptfriedhof, **d** – Parkfriedhof Heiligenstock, **e** – Südfriedhof, **f** – Waldfriedhof Goldstein, **g** – Waldfriedhof Oberrad, **h** – Jüdischer Friedhof Battonnstraße, **i** – Jüdischer Friedhof Rat-Beil-Straße, **j** – Neuer Jüdischer Friedhof, **k** – Friedhof Fechenheim, **l** – Friedhof Kalbach, **m** – Friedhof Nieder-Erlenbach-Neu

Wissenschaftlicher Name (deutscher Name)	a	b	c	d	e	f	g	h	i	j	k	l	m	RL HE SW	Schutz
Allium ursinum (Bär-Lauch)									•					*	
Allium vineale (Weinberg-Lauch)									•					*	
Anemone blanda (Reizendes Windröschen)					•									T	
Anemone nemorosa (Busch-Windröschen)	•	•	•				•							*	
Aquilegia vulgaris (Gewöhnliche Akelei)				•										3	B
Corydalis cava (Hohler Lerchensporn)								•						*	
Corydalis solida (Finger-Lerchensporn)	•		•				•	•	•					*	
Crocus spec. (Krokus)		•												/	
Crocus tommasinianus (Dalmatiner Krokus)	•		•	•	•	•	•	•			•	•		T	B
Crocus vernus (Frühlings-Krokus)	•		•		•	•								T	B
Eranthis hyemalis (Winterling)	•	•	•	•	•	•								T	
Gagea lutea (Wald-Goldstern)							•		•	•				*	
Gagea pratensis (Wiesen-Goldstern)	•	•				•		•	•					*	
Gagea villosa (Acker-Goldstern)	•				•									V	
Galanthus elwesii (Elwes' Schneeglöckchen)	•	•	•		•		•	•		•				T	E
Galanthus nivalis (Gewöhnliches Schneeglöckchen)	•	•	•	•	•	•	•	•		•	•	•		E	E
Galanthus woronowii (Woronows Schneeglöckchen)		•	•											/	
Hepatica nobilis (Gewöhnliches Leberblümchen)					•						•			2	B
Hyacinthoides massartiana (Bastard-Hasenglöckchen)		•						•						T	B
Hyacinthus orientalis (Garten-Hyazinthe)					•									/	
Muscari armeniacum (Armenisches Träubel)		•	•	•	•							•		T	B
Muscari botryoides (Kleines Träubel)	•													T	B
Muscari cf. *aucheri* (Auchers Träubel)		•			•			•						/	

Wissenschaftlicher Name (deutscher Name)	**a**	**b**	**c**	**d**	**e**	**f**	**g**	**h**	**i**	**j**	**k**	**l**	**m**	**RL HE SW**	**Schutz**
Narcissus cf. *pseudonarcissus* (Gelbe Narzisse)	•	•			•							•		/	
Narcissus pseudonarcissus (Gelbe Narzisse)		•	•	•	•		•				•			T	B
Narcissus spec. (Narzisse)			•											/	
Ornithogalum angustifolium (Schmalblättriger Milchstern)		•			•		•				•			/	
Ornithogalum spec. (Milchstern)		•												/	
Ornithogalum umbellatum (Dolden-Milchstern)	•													E	
Oxalis acetosella (Wald-Sauerklee)		•												*	
Primula spec. (Primel)							•							/	
Primula veris (Wiesen-Primel)	•		•		•		•					•		V	B
Primula vulgaris (Schaftlose Primel)	•	•	•		•		•					•		/	
Scilla bifolia (Zweiblättriger Blaustern)			•											*	B
Scilla cf. *forbesii* (Forbes' Blaustern)									•					/	
Scilla cf. *sardensis* (Lydischer Blaustern)									•					/	
Scilla forbesii (Forbes' Blaustern)							•			•				/	
Scilla luciliae (Tmolus-Blaustern)	•				•									/	B
Scilla luciliae x *siehei* (Blaustern)					•				•	•				/	
Scilla mischtschenkoana (Mischtschenkos Blaustern)			•		•		•							/	
Scilla sardensis (Lydischer Blaustern)					•									/	B
Scilla siberica (Sibirischer Blaustern)	•	•	•	•	•	•	•	•	•	•				T	B
Scilla siehei (Siehes Blaustern)	•				•									T	B
Tulipa gesneriana (Garten-Tulpe)	•	•	•	•	•	•					•	•		u	
Tulipa tarda (Tarda-Tulpe)	•													/	
Waldsteinia ternata (Dreiteilige Waldsteinie)				•										/	

Tab. II: Übersicht der als Ackerbeikräuter gefundenen Pflanzenarten auf Äckern im Frankfurter Stadtgebiet (Schneidewind 2010) und Anzahl der Nachweise in 1547 untersuchten Flächen. Juvenile bzw. verkümmerte Exemplare konnten z. T. nicht bis zur Art bestimmt werden („spec.").

Wissenschaftlicher Name (deutscher Name)	Nachweise
Achillea millefolium (Gewöhnliche Schafgarbe)	17
Alopecurus myosuroides (Acker-Fuchsschwanz)	112
Amaranthus blitoides (Westamerikanischer Amarant)	4
Amaranthus blitum (Aufsteigender Amarant)	2
Amaranthus retroflexus (Zurückgebogener Amarant)	48
Anagallis arvensis (Acker-Gauchheil)	82
Anchusa arvensis (Acker-Ochsenzunge)	22
Anthemis tinctoria (Färber-Hundskamille)	2
Anthriscus sylvestris (Wiesen-Kerbel)	31
Apera spica-venti (Gewöhnlicher Windhalm)	284
Aphanes arvensis (Gewöhnlicher Ackerfrauenmantel)	20
Arabidopsis thaliana (Acker-Schmalwand)	4
Arctium lappa (Große Klette)	13
Arctium tomentosum (Filz-Klette)	2
Arenaria leptoclados (Dünnstängliges Sandkraut)	4
Arrhenatherum elatius (Glatthafer)	24
Artemisia vulgaris (Gewöhnlicher Beifuß)	12
Atriplex patula (Spreiz-Melde)	6
Avena fatua (Flug-Hafer)	83
Berteroa incana (Graukresse)	1
Beta vulgaris (Runkelrübe)	3
Brassica napus (Raps)	8
Bromus hordeaceus (Flaum-Trespe)	32
Bromus sterilis (Taube Trespe)	160
Bryonia dioica (Rotbeerige Zaunrübe)	7
Capsella bursa-pastoris (Gewöhnliches Hirtentäschel)	145
Cardamine hirsuta (Behaartes Schaumkraut)	3
Carduus spec. (Distel)	2
Centaurea jacea (Gewöhnliche Wiesen-Flockenblume)	1
Cerastium glomeratum (Knäuel-Hornkraut)	8
Cerastium holosteoides (Spurre-Hornkraut)	2
Chenopodium album agg. (Artengruppe Weißer Gänsefuß)	342
Chenopodium album s. str. (Weißer Gänsefuß)	14
Chenopodium album subsp. *pedunculare* (Gänsefuß)	4
Chenopodium ficifolium (Feigenblättriger Gänsefuß)	9

Wissenschaftlicher Name (deutscher Name)	Nachweise
Cichorium intybus (Wegwarte)	2
Cirsium arvense (Acker-Kratzdistel)	357
Cirsium vulgare (Gewöhnliche Kratzdistel)	27
Consolida ajacis (Garten-Ackerrittersporn)	3
Convolvulus arvensis (Acker-Winde)	553
Dactylis glomerata (Wiesen-Knäuelgras)	167
Datura stramonium (Gewöhnlicher Stechapfel)	3
Daucus carota (Wilde Möhre)	1
Digitaria ischaemum (Kahle Fingerhirse)	10
Draba verna (Frühlings-Hungerblümchen)	2
Echinochloa crus-galli (Gewöhnliche Hühnerhirse)	75
Elymus caninus (Hunds-Quecke)	302
Elymus repens (Gewöhnliche Quecke)	428
Epilobium spec. (Weidenröschen)	3
Epilobium tetragonum agg. (Artengruppe Vierkantiges Weidenröschen)	2
Epilobium lamyi (Graugrünes Weidenröschen)	35
Equisetum arvense (Acker-Schachtelhalm)	185
Erigeron annuus s. l. (Einjähriger Feinstrahl)	4
Erigeron annuus subsp. *annuus* (Feinstrahl-Berufkraut)	8
Erigeron canadensis (Kanadischer Katzenschweif)	15
Erodium cicutarium (Gewöhnlicher Reiherschnabel)	8
Euphorbia exigua (Kleine Wolfsmilch)	6
Euphorbia helioscopia (Sonnenwend-Wolfsmilch)	39
Falcaria vulgaris (Gewöhnliche Sichelmöhre)	22
Fallopia convolvulus (Acker-Flügelknöterich)	231
Fumaria officinalis s. l. (Gewöhnlicher Erdrauch)	23
Fumaria officinalis subsp. *officinalis* (Gewöhnlicher Erdrauch i. e. S.)	15
Fumaria vaillantii (Vaillants Erdrauch)	6
Galeopsis angustifolia (Schmalblättriger Hohlzahn)	1
Galeopsis spec. (Hohlzahn)	9
Galinsoga parviflora (Kleinblütiges Franzosenkraut)	24
Galium aparine (Gewöhnliches Labkraut)	318
Galium mollugo agg. (Wiesen-Labkraut)	5
Galium spec. (Labkraut)	6
Geranium dissectum (Schlitzblättriger Storchschnabel)	13
Geranium pusillum (Zwerg-Storchschnabel)	37
Glechoma hederacea (Gewöhnlicher Gundermann)	4
Gnaphalium uliginosum (Sumpf-Ruhrkraut)	2
Gypsophila muralis (Acker-Gipskraut)	1

Wissenschaftlicher Name (deutscher Name)	Nachweise
Hordeum murinum (Mäuse-Gerste)	20
Hordeum vulgare (Saat-Gerste)	9
Hypericum perforatum (Tüpfel-Hartheu)	4
Knautia arvensis (Wiesen-Witwenblume)	2
Lactuca serriola (Kompass-Lattich)	101
Lamium album (Weiße Taubnessel)	7
Lamium amplexicaule (Stängelumfassende Taubnessel)	38
Lamium maculatum (Gefleckte Taubnessel)	19
Lamium purpureum (Purpurrote Taubnessel)	71
Lamium spec. (Taubnessel)	7
Lapsana communis (Gewöhnlicher Rainkohl)	4
Lathyrus spec. (Platterbse)	4
Lathyrus tuberosus (Knollen-Platterbse)	79
Lepidium draba (Pfeil-Kresse)	8
Lepidium ruderale (Schutt-Kresse)	3
Lepidium sativum (Garten-Kresse)	2
Lepidium squamatus (Gewöhnlicher Krähenfuß)	1
Lepidium virginicum (Virginische Kresse)	1
Linaria vulgaris (Gewöhnliches Leinkraut)	9
Lolium perenne (Deutsches Weidelgras)	205
Lotus corniculatus (Gewöhnlicher Hornklee)	2
Malva neglecta (Weg-Malve)	21
Malva sylvestris (Wilde Malve)	1
Matricaria discoidea (Strahlenlose Kamille)	69
Matricaria recutita (Echte Kamille)	206
Medicago lupulina (Hopfenklee)	4
Medicago varia (Bastard-Luzerne)	13
Mercurialis annua (Einjähriges Bingelkraut)	81
Myosotis arvensis (Acker-Vergissmeinnicht)	67
Oxalis spec. (Sauerklee)	2
Oxalis stricta (Aufrechter Sauerklee)	4
Papaver argemone (Sand-Mohn)	2
Papaver rhoeas (Klatsch-Mohn)	235
Pastinaca sativa (Gewöhnlicher Pastinak)	1
Persicaria amphibia (Wasser-Knöterich)	37
Persicaria lapathifolium subsp. *lapathifolium* (Ampfer-Knöterich)	2
Persicaria maculosa (Floh-Knöterich)	50
Phacelia tanacetifolia (Rainfarn-Phazelie)	1
Phalaris canariensis (Kanarien-Glanzgras)	4

Wissenschaftlicher Name (deutscher Name)	Nachweise
Phleum pratense (Wiesen-Lieschgras)	1
Pisum sativum (Garten-Erbse)	4
Plantago lanceolata (Spitz-Wegerich)	7
Plantago major (Breit-Wegerich)	44
Plantago media (Mittel-Wegerich)	1
Poa annua (Einjähriges Rispengras)	155
Poa pratensis (Wiesen-Rispengras)	5
Poa trivialis (Gewöhnliches Rispengras)	123
Polygonum aviculare agg. (Vogelknöterich)	516
Portulaca oleracea (Portulak)	12
Potentilla reptans (Kriechendes Fingerkraut)	6
Prunella vulgaris (Gewöhnliche Braunelle)	1
Ranunculus repens (Kriechender Hahnenfuß)	4
Raphanus raphanistrum s. l. (Acker-Rettich)	24
Reseda luteola (Färber-Resede)	1
Rorippa sylvestris (Wilde Sumpfkresse)	1
Rumex crispus (Krauser Ampfer)	7
Rumex obtusifolius (Stumpfblättriger Ampfer)	13
Salvia pratensis (Wiesen-Salbei)	3
Securigera varia (Bunte Kronwicke)	1
Senecio vulgaris (Gewöhnliches Greiskraut)	38
Setaria viridis (Grüne Borstenhirse)	11
Silene latifolia subsp. *alba* (Weiße Lichtnelke)	4
Silene noctiflora (Acker-Leimkraut)	8
Silene nutans (Nickendes Leimkraut)	1
Silene vulgaris (Gewöhnliches Leimkraut)	7
Sinapis arvensis (Acker-Senf)	41
Sisymbrium altissimum (Hohe Rauke)	1
Sisymbrium officinale (Weg-Rauke)	194
Solanum nigrum (Schwarzer Nachtschatten)	54
Sonchus arvensis (Acker-Gänsedistel)	59
Sonchus asper (Raue Gänsedistel)	38
Sonchus oleraceus (Kohl-Gänsedistel)	10
Sonchus spec. (Gänsedistel)	9
Stellaria media agg. (Vogel-Sternmiere)	65
Taraxacum sectio Ruderalia (Löwenzahn)	39
Thlaspi arvense (Acker-Hellerkraut)	66
Trifolium arvense (Hasen-Klee)	2
Trifolium pratense (Rot-Klee)	9

Wissenschaftlicher Name (deutscher Name)	Nachweise
Trifolium repens (Weiß-Klee)	23
Trifolium spec. (Klee)	4
Tripleurospermum perforatum (Geruchlose Strandkamille)	416
Triticum aestivum (Saat-Weizen)	9
Urtica dioica (Große Brennnessel)	10
Urtica urens (Kleine Brennnessel)	14
Veronica anagallis-aquatica (Blauer Wasser-Ehrenpreis)	1
Veronica arvensis (Feld-Ehrenpreis)	65
Veronica hederifolia agg. (Artengruppe Efeu-Ehrenpreis)	10
Veronica persica (Persischer Ehrenpreis)	317
Veronica spec. (Ehrenpreis)	8
Veronica sublobata (Hecken-Ehrenpreis)	18
Vicia angustifolia (Schmalblättrige Wicke)	4
Vicia hirsuta (Behaarte Wicke)	20
Vicia spec. (Wicke)	9
Viola arvensis (Acker-Stiefmütterchen)	2
Viola arvensis subsp. *arvensis* (Feld-Stiefmütterchen)	156
Viola arvensis subsp. *megalantha* (Großblütiges Acker-Stiefmütterchen)	3
Viola tricolor (Wildes Stiefmütterchen)	1
Vulpia spec. (Federschwingel)	1

Tab. III: Liste der bisher in Frankfurt am Main nachgewiesenen Libellenarten.
Kategorien der Roten Listen Deutschlands (nach Ott & Piper 1998) und Hessens (Patrzich et al. 1996): **0** – ausgestorben, **1** – vom Aussterben bedroht, **2** – stark gefährdet, **3** – gefährdet, **G** – Gefährdung anzunehmen, **V** – Vorwarnliste, zurückgehende Art, **VG** – Vermehrungsgast, **D** – Daten mangelhaft. Schutz: **§** – besonders geschützt nach Bundesartenschutzverordnung (BArtSchV), **§§** – streng geschützt nach BArtSchV, FFH **II** – Art des Anhangs II der FFH-Richtlinie der EU, **IV** – Art des Anhangs IV der FFH-Richtlinie der EU.

Deutscher Name (wissenschaftlicher Name)	Schutz		Gefährdung (Rote Liste)	
	BArtSchV	FFH	Deutschland	Hessen
Prachtlibellen (Calopterygidae)				
Gebänderte Prachtlibelle (*Calopteryx splendens*)	§		V	
Blauflügel-Prachtlibelle (*Calopteryx virgo*)	§		3	3
Teichjungfern (Lestidae)				
Südliche Binsenjungfer (*Lestes barbarus*)	§		2	2
Glänzende Binsenjungfer (*Lestes dryas*)	§		3	3
Gemeine Binsenjungfer (*Lestes sponsa*)	§			
Große Binsenjungfer (*Lestes viridis*)	§			
Gemeine Winterlibelle (*Sympecma fusca*)	§		3	3
Schlanklibellen (Coenagrionidae)				
Helm-Azurjungfer (*Coenagrion mercuriale*)	§§	II	1	1
Hufeisen-Azurjungfer (*Coenagrion puella*)	§			
Fledermaus-Azurjungfer (*Coenagrion pulchellum*)	§		3	3
Becher-Azurjungfer (*Enallagma cyathigerum*)	§			
Pokal-Azurjungfer (*Erythromma lindenii*)	§			
Kleines Granatauge (*Erythromma viridulum*)	§			3
Große Pechlibelle (*Ischnura elegans*)	§			
Kleine Pechlibelle (*Ischnura pumilio*)	§		3	2
Frühe Adonislibelle (*Pyrrhosoma nymphula*)	§			
Federlibellen (Platycnemididae)				
Blaue Federlibelle (*Platycnemis pennipes*)	§			
Edellibellen (Aeshnidae)				
Südliche Mosaikjungfer (*Aeshna affinis*)	§		D	
Blaugrüne Mosaikjungfer (*Aeshna cyanea*)	§			
Südliche Mosaikjungfer (*Aeshna affinis*)	§			
Braune Mosaikjungfer (*Aeshna grandis*)	§		V	3
Keilflecklibelle (*Aeshna isosceles*)	§		2	1
Torf-Mosaikjungfer (*Aeshna juncea*)	§		3	3
Herbst-Mosaikjungfer (*Aeshna mixta*)	§			
Große Königslibelle (*Anax imperator*)	§			
Kleine Königslibelle (*Anax parthenope*)	§		G	2
Früher Schilfjäger (*Brachytron pratense*)	§		3	2

Deutscher Name (wissenschaftlicher Name)	Schutz		Gefährdung (Rote Liste)	
	BArtSchV	FFH	Deutschland	Hessen
Flussjungfern (Gomphidae)				
Westliche Keiljungfer (*Gomphus pulchellus*)	§		V	
Gemeine Keiljungfer (*Gomphus vulgatissimus*)	§		2	2
Kleine Zangenlibelle (*Onychogomphus forcipatus*)	§		2	2
Grüne Flussjungfer (*Ophiogomphus cecilia*)	§§	II, IV	2	0
Quelljungfern (Cordulegastridae)				
Zweigestreifte Quelljungfer (*Cordulegaster boltonii*)	§		3	
Falkenlibellen (Corduliidae)				
Gemeine Smaragdlibelle (*Cordulia aenea*)	§		V	V
Glänzende Smaragdlibelle (*Somatochlora metallica*)	§			
Segellibellen (Libellulidae)				
Feuerlibelle (*Crocothemis erythraea*)	§			
Zierliche Moosjungfer (*Leucorrhinia caudalis*)	§§	IV	1	
Kleine Moosjungfer (*Leucorrhinia dubia*)	§		2	3
Große Moosjungfer (*Leucorrhinia pectoralis*)	§§	II, IV	2	1
Plattbauch (*Libellula depressa*)	§			
Spitzenfleck (*Libellula fulva*)	§		2	1
Vierfleck (*Libellula quadrimaculata*)	§			
Südlicher Blaupfeil (*Orthetrum brunneum*)	§		3	2
Großer Blaupfeil (*Orthetrum cancellatum*)	§			
Schwarze Heidelibelle (*Sympetrum danae*)	§			V
Gefleckte Heidelibelle (*Sympetrum flaveolum*)	§		3	3
Frühe Heidelibelle (*Sympetrum fonscolombii*)	§			VG
Blutrote Heidelibelle (*Sympetrum sanguineum*)	§			
Große Heidelibelle (*Sympetrum striolatum*)	§			
Gemeine Heidelibelle (*Sympetrum vulgatum*)	§			

Tabelle IV: Nachweise der Fischbesiedlung verschiedener Gewässer im Gebiet der Stadt Frankfurt am Main. Historische Nachweise (aus Nau 1789, Römer-Büchner 1827, Noll 1864, Böttger 1869, Oehler 1911, Klausewitz 1974) in Klammern. I = indigene (einheimische) Arten, N = Neozoen (nicht einheimische Arten).

Deutscher Name (wissenschaftl. Name)	Main	Nidda	Nidda-altarme	Teiche im Stadtwald	Enkheimer Ried	Ostpark-Weiher
Neunaugen (Petromyzontida)						
Flussneunauge (*Lampetra fluviatilis*)	(I)	(I)				
Meerneunauge (*Petromyzon marinus*)	(I)	(I)				
Störe (Acipenseridae)						
Europäischer Stör (*Acipenser sturio*)	(I)					
Stör (*Acipenser* spec.)				N		
Lachsfische (Salmonidae)						
Forelle (*Salmo trutta*)	(I)I	(I)I				
Lachs (*Salmo salar*)	(I)					
Regenbogenforelle (*Oncorhynchus mykiss*)		N				
Heringe (Clupeidae)						
Maifisch (*Alosa alosa*)	(I)					
Hechte (Esocidae)						
Hecht (*Esox lucius*)	(I)I	(I)I	I	I	I	I
Dorsche (Gadidae)						
Quappe (*Lota lota*)	(I)	(I)				
Karpfenfische (Cyprinidae)						
Aland (*Leuciscus idus*)	(I)I					I
Barbe (*Barbus barbus*)	(I)I	(I)I				
Blicke (*Blicca bjoerkna*)	(I)I	(I)I	I	I	I	
Bitterling (*Rhodeus amarus*)	(I)I	(I)I	I			
Blaubandbärbling (*Pseudorasbora parva*)	N	N		N		
Brachsen (*Abramis brama*)	(I)I	(I)I	I			
Döbel (*Leuciscus cephalus*)	(I)I	(I)I				
Elritze (*Phoxinus phoxinus*)	(I)	(I)I				
Giebel (*Carassius gibelio*)	(I)I	(I)I	I	I		I
Graskarpfen (*Ctenopharyngodon idella*)			N			

Deutscher Name (wissenschaftl. Name)	Main	Nidda	Nidda-altarme	Teiche im Stadtwald	Enkheimer Ried	Ostpark-Weiher
Gründling (*Gobio gobio*)	(I)I	(I)I				
Hasel (*Leuciscus leuciscus*)	(I)I	(I)I				
Karausche (*Carassius carassius*)	(I)I	(I)I				I
Nase (*Chondrostoma nasus*)	(I)I	(I)I				
Rapfen (*Aspius aspius*)	(I)I	(I)I				
Rotauge (*Rutilus rutilus*)	(I)I	(I)I	I	I	I	I
Rotfeder (*Scardinius erythrophthalmus*)	(I)	(I)I	I	I	I	I
Schleie (*Tinca tinca*)	(I)	(I)	I		I	I
Schneider (*Alburnoides bipunctatus*)	(I)I	(I)I				
Silberkarpfen (*Hypophthalmichthys molitrix*)			N			
Ukelei (*Alburnus alburnus*)	(I)I	(I)I	I			
Weißflossengründling (*Romanogobio belingi*)	N					
Wild-Karpfen (*Cyprinus carpio*)	(I)	(I)				
Zucht-Karpfen (*Cyprinus carpio*)	(N)N	N	N	N		N
Welse (Siluridae)						
Wels (*Siluris glanis*)	(I)I		I			
Steinbeißer (Cobitidae)						
Schlammpeitzger (*Misgurnus fossilis*)	(I)	(I)				
Steinbeißer (*Cobitis taenia*)	(I)I					
Groppen (Cottidae)						
Groppe (*Cottus gobio*)	(I)I	(I)I				
Grundeln (Gobiidae)						
Kesslergrundel (*Ponticola kessleri*)	N	N				
Marmorgrundel (*Protheorhinus semilunaris*)	N	N				
Schwarzmundgrundel (*Neogobius melanostomus*)	N					

Deutscher Name (wissenschaftl. Name)	Main	Nidda	Nidda-altarme	Teiche im Stadtwald	Enkheimer Ried	Ostpark-Weiher
Stichlinge (Gasterosteidae)						
Westlicher Stichling (*Gasterosteus gymnurus*)	(I)I	(I)I	I	I		
Flossensauger (Balitoridae)						
Bachschmerle (*Barbatula barbatula*)	(I)I	(I)I	I	I		
Aale (Anguillidae)						
Aal (*Anguilla anguilla*)	(I)I	(I)I	I			
Schollen (Pleuconectidae)						
Flunder (*Platichthys flesus*)	(I)					
Barsche (Percidae)						
Flussbarsch (*Perca fluviatilis*)	(I)I	(I)I	I	I	I	
Kaulbarsch (*Gymnocephalus cernuus*)	(I)I	I				
Zander (*Sander lucioperca*)	N	N	N	I		I

Tab. V: Liste der bisher in Frankfurt am Main nachgewiesenen Pilzarten. Schutz: § – besonders geschützt nach Bundesartenschutzverordnung (BArtSchV). Ausnahmen: Steinpilz (*Boletus edulis*), Pfifferlinge, alle heimischen Arten (*Cantharellus* spp.), Brätling (*Lactarius volemus*), Birkenpilz und Rotkappe, alle heimischen Arten (*Leccinum* spp.), Morcheln, alle heimischen Arten (*Morchella* spp.). Die nach Landesrecht zuständige Behörde kann im Einzelfall weitergehende Ausnahmen zulassen, solange und soweit die Erhaltung der betreffenden Arten landesweit oder in bestimmten Landesteilen nicht gefährdet ist.

Wissenschaftlicher Name (deutscher Name)	Schutz
FUNGI (ECHTE PILZE)	
Phylum Ascomycota (Abteilung Schlauchpilze)	
Subphylum Pezizomycotina (Schlauchpilze mit Fruchtkörpern)	
Ordnungen Pezizales, Helotiales, Leotiales, Rhytismatales, Orbiliales	
„Discomyzeten (Becherlinge)“	
Aleuria aurantia (Gewöhnlicher Orange-Becherling)	
Arachnopeziza aurata (Blassgoldenes Spinnwebbecherchen)	
Ascocoryne cylichnium (Großsporiger Gallertbecher)	
Ascocoryne sarcoides (Fleischroter Gallertbecher)	
Ascodichaena rugosa (Buchen-Rindenschorf)	
Belonidium sulphureum (Gelbgrünhaarige Trichopeziza)	
Bispora antennata	
Bisporella citrina (Zitronengelbes Reisigbecherchen)	
Bisporella pallescens (Blasses Buchenbecherchen)	
Botrytis cinerea (Grauschimmel)	
Bulgaria inquinans (Schmutzbecherling)	
Calloria neglecta (Orangefarbenes Brennnesselbecherchen)	
Capitotricha fagiseda (Buchen-Kristallhaarbecherchen)	
Ceuthospora laurocerasi	
Cheilymenia spec. (Rinderdung-Becherling)	
Ciboria amentacea (Erlenkätzchen-Becherling)	
Ciboria batschiana (Brauner Eichelbecherling)	
Cistella albidolutea (Weißgelbes Warzenhaarbecherchen)	
Cistella grumosa	
Colpoma quercinum (Eingesenkter Eichenrindenpilz)	
Crocicreas coronatum (Gekrönter Stängelbecherling)	
Crocicreas cyathoideum (Pokalförmiges Krönchenbecherchen)	
Crocicreas fraxinophilum (Eschen-Blattstielbecherchen)	
Cudoniella acicularis (Dünnstieliger Helmkreisling)	
Cyclaneusma minus	
Dasyscyphella nivea (Schneeweißes Eichen-Haarbecherchen)	
Diplocarpon rosae (Rosen-Sternrußtau)	
Dumontinia tuberosa (Anemonen-Sklerotienbecherling)	

Wissenschaftlicher Name (deutscher Name)	Schutz
Encoelia furfuracea (Kleiiger Knäuel-Haselbecher)	
Eupropolella ‚hederae'	
Geoglossum umbratile (Schwarze Erdzunge)	
Gyromitra esculenta (Frühjahrs-Lorchel)	
Helvella crispa (Herbst-Lorchel)	
Helvella elastica (Elastische Lorchel)	
Helvella ephippium (Sattelförmige Lorchel)	
Helvella lacunosa (Gruben-Lorchel)	
Humaria hemisphaerica (Halbkugeliger Borstenbecherling)	
Hyalopeziza ciliata	
Hyaloscypha albohyalina	
Hymenoscyphus albidus (Weißes Stängelbecherchen)	
Hymenoscyphus caudatus (Gemeines Blätter-Stielbecherchen)	
Hymenoscyphus fructigenus (Eichen-Fruchtschalen-Becherling)	
Hymenoscyphus herbarum (Hakenloser Krautstängel-Kurzhaarbecher)	
Hymenoscyphus phyllogenus	
Hymenoscyphus pseudoalbidus (Falsches weißes Stängelbecherchen)	
Hymenoscyphus scutula (Schildförmiger Stängelbecherling)	
Hymenoscyphus syringicolor	
Hypoderma ilicinum	
Hypoderma rubi (Brombeer-Spaltbecherchen)	
Incrucipulum ciliare (Gewimpertes Kreuzhaarbecherchen)	
Lachnellula occidentalis (Lärchen-Haarbecherchen)	
Lachnellula subtilissima (Weißtannen-Haarbecherchen)	
Lachnum brevipilosum (Langstieliges Haarbecherchen)	
Lachnum impudicum (Unverschämtes Haarbecherchen)	
Lachnum virgineum (Weißes Haarbecherchen)	
Lanzia luteovirescens (Grüngelber Stromakelch)	
Lasiobelonium nidulus (Nestförmiges Haarbecherchen)	
Leotia lubrica (Grüngelbes Gallertkäppchen)	
Lophodermium pinastri (Kiefern-Spaltlippe)	
Mitrophora semilibera (Käppchen-Morchel)	
Mollisia amenticola (Erlenzapfen-Weichbecherchen)	
Mollisia cinerea (Aschfahles Weichbecherchen)	
Mollisia melaleuca (Schwarzweißes Weichbecherchen)	
Mollisina acerina	
Monilinia fructigena (Monilia-Fruchtfäule-Pilz)	
Morchella conica (Spitzmorchel)	
Neobulgaria pura (Gemeiner Buchen-Kreisling)	§
Olla millepunctata	

Wissenschaftlicher Name (deutscher Name)	Schutz
Orbilia coccinella (Scharlachrotes Knopfbecherchen)	
Orbilia delicatula (Gelbes Knopfbecherchen)	
Otidea alutacea (Ledergelber Öhrling)	
Otidea bufonia (Kröten-Öhrling)	
Otidea concinna (Zitronengelber Öhrling)	
Otidea onotica (Eselsohr)	
Peziza arvernensis (Nussbrauner Buchenwald-Becherling)	
Peziza badia (Kastanienbrauner Becherling)	
Peziza cerea (Wachs-Becherling)	
Peziza domiciliana (Sandstein-Becherling)	
Peziza michelii (Gelbfleischiger Becherling)	
Peziza micropus (Kurzstieliger Holzbecherling)	
Peziza petersii (Blaubrauner Kohle-Becherling)	
Peziza succosa (Gelbmilchender Becherling)	
Peziza varia (Riesen-Becherling)	
Peziza vesiculosa (Blasiger Becherling)	
Pezizella alniella (Erlenzapfen-Kurzhaarbecherchen)	
Phialina lachnobrachya (Weißes Spinnweb-Kurzhaarbecherchen)	
Polydesmia pruinosa (Bereiftes Kernpilzbecherchen)	
Pseudopeziza trifolii (Klappenschorf)	
Psilachnum chrysostigmum	
Psilachnum inquilinum	
Pyrenopeziza petiolaris (Blattstiel-Spaltbecherchen)	
Pyronema domesticum (Großsporiger Feuerbecherling)	
Rhytisma acerinum (Ahorn-Runzelschorf)	
Rutstroemia alni (Erlen-Stromabecherling)	
Rutstroemia bolaris (Hainbuchen-Becherchen)	
Rutstroemia sydowiana (Eichenblatt-Stromabecherling)	
Scutellinia scutellata (Gewöhnlicher Schildborstling)	
Scutellinia umbrorum (Orangeroter Schildborstling)	
Tapesia fusca (Dunkelgraues Filzbecherchen)	
Tarzetta catinus (Schüsselförmiger Kelchbecherling)	
Trichoglossum hirsutum (Behaarte Erdzunge)	
Trichophaeopsis bicuspis (Zweispitziger Haarborstling)	
Trimmatostroma betulinum	
Trochila craterium (Efeu-Deckelbecherchen)	
Trochila ilicina (Stechpalmen-Deckelbecherchen)	
Tuber aestivum (Sommertrüffel)	§
Tympanis alnea (Erlen-Büschelbecherling)	
Vibrissea flavovirens	

Wissenschaftlicher Name (deutscher Name)	Schutz
Erysiphales (Echte Mehltaupilze)	
Arthrocladiella mougeotii	
Blumeria graminis (Echter Getreide-Mehltau)	
Erysiphe alphitoides (Eichen-Mehltau)	
Erysiphe aquilegiae	
Erysiphe euonymi	
Erysiphe heraclei	
Erysiphe magnifica	
Microsphaera trifolii	
Neoerysiphe galeopsidis	
Phyllactinia fraxini	
Phyllactinia guttata	
Podosphaera clandestina	
Podosphaera pannosa (Echter Rosen-Mehltau)	
Sawadaea bicornis	
Sawadaea tulasnei	
Sphaerotheca fusca	
Verschiedene Ordnungen in den Klassen Sordariomycetes, Dothideomycetes „Pyrenomyzeten (Kernpilze)"	
Acrospermum compressum (Fadensporiges Flachkeulchen)	
Alternaria tenuissima	
Annulohypoxylon cohaerens (Zusammengedrängte Buchen-Kohlenbeere)	
Annulohypoxylon multiforme (Vielgestaltige Kohlenbeere)	
Ascochyta buxicola	
Aulographum hederae	
Bertia moriformis (Maulbeerförmiger Kugelpilz)	
Biscogniauxia nummularia (Rotbuchen-Kohlenbeere)	
Caudospora taleola	
Cercospora armoraciae	
Cercospora beticola	
Cercospora bizzozeriana	
Cercospora depazeoides	
Cercospora mercurialis	
Chaetosphaerella phaeostroma (Kraushaariges Subiculum-Schwarzkügelchen)	
Cladobotryum varium	
Cladosporium herbarum	
Cladosporium iridis	
Cladosporium variabile	
Claviceps purpurea (Mutterkorn-Pilz)	
Coleroa robertiani (Ruprechtskraut-Kugelpilz)	

Wissenschaftlicher Name (deutscher Name)	Schutz
Colletotrichum dematium	
Colletotrichum trichellum	
Cryptosphaeria eunomia	
Cymadothea trifolii (Kleeschwärze-Pilz)	
Daldinia childiae (Birnenförmiger Holzkohlepilz)	
Daldinia concentrica (Kohlen-Kugelpilz)	
Dialonectria episphaeria (Aufsitzender Orange-Pustelpilz)	
Diaporthe detrusa	
Diatrype bullata (Blasiges Eckenscheibchen)	
Diatrype decorticata	
Diatrype disciformis (Buchen-Eckenscheibchen)	
Diatrype stigma (Flächiges Eckenscheibchen)	
Diatrype undulata	
Diatrypella favacea (Birken-Diatrypella)	
Diatrypella quercina (Eichen-Eckenscheibchen)	
Diatrypella verruciformis (Warziges Eckenscheibchen)	
Discosia artocreas	
Discula betulina	
Epichloë clarkii	
Epichloë sylvatica	
Epichloë typhina (Gras-Kernpilz)	
Epicoccum nigrum	
Eutypa flavovirens (Gelbgrüner Krusten-Kugelpilz)	
Eutypa lata (Eschen-Kugelkrustenpilz)	
Eutypa maura (Ahorn-Krustenpilz)	
Eutypa scabrosa (Höckeriger Krusten-Kugelpilz)	
Eutypa spinosa (Stacheliger Krustenhöckerpilz)	
Eutypella quaternata (Vierfrüchtiger Kugelpilz)	
Fusicladium carpophilum	
Fusicladium phillyreae	
Gloniopsis praelonga	
Gnomonia cerastis (Geschnäbelter Ahorn-Kugelpilz)	
Helminthosphaeria clavariarum	
Hypocrea gelatinosa (Gelatinöser Kugelpustelpilz)	
Hypocrea pulvinata (Birkenporling-Kissenpustelpilz)	
Hypocrea rufa (Rotbrauner Scheiben-Pustelpilz)	
Hypomyces aurantius (Goldgelber Schmarotzer-Pustelpilz)	
Hypoxylon cercidicola (Mährische Kohlenbeere)	
Hypoxylon fragiforme (Rötliche Kohlenbeere)	
Hypoxylon fuscum (Rotbraune Kohlenbeere)	

Wissenschaftlicher Name (deutscher Name)	Schutz
Hypoxylon howeanum (Zimtbraune Kohlenbeere)	
Hypoxylon rubiginosum (Ziegelrote Kohlenkruste)	
Kretzschmaria deusta (Brandiger Krustenpilz)	
Lasiosphaeria ovina (Eiförmiger Kohlen-Kugelpilz)	
Leptosphaeria acuta (Zugespitzter Kugelpilz)	
Leptosphaeria arundinacea	
Leptosphaeria doliolum (Engelwurz-Kugelpilz)	
Lichenopeltella pinophylla	
Lophiostoma angustilabrum	
Lophiostoma fuckelii	
Melanomma pulvis-pyrius (Brandschwarzes Kugelkissen)	
Melanomma sanguinarium	
Melogramma campylosporum (Sichelsporiger Pustelpilz)	
Melogramma spiniferum (Rasigkrustiger Buchenkugelpilz)	
Microthyrium cytisi	
Microthyrium ilicinum	
Microthyrium inconspicuum	
Microthyrium macrosporum	
Monodictys castaneae	
Mycosphaerella acervata	
Nectria cinnabarina (Zinnoberroter Pustelpilz)	
Nectria peziza	
Nemania confluens (Halbeingesenkte Kohlenbeere)	
Nemania serpens (Gewundene Kohlenbeere)	
Neotyphodium sp.	
Nodulisporium umbrinum	
Ophiognomonia leptostyla (Marssonina-Blattflecken an Walnuss)	
Paecilomyces marquandii	
Peroneutypa scoparia	
Pestalotiopsis angusta	
Phacellium carneum	
Phoma berberidicola	
Phyllosticta concentrica	
Pseudocercospora sambucigena	
Pseudovalsa longipes	
Ramularia carneola	
Ramularia grevilleana	
Ramularia pratensis	
Ramularia pteridiicola	
Ramularia rhabdospora	

Wissenschaftlicher Name (deutscher Name)	**Schutz**
Ramularia rubella	
Ramularia valerianae	
Rhopographus filicinus (Adlerfarn-Fleckenpilz)	
Rosellinia corticium	
Ruzenia spermoides	
Seifertia azaleae	
Septoria lysimachiae	
Septoria rumicis	
Seuratia millardetii	
Sphaeropsis sapinea	
Splanchnonema platani	
Sporidesium wroblewskii	
Stephanoma strigosum	
Trichosphaeria notabilis	
Tripospermum myrti	
Tubeufia cerea	
Xylaria carpophila (Buchenfruchtschalen-Holzkeule)	
Xylaria filiformis (Fädige Holzkeule)	
Xylaria hypoxylon (Geweihförmige Holzkeule)	
Xylaria longipes (Langstielige Ahorn-Holzkeule)	
Xylaria polymorpha (Vielgestaltige Holzkeule)	
Subphylum Taphrinomycotina (Unterabteilung Wucherlinge)	
Protomyces macrosporus	
Taphrina deformans (Kräuselkrankheit-Erreger)	
Taphrina farlowii	
Taphrina pruni (Zwetschgen-Narrentasche)	
Phylum Basidiomycota (Abteilung Ständerpilze)	
Subphylum Agaricomycotina (Unterabteilung fruchtkörperbildende Ständerpilze)	
Agaricales (Blätterpilze)	
Agaricus aestivalis (Flüchtigberingter Egerling)	
Agaricus arvensis (Weißer Anis-Egerling, Schaf-Egerling)	
Agaricus augustus (Riesen-Egerling)	
Agaricus bisporus (Brauner Zweisporiger Egerling)	
Agaricus bitorquis (Stadt-Egerling, Asphalt-Egerling)	
Agaricus campestris (Wiesen-Egerling)	
Agaricus comtulus (Blasser Zwert-Egerling)	
Agaricus essettei (Schiefknolliger Anis-Egerling)	
Agaricus langei (Großsporiger Blut-Egerling)	
Agaricus lanipes (Breitschuppiger Wollfuß-Egerling)	
Agaricus leucotrichus (Haarigschuppiger Anis-Egerling)	

Wissenschaftlicher Name (deutscher Name)	Schutz
Agaricus niveolutescens (Weißgelber Zwerg-Egerling)	
Agaricus phaeolepidotus (Rebhuhn-Champignon)	
Agaricus semotus (Weinrötlicher Zwerg-Egerling)	
Agaricus silvaticus (Kleinsporiger Wald-Egerling)	
Agaricus silvicola (Dünnfleischiger Anis-Egerling)	
Agaricus vaporarius (Kompost-Egerling)	
Agaricus xanthoderma (Veränderlicher Karbol-Egerling)	
Agrocybe cylindracea (Südlicher Ackerling)	
Agrocybe dura (Weißer Ackerling)	
Agrocybe pediades (Halbkugeliger Ackerling)	
Agrocybe praecox (Frühlings-, Voreilender Ackerling)	
Amanita citrina (Gelblicher Knollenblätterpilz)	
Amanita crocea (Orangegelber Scheidenstreifling)	
Amanita excelsa (Grauer Wulstling)	
Amanita franchetii (Gelbflockiger Wulstling)	
Amanita fulva (Rotbrauner Scheidenstreifling)	
Amanita gemmata (Narzissengelber Wulstling)	
Amanita muscaria (Roter Fliegenpilz)	
Amanita pantherina (Pantherpilz)	
Amanita phalloides (Grüner Knollenblätterpilz)	
Amanita rubescens (Perlpilz)	
Amanita strobiliformis (Fransiger Wulstling)	
Amanita vaginata (Grauer Scheidenstreifling)	
Ampulloclitocybe clavipes (Keulenfüßiger Trichterling)	
Armillaria cepistipes (Zwiebelfüßiger Hallimasch)	
Armillaria gallica (Fleischfarbener Hallimasch)	
Armillaria mellea (Honiggelber Hallimasch)	
Armillaria ostoyae (Dunkler Hallimasch)	
Arrhenia baeospora (Kleinsporiger Nabeling)	
Arrhenia retiruga (Blasser Adermosling)	
Baeospora myosurus (Mäuseschwanz)	
Bolbitius titubans (Gold-Mistpilz)	
Bovista aestivalis (Heide-Bovist)	
Bovista plumbea (Bleigrauer Zwerg-Bovist)	
Bovista pusilla (Zwerg-Bovist)	
Callistosporium luteoolivaceum (Gold-Scheinrübling)	
Calocybe gambosa (Maipilz, Georgsritterling)	
Calvatia gigantea (Riesen-Bovist)	
Calyptella capula (Schalenförmiger Schüsselschwindling)	
Chlorophyllum brunneum (Garten-Riesenschirmling)	

Wissenschaftlicher Name (deutscher Name)	Schutz
Chlorophyllum rhacodes (Rötender Riesenschirmling)	
Chondrostereum purpureum (Violetter Knorpelschichtpilz)	
Clitocybe candicans (Wachsstieliger Trichterling)	
Clitocybe costata (Kerbrandiger Trichterling)	
Clitocybe ditopa (Kleinsporiger Mehl-Trichterling)	
Clitocybe fragrans (Langstieliger Duft-Trichterling)	
Clitocybe gibba (Ockerbrauner Buckel-Trichterling)	
Clitocybe metachroa (Staubfüßiger Trichterling)	
Clitocybe nebularis (Nebelkappe, Graukappe)	
Clitocybe odora (Grüner Anis-Trichterling)	
Clitocybe phaeophthalma (Ranziger Trichterling)	
Clitocybe phyllophila (Laubfreund-Trichterling)	
Clitocybe rivulosa (Rinnigbereifter Trichterling)	
Clitocybe vibecina (Weicher Trichterling)	
Clitopilus hobsonii (Muschelförmiger Räsling)	
Clitopilus prunulus (Großer Mehl-Räsling)	
Collybia cookei (Gelbknolliger Zwergrübling)	
Collybia tuberosa (Braunknolliger Zwergrübling)	
Conocybe cyanopus (Blaufuß-Glockenschüppling)	
Conocybe filaris (Runzeliger Glockenschüppling)	
Conocybe fuscimarginata (Braunrandiges Samthäubchen)	
Conocybe rickeniana (Gerieftes Samthäubchen)	
Conocybe rickenii (Dung-Samthäubchen)	
Coprinellus amphithallus (Keilblättriger Tintling)	
Coprinellus bisporus (Zweisporiger Dung-Tintling)	
Coprinellus disseminatus (Gesäter Tintling)	
Coprinellus domesticus (Haus-Tintling)	
Coprinellus micaceus (Glimmer-Tintling)	
Coprinellus truncorum (Weiden-Tintling)	
Coprinellus xanthothrix (Gelbschuppiger Tintling)	
Coprinopsis atramentaria (Grauer Falten-Tintling)	
Coprinopsis insignis (Fuchsräude-Tintling)	
Coprinopsis lagopus (Hasenpfote)	
Coprinopsis picacea (Specht-Tintling)	
Coprinopsis radiata (Pferdemist-Tintling)	
Coprinopsis romagnesiana (Braunschuppiger Tintling)	
Coprinus comatus (Schopf-Tintling)	
Coprinus silvaticus (Rauhsporiger Tintling)	
Cortinarius anomalus (Graubräunlicher Seidenkopf)	
Cortinarius balteatocumatilis (Braunvioletter Schleimkopf)	

Wissenschaftlicher Name (deutscher Name)	Schutz
Cortinarius cinnamomeus (Zimt-Hautkopf)	
Cortinarius duracinus (Spindeliger Wasserkopf)	
Crepidotus cesatii (Entferntblättriges Stummelfüßchen)	
Crepidotus mollis (Gallertfleischiges Stummelfüßchen)	
Crepidotus variabilis (Gewöhnliches Stummelfüßchen)	
Crinipellis scabella (Zitzen-Haarschwindling)	
Crucibulum laeve (Tiegel-Teuerling)	
Cyathus olla (Bleigrauer Topf-Teuerling)	
Cyathus stercoreus (Dung-Teuerling)	
Cyathus striatus (Gestreifter Teuerling)	
Cylindrobasidium laeve (Ablösender Rindenpilz)	
Cyphellopsis anomala (Rasiges Hängebecherchen)	
Cystoderma amianthinum (Amiant-Körnchenschirmling)	
Cystoderma jasonis (Langsporiger Körnchenschirmling)	
Cystolepiota seminuda (Behangener Mehlschirmling)	
Delicatula integrella (Genabelter Schleierhelmling)	
Entoloma juncinum (Grobgeriefter Rötling)	
Entoloma sericeum (Seidiger Glöckling)	
Episphaeria fraxinicola (Braunsporiges Zwergschälchen)	
Fistulina hepatica (Ochsenzunge, Leberreischling)	
Flammulaster carpophilus (Buchenwald-Flockenschüppling)	
Flammulina velutipes (Gewöhnlicher Samtfußrübling)	
Galerina clavata (Entferntblättriger Moos-Häubling)	
Galerina laevis (Zarter Rasen-Häubling)	
Galerina marginata (Nadelholz-Gift-Häubling)	
Galerina vittiformis (Variabler Moos-Häubling)	
Gymnopilus penetrans (Geflecktblättriger Flämmling)	
Gymnopus acervatus (Büscheliger Rübling)	
Gymnopus confluens (Knopfstieliger Rübling)	
Gymnopus dryophilus (Waldfreund-Rübling)	
Gymnopus erythropus (Rotstieliger Rübling)	
Gymnopus fusipes (Spindeliger Rübling)	
Gymnopus luxurians (Üppiger Rübling)	
Gymnopus ocior (Gelbblättriger Blasssporrübling)	
Gymnopus perforans (Nadel-Zwergschwindling)	
Gymnopus peronatus (Brennender Rübling)	
Gymnopus quercophilus (Braunscheibiger Schwindling)	
Handkea excipuliformis (Beutelstäubling, Sackbovist)	
Handkea utriformis (Hasen-Stäubling)	
Hebeloma crustuliniforme (Tonblasser Fälbling)	

Wissenschaftlicher Name (deutscher Name)	Schutz
Hebeloma leucosarx (Großer Weidenfälbling)	
Hebeloma longicaudum (Langstieliger Fälbling)	
Hebeloma mesophaeum (Dunkelscheibiger Fälbling)	
Hebeloma syrjense (Seifenfälbling)	
Hemimycena cucullata (Gipsweißer Scheinhelmling)	
Hemimycena lactea (Milchweißer Scheinhelmling)	
Hemimycena mairei (Rasen-Scheinhelmling)	
Hohenbuehelia atrocoerulea (Blaugrauer Muscheling)	
Hohenbuehelia grisea (Graufilziger Muscheling)	
Hydropus subalpinus (Buchenwald-Wasserfuß)	
Hygrocybe conica (Kegeliger Saftling)	§
Hygrocybe miniata (Mennigroter Filz-Saftling)	§
Hygrocybe psittacina (Papageien-Saftling)	§
Hygrocybe virginea (Schneeweißer Ellerling)	§
Hygrophorus eburneus (Elfenbein-Schneckling)	
Hygrophorus latitabundus (Großer Kiefern-Schneckling	
Hygrophorus nemoreus (Hain-Schneckling, Wald-Schneckling)	
Hygrophorus persoonii (Olivgestiefelter Schneckling)	
Hypholoma capnoides (Rauchblättriger Schwefelkopf)	
Hypholoma fasciculare (Grünblättriger Schwefelkopf)	
Hypholoma lateritium (Ziegelroter Schwefelkopf)	
Inocybe adaequata (Weinrötlicher Risspilz)	
Inocybe cookei (Strohgelber Risspilz)	
Inocybe erubescens (Ziegelroter Risspilz)	
Inocybe flocculosa (Flockiger Risspilz)	
Inocybe fuscidula (Braunstreifiger Risspilz)	
Inocybe geophylla (Seidiger Risspilz)	
Inocybe grammata (Höckersporiger Risspilz)	
Inocybe haemacta (Grünroter Risspilz)	
Inocybe maculata (Gefleckter Risspilz)	
Inocybe melanopus (Braungestiefelter Risspilz)	
Inocybe pusio (Radialrissiger Risspilz)	
Inocybe rimosa (Kegeliger Risspilz	
Inocybe soluta (Knollenloser Risspilz)	
Inocybe splendens (Klebriger Risspilz)	
Inocybe subcarpta (Trapezsporiger Risspilz)	
Kuehneromyces mutabilis (Stockschwämmchen)	
Laccaria amethystina (Violetter Lacktrichterling)	
Laccaria bicolor (Zweifarbiger Lacktrichterling)	
Laccaria laccata (Rötlicher Lacktrichterling)	

Wissenschaftlicher Name (deutscher Name)	Schutz
Laccaria proxima (Braunstieliger Lacktrichterling)	
Lacrymaria lacrymabunda (Tränender Saumpilz)	
Lepiota alba (Weißer Schirmling)	
Lepiota aspera (Spitzschuppiger Schirmling)	
Lepiota calcicola (Struppiger Schirmling)	
Lepiota castanea (Kastanienbrauner Schirmling)	
Lepiota clypeolaria (Wolliggestiefelter Schirmling)	
Lepiota cristata (Stinkschirmling, Kammschirmling)	
Lepiota fuscovinacea (Purpurbrauner Schirmling)	
Lepiota jacobi (Lange's Stachelschirmling)	
Lepiota lilacea (Lila Schirmling)	
Lepiota magnispora (Gelbwolliger Schirmling)	
Lepiota subincarnata (Fleischfarbener Schirmling)	
Lepista flaccida (Fuchsiger Rötelritterling)	
Lepista irina (Veilchenwurz-Rötelritterling)	
Lepista nuda (Violetter Rötelritterling)	
Lepista panaeolus (Graubräunlicher Rötelritterling)	
Lepista personata (Lilastieliger Rötelritterling)	
Lepista sordida (Schmutziger Rötelritterling)	
Leratiomyces squamosus (Schuppiger Klebkopf)	
Leucoagaricus americanus (Büscheliger Egerlingsschirmpilz)	
Leucoagaricus holosericeus (Seidiger Egerlingsschirmpilz)	
Leucoagaricus leucothites (Gewöhnlicher Egerlingsschirmpilz)	
Leucocoprinus badhamii (Anlaufender Egerlingsschirmling)	
Leucopaxillus rhodoleucus (Lachsblättriger Krempenritterling)	
Lycoperdon echinatum (Igelstäubling)	
Lycoperdon lividum (Blassbrauner Stäubling)	
Lycoperdon molle (Weicher Stäubling)	
Lycoperdon nigrescens (Stinkender Stäubling)	
Lycoperdon perlatum (Flaschenstäubling)	
Lycoperdon pratense (Abgeflachter Wiesen-Stäubling)	
Lycoperdon pyriforme (Birnen-Stäubling)	
Lyophyllum connatum (Weißer Rasling)	
Lyophyllum decastes (Büschel-Rasling)	
Lyophyllum loricatum (Panzer-Rasling)	
Lyophyllum paelochroum (Lehmfarbener Rasling)	
Macrocystidia cucumis (Gurken-Schnitzling)	
Macrolepiota konradii (Grobscholliger Riesenschirmling)	
Macrolepiota mastoidea (Zitzen-Schirmpilz)	
Macrolepiota permixta (Rötender Riesenschirmpilz)	

Wissenschaftlicher Name (deutscher Name)	Schutz
Macrolepiota procera (Parasolpilz)	
Macrotyphula filiformis (Binsen-Röhrenkeule)	
Marasmiellus ramealis (Ästchen-Zwergschwindling)	
Marasmiellus vaillantii (Matter Zwergschwindling)	
Marasmius androsaceus (Rosshaar-Schwindling)	
Marasmius anomalus (Trockenrasen-Schwindling)	
Marasmius bulliardii (Laubstreu-Käsepilzchen)	
Marasmius cohaerens (Hornstiel-Schwindling)	
Marasmius epiphylloides (Efeublatt-Schwindling)	
Marasmius epiphyllus (Aderblättriger Schwindling)	
Marasmius oreades (Nelkenschwindling)	
Marasmius rotula (Halsband-Schwindling)	
Marasmius setosus (Niederliegender Schwindling)	
Marasmius torquescens (Ledergelber Schwindling)	
Marasmius wettsteinii (Käsepilzchen)	
Marasmius wynnei (Violettlicher Schwindling)	
Megacollybia platyphylla (Breitblättriger Faserrübling)	
Melanoleuca brevipes (Kurzstieliger Weichritterling)	
Melanoleuca cognata (Frühlings-Weichritterling)	
Melanoleuca exscissa (Blassgrauer Weichritterling)	
Melanoleuca grammopodia (Rillstieliger Weichritterling)	
Melanoleuca iris (Iris-Weichritterling)	
Melanoleuca melaleuca (Gewöhnlicher Weichritterling)	
Melanoleuca paedida (Schmutziger Weichritterling)	
Melanoleuca tristis (Düsterer Weichritterling)	
Melanophyllum haematospermum (Blutblättriger Zwergschirmling)	
Meottomyces dissimulans (Winter-Schüppling)	
Mucronella calva (Rasiges Pfriempilzchen)	
Mycena acicula (Orangeroter Helmling)	
Mycena alcalina (Alkalischer Helmling i. w. S.)	
Mycena amicta (Geschmückter Helmling)	
Mycena capillaris (Buchenblatt-Helmling)	
Mycena crocata (Gelbmilchender Helmling)	
Mycena epipterygia (Dehnbarer Helmling)	
Mycena filopes (Zerbrechlicher Faden-Helmling)	
Mycena flavoalba (Zitronengelber Helmling)	
Mycena galericulata (Rosablättriger Helmling)	
Mycena galopus (Weißmilchender Helmling)	
Mycena haematopus (Großer Blut-Helmling)	
Mycena hiemalis (Winter-Rindenhelmling)	

Wissenschaftlicher Name (deutscher Name)	Schutz
Mycena inclinata (Buntstieliger Helmling)	
Mycena leptocephala (Grauer Nitrat-Helmling)	
Mycena metata (Kegeliger Helmling)	
Mycena olida (Ranziger Rindenhelmling)	
Mycena pelianthina (Braunschneidiger Rettich-Helmling)	
Mycena polygramma (Rillstieliger Helmling)	
Mycena pura (Rettich-Helmling)	
Mycena rosea (Rosafarbener Rettich-Helmling)	
Mycena sanguinolenta (Purpurschneidiger Blut-Helmling)	
Mycena stipata (Viersporiger Nitrat-Helmling)	
Mycena stylobates (Postament-Helmling)	
Mycena tintinnabulum (Büscheliger Winter-Helmling)	
Mycena vitilis (Zäher Faden-Helmling)	
Mycena xantholeuca (Gelbweisser Helmling)	
Mycena zephirus (Rostfleckiger Helmling)	
Mycetinis alliaceus (Saitenstieliger Knoblauchschwindling)	
Mycetinis scorodonius (Mousseron, Küchen-Schwindling)	
Myxomphalia maura (Kohlen-Nabeling)	
Naucoria escharioides (Honiggelber Erlenschnitzling)	
Ossicaulis lignatilis (Bepuderter Holztrichterling)	
Oudemansiella mucida (Beringter Schleimrübling)	
Panaeolina foenisecii (Heu-Düngerling)	
Panaeolus papilionaceus (Behangener Glocken-Düngerling)	
Panellus mitis (Milder Zwergknäueling)	
Panellus ringens (Rachenförmiger Zwergknäueling)	
Panellus serotinus (Gelbstieliger Zwergknäueling)	
Panellus stipticus (Herber Zwergknäueling)	
Parasola nudiceps (Welkender Tintling)	
Parasola plicatilis (Glimmeriger Scheibchen-Tintling)	
Phaeolepiota aurea (Goldfarbener Glimmerschüppling)	
Phloeomana speirea (Bogenblättriger Helmling)	
Pholiota aurivella (Goldfell-Schüppling)	
Pholiota flammans (Feuer-Schüppling)	
Pholiota jahnii (Pinsel-Schüppling)	
Pholiota lenta (Tonfalber Schüppling)	
Pholiota populnea (Pappel-Schüppling)	
Pholiota squarrosa (Sparriger Schüppling)	
Pholiotina aporos (Frühlings-Glockenschüppling)	
Phyllotopsis nidulans (Orangeseitling)	
Pleurotus cornucopiae (Rillstieliger Seitling)	

Wissenschaftlicher Name (deutscher Name)	Schutz
Pleurotus dryinus (Berindeter Seitling)	
Pleurotus ostreatus (Austern-Seitling)	
Pleurotus pulmonarius (Lungenseitling)	
Plicaturopsis crispa (Krauser Adernzähling)	
Pluteus atromarginatus (Schwarzschneidiger Dachpilz)	
Pluteus cervinus (Rehbrauner Dachpilz)	
Pluteus diettrichii (Rissiger Dachpilz)	
Pluteus leoninus (Löwengelber Dachpilz)	
Pluteus petasatus (Seidiger Dachpilz)	
Pluteus phlebophorus (Netzaderiger Zwerg-Dachpilz)	
Pluteus romellii (Gelbstieliger Dachpilz)	
Pluteus salicinus (Grünlichgrauer Dachpilz)	
Protostropharia semiglobata (Halbkugeliger Träuschling)	
Psathyrella bifrons (Weißschneidiger Mürbling)	
Psathyrella candolleana (Lilablättriger Saumpilz)	
Psathyrella conopilus (Steifstieliger Mürbling)	
Psathyrella microrrhiza (Wurzelnder Mürbling)	
Psathyrella multipedata (Büscheliger Mürbling)	
Psathyrella piluliformis (Wässriger Saumpilz)	
Psathyrella pygmaea (Zwerg-Mürbling)	
Psathyrella spadicea (Schokoladenbrauner Mürbling)	
Psathyrella spadiceogrisea (Früher Faserling)	
Pseudoclitocybe cyathiformis (Kaffeebrauner Gabeltrichterling)	
Psilocybe cyanescens (Blaugrün fleckender Kahlkopf)	
Psilocybe semilanceata (Spitzkegeliger Kahlkopf)	
Radulomyces confluens (Grauvioletter Hornstachelpilz)	
Radulomyces molaris (Gezähnter Reibeisenpilz)	
Ramariopsis pulchella (Hübsche Wiesenkeule)	
Ramariopsis subtilis (Zartes Wiesenkeulchen)	
Resupinatus applicatus (Hellbrauner Gallertblättling)	
Rhodocollybia butyracea (Kastanienbrauner Rübling)	
Rhodocollybia maculata (Gefleckter Rübling)	
Rhodocybe gemina (Würziger Tellerling)	
Ripartites tricholoma (Bewimperter Filzkrempling)	
Rugosomyces carneus (Fleischroter Schönkopf)	
Rugosomyces ionides (Veilchenblauer Schönkopf)	
Schizophyllum amplum (Judasöhrchen, Becherrindenpilz)	
Schizophyllum commune (Spaltblättling)	
Simocybe centunculus (Hellrandiger Olivschnitzling)	
Sphaerobolus stellatus (Kugelwerfer, Kugelschneller)	

Wissenschaftlicher Name (deutscher Name)	Schutz
Strobilurus esculentus (Fichten-Zapfenrübling)	
Strobilurus tenacellus (Bitterer Kiefern-Zapfenrübling)	
Stropharia aeruginosa (Grünspan-Träuschling)	
Stropharia aurantiaca (Orangeroter Träuschling)	
Stropharia caerulea (Grünblauer Träuschling)	
Stropharia coronilla (Krönchen-Träuschling)	
Stropharia rugosoannulata (Riesen-Träuschling, Braunkappe)	
Tectella patellaris (Klebriger Schleierseitling)	
Tricholoma album (Strohblasser Ritterling)	
Tricholoma argyraceum (Silbergrauer Erd-Ritterling)	
Tricholoma aurantium (Orangerote Ritterling)	
Tricholoma cingulatum (Beringer Erd-Ritterling)	
Tricholoma fulvum (Gelbblättriger Ritterling)	
Tricholoma inamoenum (Lästiger Ritterling)	
Tricholoma lascivum (Widerlicher Ritterling)	
Tricholoma scalpturatum (Gilbender Erd-Ritterling)	
Tricholoma sulphureum (Schwefel-Ritterling)	
Tricholoma terreum (Gewöhnlicher Erd-Ritterling)	
Tricholoma ustale (Brandiger Ritterling)	
Tricholomella constricta (Gegürtelter Schönkopf)	
Tricholomopsis rutilans (Rötlicher Holzritterling)	
Tubaria conspersa (Flockiger Trompetenschnitzling)	
Tubaria dispersa (Gelbblättriger Trompetenschnitzling)	
Tubaria furfuracea (Gewöhnlicher Trompetenschnitzling)	
Tulostoma brumale (Zitzen-Stielbovist)	
Tulostoma fimbriatum (Gewimperter Stielbovist)	
Typhula erythropus (Rotstieliges Sklerotienkeulchen)	
Volvariella bombycina (Wolliger Scheidling)	
Volvariella caesiotincta (Blaugrauer Scheidling)	
Volvariella murinella (Mausgrauer Scheidling)	
Volvariella pusilla (Kleinster Scheidling)	
Volvopluteus gloiocephalus (Großer Scheidling)	
Woldmaria filicina (Geselliges Ockerröhrchen)	
Xerula radicata (Schleimiger Wurzelrübling)	
Boletales (Röhrlingsverwandtschaft)	
Boletus aestivalis (Sommer-Steinpilz)	
Boletus declivitatus (Eichen-Filzröhrling)	
Boletus edulis (Steinpilz, Herrenpilz)	§
Boletus erythropus (Flockenstieliger Hexenröhrling)	
Boletus luridus (Netzstieliger Hexenröhrling)	

Wissenschaftlicher Name (deutscher Name)	Schutz
Boletus pulverulentus (Schwarzblauender Röhrling)	
Boletus queletii (Glattstieliger Hexenröhrling)	
Boletus radicans (Wurzelnder Bitter-Röhrling)	
Boletus satanas (Satansröhrling)	
Boletus subtomentosus (Ziegenlippe)	
Chalciporus piperatus (Pfefferröhrling)	
Chroogomphus rutilus (Kupferroter Gelbfuß)	
Coniophora puteana (Dickhäutiger Kellerschwamm)	§
Gyrodon lividus (Erlen-Grübling)	
Gyroporus castaneus (Hasen-Röhrling)	
Gyroporus cyanescens (Kornblumen-Röhrling)	
Hygrophoropsis aurantiaca (Falscher Pfifferling)	
Imleria badia (Maronen-Röhrling)	
Leccinum scabrum (Gewöhnlicher Birkenpilz, Kapuziner)	§
Paxillus filamentosus (Erlen-Krempling)	
Paxillus involutus (Kahler Krempling)	
Phylloporus pelletieri (Europäisches Goldblatt)	
Pseudoboletus parasiticus (Schmarotzer-Röhrling)	
Scleroderma areolatum (Leopardenfell-Hartbovist)	
Scleroderma bovista (Gelbflockiger Hartbovist)	
Scleroderma citrinum (Dickschaliger Kartoffelbovist)	
Scleroderma verrucosum (Braunwarziger Hartbovist)	
Serpula himantioides (Wilder Hausschwamm)	
Strobilomyces strobilaceus (Strubbelkopfröhrling)	
Suillus granulatus (Körnchen-Röhrling)	
Suillus grevillei (Goldröhrling)	
Suillus luteus (Butterpilz)	
Suillus viscidus (Grauer Lärchen-Röhrling)	
Tapinella atrotomentosa (Samtfuß-Krempling)	
Tapinella panuoides (Muschel-Krempling)	
Tylopilus felleus (Gallenröhrling)	
Tylopilus porphyrosporus (Düsterer Porphyrröhrling)	
Xerocomellus chrysenteron (Rotfuß-Röhrling)	
Xerocomellus cisalpinus (Starkblauender Rotfuß-Röhrling)	
Xerocomellus porosporus (Düsterer Rotfußröhrling)	
Xerocomellus pruinatus (Bereifter Rotfuß-Röhrling)	
Xerocomellus rubellus (Blutroter Röhrling)	
Russulales (Sprödblättler und Verwandtschaft)	
Auriscalpium vulgare (Ohrlöffel-Stacheling)	
Hericium cirrhatum (Dorniger Stachelbart)	

Wissenschaftlicher Name (deutscher Name)	Schutz
Hericium coralloides (Buchen-Stachelbart)	
Heterobasidion annosum (Gewöhnlicher Wurzelschwamm)	
Lactarius acerrimus (Queradriger Milchling)	
Lactarius blennius (Graugrüner Milchling)	
Lactarius camphoratus (Kampfer-Milchling)	
Lactarius circellatus (Gebänderter Hainbuchen-Milchling)	
Lactarius citriolens (Fransen-Milchling)	
Lactarius controversus (Rosascheckiger Milchling)	
Lactarius decipiens (Ungezonter Schwefel-Milchling)	
Lactarius deliciosus (Echter Reizker)	
Lactarius deterrimus (Fichten-Blutreizker)	
Lactarius helvus (Bruch-Milchling, Maggipilz)	
Lactarius obscuratus (Erlen-Milchling)	
Lactarius pallidus (Fleischblasser Milchling)	
Lactarius piperatus (Langstieliger Pfeffer-Milchling)	
Lactarius pubescens (Flaumiger Birken-Milchling)	
Lactarius pyrogalus (Hasel-Milchling)	
Lactarius quietus (Eichen-Milchling)	
Lactarius rufus (Rotbrauner Milchling)	
Lactarius subdulcis (Süßlicher Buchen-Milchling)	
Lactarius tabidus (Flatter-Milchling)	
Lactarius turpis (Olivbrauner Milchling)	
Lactarius vellereus (Wolliger Milchling, Erdschieber)	
Lactarius volemus (Brätling)	§
Laxitextum bicolor (Zweifarbiger Schichtpilz)	
Peniophora cinerea (Aschgrauer Zystidenrindenpilz)	
Peniophora incarnata (Fleischroter Zystidenrindenpilz)	
Peniophora laeta (Hainbuchen-Zystidenrindenpilz)	
Peniophora limitata (Eschen-Zystidenrindenpilz)	
Peniophora lycii (Grauer Zystidenrindenpilz)	
Peniophora pithya (Nadelholz-Zystidenrindenpilz)	
Peniophora quercina (Eichen-Zystidenrindenpilz)	
Peniophora rufomarginata (Linden-Zystidenrindenpilz)	
Russula aeruginea (Grasgrüner Birken-Täubling)	
Russula amoenolens (Brauner Camembert-Täubling)	
Russula atropurpurea (Purpurschwarzer Täubling)	
Russula badia (Zedernholz-Täubling)	
Russula betularum (Birken-Spei-Täubling)	
Russula caerulea (Buckel-Täubling)	
Russula cessans (Kiefern-Weich-Täubling)	

Wissenschaftlicher Name (deutscher Name)	Schutz
Russula chloroides (Schmalblättriger Weiß-Täubling)	
Russula claroflava (Chromgelber Graustiel-Täubling)	
Russula cyanoxantha (Frauen-Täubling)	
Russula densifolia (Dichtblättriger Schwärz-Täubling)	
Russula elaeodes (Hellgrüner Herings-Täubling i. w. S.)	
Russula emetica (Kirschroter Speitäubling)	
Russula exalbicans (Verblassender Birken-Täubling)	
Russula fellea (Gallen-Täubling)	
Russula graveolens (Fleischvioletter Heringstäubling)	
Russula grisea (Grauvioletter Tauben-Täubling)	
Russula ionochlora (Papageien-Täubling)	
Russula lepida (Harter Zinnober-Täubling)	
Russula melliolens (Honig-Täubling)	
Russula nauseosa (Geriefter Weich-Täubling)	
Russula nigricans (Dickblättriger Schwärz-Täubling)	
Russula nitida (Milder Glanz-Täubling)	
Russula nobilis (Buchen-Spei-Täubling)	
Russula ochroleuca (Ocker-Täubling)	
Russula parazurea (Blaugrüner Reif-Täubling)	
Russula pectinata (Stinkender Kamm-Täubling)	
Russula pectinatoides (Kratzender Kamm-Täubling)	
Russula puellaris (Milder Wachs-Täubling)	
Russula queletii (Stachelbeer-Täubling)	
Russula raoultii (Blassgelber Täubling)	
Russula risigallina (Weicher Täubling)	
Russula sardonia (Zitronenblättriger Täubling)	
Russula silvestris (Kiefern-Spei-Täubling)	
Russula solaris (Sonnen-Täubling)	
Russula vesca (Fleischroter Speise-Täubling)	
Russula violeipes (Violettstieliger Pfirsich-Täubling)	
Russula virescens (Grüngefelderter Täubling)	
Scytinostroma portentosum (Mottenkugel-Lederrindenpilz)	
Stereum complicatum (Ästchen-Schichtpilz)	
Stereum gausapatum (Zottiger Eichen-Schichtpilz)	
Stereum hirsutum (Striegeliger Schichtpilz)	
Stereum insignitum (Braunsamtiger Buchen-Schichtpilz)	
Stereum rugosum (Rötender Runzel-Schichtpilz)	
Stereum sanguinolentum (Blutender Nadelholz-Schichtpilz)	
Stereum subtomentosum (Samtiger Schichtpilz)	
Xylobolus frustulatus (Mosaik-Schichtpilz)	

Wissenschaftlicher Name (deutscher Name)	Schutz
Auricularíales, Dacrymycetales, Tremellales (Gallertpilze)	
Auricularia auricula-judae (Judasohr)	
Auricularia mesenterica (Gezonter Ohrlappenpilz)	
Calocera cornea (Pfriemlicher Laubholz-Hörnling)	
Calocera furcata (Gegabelter Hörnling)	
Calocera viscosa (Klebriger Hörnling)	
Dacrymyces capitatus (Kopfige Gallertträne)	
Dacrymyces stillatus (Zerfließende Gallertträne)	
Exidia cartilaginea (Knorpeliger Drüsling)	
Exidia glandulosa (Stoppeliger Drüsling)	
Exidia plana (Hexenbutter)	
Exidia recisa (Kreisel-Drüsling)	
Exidia saccharina (Kandisbrauner Drüsling)	
Exidia thuretiana (Weißlicher Drüsling)	
Myxarium nucleatum (Körnchen-Drüsling)	
Pseudohydnum gelatinosum (Eispilz)	
Tremella encephala (Alabaster-Kernling)	
Tremella foliacea (Blattartiger Zitterling)	
Tremella mesenterica (Goldgelber Zitterling)	
Cantharellales (Pfifferlings-Verwandtschaft)	
Botryobasidium conspersum (Lockerflockiger Eischimmel)	
Cantharellus cibarius (Pfifferling, Eierschwamm)	§
Cantharellus cinereus (Grauer Leistling)	§
Cantharellus friesii (Samtiger Pfifferling)	§
Clavulina cinerea (Graue Koralle)	
Clavulina coralloides (Kammförmige Koralle)	
Clavulina rugosa (Runzelige Koralle)	
Craterellus cornucopioides (Herbsttrompete, Totentrompete)	
Craterellus tubaeformis (Trompeten-Pfifferling)	
Hydnum repandum (Semmel-Stoppelpilz)	
Hydnum rufescens (Rötlicher Stoppelpilz)	
Pseudocraterellus undulatus (Krause Kraterelle)	
Sistotrema brinkmannii (Brinkmanns Rindenpilz)	
Tulasnella violea (Lilafarbene Wachskruste)	
Polyporales, Hymenochaetales, Gloeophyllales (Porlinge und porlingsartige Pilze)	
Abortiporus biennis (Rötender Saftwirrling)	
Antrodia albida (Weißliche Tramete)	
Antrodia malicola (Apfelbaum-Braunfäuletramete)	
Antrodia serialis (Reihige Tramete)	
Antrodia xantha (Gelblicher Resupinatporling)	

Wissenschaftlicher Name (deutscher Name)	Schutz
Antrodiella hoehnelii (Spitzwarzige Tramete)	
Antrodiella semisupina (Knorpelige Tramete)	
Basidioradulum radula (Reibeisen-Rindenpilz)	
Bjerkandera adusta (Angebrannter Rauchporling)	
Bjerkandera fumosa (Graugelber Rauchporling)	
Bulbillomyces farinosus (Körnchen-Rindenpilz)	
Byssomerulius corium (Heller Leder-Fältling)	
Ceriporia purpurea (Purpurfarbener Wachsporling)	
Ceriporia reticulata (Netziger Wachsporling)	
Ceriporiopsis pannocincta (Blassgrüner Knorpelporling)	
Cerrena unicolor (Aschgrauer Wirrling)	
Cinereomyces lindbladii (Grauweißer Resupinatporling)	
Climacocystis borealis (Nordischer Schwammporling)	
Coltricia perennis (Gebänderter Dauerporling)	
Coriolopsis gallica (Braune Borstentramete)	
Coriolopsis trogii (Trogsche Tramete)	
Daedalea quercina (Eichen-Wirrling)	
Daedaleopsis confragosa (Rötende Tramete)	
Datronia mollis (Weicher Resupinatporling)	
Dichomitus campestris (Haselporling)	
Diplomitoporus flavescens (Gilbende Nadelholztramete)	
Diplomitoporus lindbladii (Grauweiße Nadelholztramete)	
Epithele typhae (Sumpfgras-Hautkruste)	
Fomes fomentarius (Echter Zunderschwamm)	
Fomitiporia punctata (Polsterförmiger Feuerschwamm)	
Fomitiporia robusta (Eichen-Feuerschwamm)	
Fomitopsis pinicola (Rotrandiger Baumschwamm)	
Fuscoporia contigua (Großporiger Feuerschwamm)	
Fuscoporia ferruginosa (Rostbrauner Feuerschwamm)	
Ganoderma adspersum (Wulstiger Lackporling)	
Ganoderma applanatum (Flacher Lackporling)	
Ganoderma australe (Wulstiger Lackporling)	
Ganoderma carnosum (Dunkler Tannen-Lackporling)	
Ganoderma lucidum (Glänzender Lackporling)	
Ganoderma resinaceum (Harziger Lackporling)	
Gloeophyllum abietinum (Tannen-Blättling)	
Gloeophyllum odoratum (Fenchelporling)	
Gloeophyllum sepiarium (Zaun-Blättling)	
Hapalopilus nidulans (Zimtfarbener Weichporling)	
Hymenochaete rubiginosa (Umberbrauner Borstenscheibling)	

Wissenschaftlicher Name (deutscher Name)	Schutz
Hyphoderma cryptocallimon	
Hyphoderma setigerum (Feinborstiger Rindenpilz)	
Hyphodontia nespori (Warziger Zähnchen-Rindenpilz)	
Hyphodontia radula (Poriger Spaltporling)	
Hyphodontia sambuci (Holunder-Rindenpilz)	
Hypochnicium geogenium (Strohweißer Membranrindenpilz)	
Inonotus cuticularis (Flacher Schillerporling)	
Inonotus hispidus (Zottiger Schillerporling)	
Inonotus nodulosus (Knotiger Buchen-Schillerporling)	
Inonotus obliquus (Schiefer Schillerporling)	
Inonotus radiatus (Strahliger Erlen-Schillerporling)	
Ischnoderma benzoinum (Schwarzgebänderter Harzporling)	
Junghuhnia nitida (Schönfarbiger Resupinatporling)	
Laetiporus sulphureus (Schwefelporling)	
Lentinus lepideus (Schuppiger Sägeblättling)	
Lentinus tigrinus (Getigerter Knäueling)	
Lenzites betulina (Birken-Blättling)	
Meripilus giganteus (Riesenporling)	
Merulius tremellosus (Gallertfleischiger Fältling)	
Mycoacia uda (Wachsgelblicher Fadenstachelpilz)	
Neolentinus lepideus (Schuppiger Sägeblättling)	
Onnia tomentosa (Gestielter Filzporling)	
Oxyporus obducens (Krustenförmiger Steifporling)	
Panus conchatus (Veränderlicher Laubholz-Knäueling)	
Perenniporia fraxinea (Eschen-Baumschwamm)	
Phaeolus schweinitzii (Kiefern-Braunporling)	
Phanerochaete sordida (Cremefarbener Zystidenrindenpilz)	
Phanerochaete tuberculata (Milchweißer Zystidenrindenpilz)	
Phellinus igniarius (Falscher Zunderschwamm)	
Phellinus pomaceus (Pflaumen-Feuerschwamm)	
Phellinus vorax (Goldrandiger Feuerschwamm)	
Phlebia radiata (Orangeroter Kammpilz)	
Phlebia rufa (Braunroter Kammpilz)	
Phlebiopsis gigantea (Großer Zystidenkammpilz)	
Physisporinus vitreus (Wässeriger Steifporling)	
Piptoporus betulinus (Birken-Porling)	
Polyporus arcularius (Borstrandiger Porling)	
Polyporus brumalis (Winter-Porling)	
Polyporus ciliatus (Mai-Porling)	
Polyporus leptocephalus (Löwengelber Porling)	

Wissenschaftlicher Name (deutscher Name)	Schutz
Polyporus squamosus (Schuppiger Schwarzfuß-Porling)	
Polyporus tuberaster (Sklerotien-Porling)	
Polyporus umbellatus (Eichhase, Ästiger Porling)	
Porostereum spadiceum (Rußbrauner Schichtpilz)	
Postia caesia (Blauer Saftporling)	
Postia fragilis (Braunfleckender Saftporling)	
Postia ptychogaster (Weißer Polsterpilz)	
Postia stiptica (Bitterer Saftporling)	
Postia subcaesia (Fastblauer Saftporling)	
Postia tephroleuca (Grauweißer Saftporling)	
Pseudochaete tabacina (Tabakbrauner Borstenscheibling)	
Pseudoinonotus dryadeus (Tropfender Schillerporling)	
Pycnoporus cinnabarinus (Nördlicher Zinnoberschwamm)	
Rickenella fibula (Orangefarbener Heftelnabeling)	
Rickenella swartzii (Blaustieliger Heftelnabeling)	
Rigidoporus sanguinolentus (Verfärbender Steifporling)	
Royoporus badius (Kastanienbrauner Porling)	
Sarcodontia pachyodon (Breitstacheliger Schwammporling)	
Schizopora flavipora (Gelbporiger Spaltporling)	
Schizopora paradoxa (Veränderlicher Spaltporling)	
Skeletocutis amorpha (Orangeporiger Knorpelporling)	
Skeletocutis carneogrisea (Fleischgrauer Knorpelporling)	
Skeletocutis nivea (Weißer Knorpelporling)	
Sparassis crispa (Krause Glucke)	
Steccherinum bourdotii (Kleinsporiger Resupinatstacheling)	
Steccherinum fimbriatum (Gefranster Resupinatstacheling)	
Steccherinum ochraceum (Ockerrötlicher Resupinatstacheling)	
Terana coerulea (Indigo-Farbrindenpilz)	
Trametes gibbosa (Buckel-Tramete)	
Trametes hirsuta (Striegelige Tramete)	
Trametes ochracea (Zonen-Tramete)	
Trametes pubescens (Samtige Tramete)	
Trametes suaveolens (Anis-Tramete)	
Trametes versicolor (Schmetterlingstramete)	
Trichaptum abietinum (Violetter Lederporling)	
Tyromyces chioneus (Kurzröhriger Saftporling)	
Tyromyces kmetii (Gelblicher Weißporling)	
Xenasmatella vaga (Schwefelgelbe Wachshaut)	
Atheliales, Corticiales, Trechisporales (Verschiedene Rindenpilzordnungen)	
Athelia neuhoffii (Neuhoffs Rindenpilz)	

Wissenschaftlicher Name (deutscher Name)	Schutz
Athelia rolfsii	
Byssocorticium atrovirens (Grünschwarzer Filzrindenpilz)	
Dendrothele acerina (Ahorn-Baumwarzenpilz)	
Mutatoderma mutatum	
Trechispora cohaerens	
Vuilleminia comedens (Gewöhnlicher Rindensprenger)	
Thelephorales, Geastrales (Erdwarzenpilze und Erdsterne)	
Thelephora terrestris (Fächerförmiger Erd-Warzenpilz)	
Geastrum fimbriatum (Gewimperter Erdstern)	
Geastrum rufescens (Rotbrauner Erdstern)	
Geastrum striatum (Kragen-Erdstern)	
Geastrum triplex (Halskrausen-Erdstern)	
Phallales, Gomphales (Stinkmorchel- und Korallenpilzverwandtschaft)	
Clathrus archeri (Tintenfischpilz)	
Clathrus ruber (Scharlachroter Gitterling)	
Lysurus mokusin (Eckigstieliger Fingerpilz)	
Mutinus caninus (Umberbrauner Borstenscheibling)	
Phallus impudicus (Gewöhnliche Stinkmorchel)	
Ramaria flaccida (Flatterige Fichtenkoralle)	
Ramaria stricta (Steife Koralle)	
Subphylum Pucciniomycotina (Unterabteilung Rostpilzverwandtschaft)	
Bartheletia paradoxa	
Coleosporium tussilaginis	
Cronartium flaccidum	
Cronartium ribicola	
Cumminsiella mirabilissima	
Gymnosporangium sabinae (Birnen-Gitterrost)	
Kuehneola uredinis	
Melampsora hypericorum	
Microbotryum silenes-inflatae	
Microbotryum violaceum	
Phleogena faginea (Buchen-Hütchenträger)	
Phragmidium mucronatum	
Phragmidium rosae-pimpinellifoliae	
Phragmidium violaceum	
Puccinia cancellata	
Puccinia doronicella	
Puccinia epilobii-fleischeri	
Puccinia hieracii	
Puccinia malvacearum	

Wissenschaftlicher Name (deutscher Name)	Schutz
Puccinia tanaceti	
Uredo hyperici-humifusi	
Uromyces appendiculatus	
Uromyces ficariae (Scharbockskraut-Rost)	
Uromyces geranii	
Uromyces pisi-sativi	
Uromyces trifolii-repentis	
Subphylum Ustilaginomycotina (Unterabteilung Brandpilzverwandtschaft)	
Entyloma ficariae	
Exobasidium japonicum	
Exobasidium oxycocci	
Microstroma juglandis	
Rhamphospora nymphaeae	
Tilletia holci	
Urocystis colchici	
Urocystis ulei	
Ustilago maydis (Mais-Beulenbrand)	
Ustilago striiformis	
Phylum Zygomycota (Abteilung Jochpilze)	
Spinellus fusiger (Helmlings-Schimmel)	
Syzygites megalocarpus	
MYXOMYCETES (SCHLEIMPILZE)	
Amaurochaete tubulina	
Arcyodes incarnata	
Arcyria cinerea	
Arcyria denudata	
Arcyria ferruginea	
Arcyria incarnata	
Arcyria minuta	
Arcyria nutans	
Arcyria obvelata	
Brefeldia maxima	
Ceratiomyxa fruticulosa	
Comatricha nigra	
Diderma donkii	
Didymium squamulosum	
Fuligo candida	
Fuligo septica	
Leocarpus fragilis	
Lycogala epidendrum	

Wissenschaftlicher Name (deutscher Name)	Schutz
Metatrichia vesparium	
Perichaena corticalis	
Physarum leucophaeum	
Physarum nutans	
Physarum utriculare	
Physarum viride	
Reticularia lycoperdon	
Stemonitis axifera	
Stemonitis fusca	
Stemonitopsis typhina	
Trichia affinis	
Trichia botrytis	
Trichia decipiens	
Trichia favoginea	
Trichia persimilis	
Trichia scabra	
Trichia varia	
Tubifera ferruginosa	
OOMYCOTA (EIPILZE)	
Albuginales (Weißroste)	
Albugo candida (Weißrost)	
Pustula tragopogonis	
Wilsonia portulacae	
Peronosporales (Falsche Mehltaupilze)	
Hyaloperonospora galligena	
Hyaloperonospora lunariae	
Peronospora arthurii	
Peronospora destructor	
Plasmopara nivea	
Plasmopara obducens	
Plasmopara pusilla	
Pseudoperonospora cubensis	

Tab. VI: Vegetationstabelle der Grünlandgesellschaften am Heiligenstock.
a – Cynosuro-Lolietum, Weidelgras-Weißklee-Weide, magere Ausbildung, **b** – Arrhenatheretum elatioris, artenarme, ruderale Ausbildung, **D** – Differentialarten der Assoziationen, **d** – ökologische Differentialarten, **V** – Verbands-Charakterarten, **O** – Ordnungs-Charakterarten, **K** – Klassen-Charakterarten, **DO** – Differentialarten der Ordnung.

	a					b		
lfd. Nr.	1	2	3	4	5	6	7	8
Aufn.-Nr.	**6**	**8**	**3**	**7**	**4**	**1**	**2**	**5**
Tag	2.	2.	2.	2.	2.	2.	2.	2.
Monat	6	6	6	6	6	6	6	6
Jahr	2009	2009	2009	2009	2009	2009	2009	2009
Größe (qm)	25	25	25	25	25	25	25	25
Deckung Krautschicht (%)	90	98	95	95	90	100	95	100
Deckung Moosschicht (%)	15	10	15	10	20	–	10	–
Vegetationshöhe (cm)	30–80	25–70	30–80	30–70	30–80	50–120	40–80	40–120
Artenzahl	**19**	**17**	**25**	**28**	**28**	**21**	**28**	**22**
D								
Cynosurus cristatus	2b	2a	2a	2a	2a	.	.	.
Agrostis capillaris	2a	2m	.	2m	1	.	.	.
Festuca rubra	1	2m	.	1	1	.	.	.
Stellaria graminea	1	1	1	1	.	.	+	+
Bellis perennis	.	.	1	.	2m	.	.	1
Lolium perenne	.	.	1	.	.	.	.	1
d Magerkeitszeiger								
Lotus corniculatus (O)	.	.	2a	1	2a	.	+	.
Plantago media	.	.	.	+	2a	.	.	.
Bromus erectus	.	.	3	2b	.	.	.	.
Galium verum	.	.	2a	.	.	.	.	.
V Arrhenatherion								
Arrhenatherum elatius	+	.	.	2a	1	2a	2a	2b
Galium album	+	.	.	+	+	.	.	.
Geranium pratense	.	.	.	.	.	2a	.	.
ruderale Störzeiger								
Cirsium arvense	.	.	.	2a	+	2a	.	.
Geranium molle	.	.	.	.	.	.	1	+
Geum urbanum	.	.	.	+	.	.	.	+
Cirsium vulgare	.	.	.	+	.	.	+	.

lfd. Nr.	a 1	2	3	4	5	b 6	7	8
Elymus repens	.	.	.	.	.	1	.	.
Carex hirta	.	.	.	.	.	1	.	.
Lamium album	.	.	.	.	.	2a	.	.
Urtica dioica	.	.	.	.	.	2a	.	.
O/K Arrhenatheretalia/ Molinio-Arrhenatheretea								
Trisetum flavescens	2b	2b	2b	2a	2b	1	2b	2a
Holcus lanatus	2a	2a	1	2a	2a	2a	1	2a
Trifolium pratense	2a	1	1	1	1	1	2a	2a
Trifolium repens	2a	2a	2b	2a	2a	1	2a	2a
Trifolium dubium	2a	1	2a	1	1	.	1	2m
Plantago lanceolata	1	1	+	+	1	+	.	.
Cerastium holosteoides	1	+	1	.	.	1	+	.
Achillea millefolium	.	2a	.	1	2a	.	2a	.
Bromus hordeaceus	1	.	.	1	.	1	.	2a
Festuca pratensis	.	.	.	.	2a	1	2a	2b
Dactylis glomerata (DO)	.	.	.	.	.	2b	2a	2a
Poa pratensis	.	.	+	.	.	.	.	1
Vicia sepium	.	.	.	.	.	1	.	2a
Poa trivialis	.	.	.	.	.	.	+	1
Medicago lupulina	.	.	1	.	.	.	.	.
Saumzeiger (O Origanetalia/ K Trifolio-Geranietea)								
Agrimonia eupatoria	2a	+	2a	2a	2a	.	2a	.
Origanum vulgare	.	.	2a	3	2b	.	2b	.
Campanula rapunculus	.	.	.	+	1	.	.	.
Securigera varia	.	.	.	.	2a	.	.	.
Sonstige								
Vicia angustifolia	.	+	+	1	1	.	.	2a
Daucus carota	+	.	1	+	.	.	1	.
Geranium columbinum	.	.	+	.	.	1	.	.
Ranunculus repens	.	.	.	.	.	+	+	.
Rosa canina (juv.)	.	.	2a	2a	.	.	.	.
Lathyrus nissolia	.	.	.	2m	.	.	.	+
Veronica chamaedrys	.	.	2a	.	.	.	.	.
Mentha spicata	.	.	.	.	.	.	2a	.

lfd. Nr.	a					b		
	1	2	3	4	5	6	7	8
Vicia tetrasperma	.	.	.	.	.	.	.	1
Potentilla reptans	.	.	.	.	.	.	.	2a
Moose								
Rhytidiadelphus squarrosus	2a	.	2a	.	2a	.	2a	.
Brachythecium rutabulum	2a	2a	.	.	2a	.	1	.
Calliergonella cuspidata	.	.	2a	2a	.	.	.	.
Scleropodium purum	.	.	.	.	2a	.	.	.

außerdem in: lfd. Nr. 1: *Anthoxanthum odoratum* +; lfd. Nr. 2: *Prunella vulgaris* +, *Scorzoneroides autumnalis* +; lfd. Nr. 5: *Rubus* spec. r, *Cornus sanguinea* r, *Senecio erucifolius* +; lfd. Nr. 6: *Bromus sterilis* +, *Geranium pyrenaicum* +; lfd. Nr. 7: *Aegopodium podagraria* +, *Anthriscus sylvestris* +, *Lathyrus pratensis* +, *Senecio jacobaea* +, *Glechoma hederacea* +, *Vicia hirsuta* +; lfd. 8: *Ranunculus acris* +.

Tab. VII: Liste der 2009 am Heiligenstock nachgewiesenen Arten Höherer Pflanzen.
Kategorien der Roten Listen Deutschlands (Korneck et al. 1996, 1998), Hessens und Hessens Region SW (Hemm et al. 2008): **0** – ausgestorben, **1** – vom Aussterben bedroht, **2** – stark gefährdet, **3** – gefährdet, **G** – Gefährdung anzunehmen, **R** – extrem selten, **V** – Vorwarnliste, zurückgehende Art, **D** – Daten mangelhaft. Status: ***** – angepflanzte bzw. kultivierte Art. Schutz: **§** – besonders geschützt nach Bundesnaturschutzgesetz (Anlage 1 Bundesartenschutzverordnung).

Wissenschaftlicher Name (deutscher Name)	Schutz	Gefährdung (Rote Liste) Deutschland	Hessen	Region SW
Acer campestre (Feld-Ahorn)				
Acer pseudoplatanus (Berg-Ahorn)				
Achillea millefolium (Gewöhnliche Wiesen-Schafgarbe)				
Aegopodium podagraria (Giersch)				
Agrimonia eupatoria (Gewöhnlicher Odermennig)				
Agrostis capillaris (Rotes Straußgras)				
Alliaria petiolata (Lauchhederich)				
Alopecurus myosuroides (Acker-Fuchsschwanzgras)				
Alopecurus pratensis (Wiesen-Fuchsschwanzgras)				
Anthoxanthum odoratum (Gewöhnliches Ruchgras)				
Anthriscus sylvestris (Wiesen-Kerbel)				
Arenaria serpyllifolia (Thymianblättriges Sandkraut)				
Arrhenatherum elatius (Glatthafer)				
Artemisia vulgaris (Gewöhnlicher Beifuß)				
Atriplex patula (Ruten-Melde)				
Bellis perennis (Gänseblümchen)				
Brachypodium pinnatum (Fieder-Zwenke)				
Bromus erectus (Aufrechte Trespe)				
Bromus hordeaceus (Flaum-Trespe)				
Bromus sterilis (Taube Trespe)				
Campanula rapunculus (Rapunzel-Glockenblume)				
Capsella bursa-pastoris (Gewöhnliches Hirtentäschel)				
Carduus acanthoides (Weg-Distel)				
Carex hirta (Raue Segge)				
Carex spicata (Dichtährige Segge)				
*Castanea sativa** (Edelkastanie)				
Cerastium glutinosum (Bleiches Hornkraut)				
Cerastium holosteoides (Gewöhnliches Hornkraut)				
Chenopodium album (Weißer Gänsefuß)				
Cichorium intybus (Gewöhnliche Wegwarte)				
Cirsium arvense (Acker-Kratzdistel)				
Cirsium vulgare (Gewöhnliche Kratzdistel)				
Clinopodium vulgare (Wirbeldost)				

Wissenschaftlicher Name (deutscher Name)		Gefährdung (Rote Liste)		
	Schutz	Deutschland	Hessen	Region SW
Cornus sanguinea (Roter Hartriegel)				
*Cornus sericea** (Weißer Hartriegel)				
Crataegus monogyna (Eingriffeliger Weißdorn)				
Crepis biennis (Wiesen-Pippau)				
Crepis capillaris (Grüner Pippau)				
Cynoglossum officinale (Gewöhnliche Hundszunge)				
Cynosurus cristatus (Wiesen-Kammgras)				
Dactylis glomerata (Wiesen-Knäuelgras)				
Daucus carota (Wilde Möhre)				
Elymus repens (Kriechende Quecke)				
Erodium cicutarium (Gewöhnlicher Reiherschnabel)				
Euphorbia helioscopia (Sonnenwend-Wolfsmilch)				
Festuca arundinacea (Rohr-Schwingel)				
Festuca rubra (Gewöhnlicher Rot-Schwingel)				
Festuca pratensis (Wiesen-Schwingel)				
Galeopsis tetrahit (Gewöhnlicher Hohlzahn)				
Galium album (Weißes Labkraut)				
Galium aparine (Gewöhnliches Labkraut)				
Galium verum (Echtes Labkraut)				
Geranium columbinum (Tauben-Storchschnabel)				
Geranium dissectum (Schlitzblättriger Storchschnabel)				
Geranium molle (Weicher Storchschnabel)				
Geranium pratense (Wiesen-Storchschnabel)				
Geranium pusillum (Kleiner Storchschnabel)				
Geranium pyrenaicum (Pyrenäen-Storchschnabel)				
Geum urbanum (Echte Nelkenwurz)				
Glechoma hederacea (Gundelrebe)				
Hieracium pilosella (Kleines Habichtskraut)				
Holcus lanatus (Wolliges Honiggras)				
Hordeum murinum (Mäusegerste)				
Hypochaeris radicata (Gewöhnliches Ferkelkraut)				
Juglans regia (Walnuss)				
*Kerria japonica** (Goldkerrie)				
Lactuca serriola (Kompass-Lattich)				
Lamium album (Weiße Taubnessel)				
Lamium purpureum (Purpurrote Taubnessel i. w. S.)				
***Lathyrus nissolia* (Gras-Platterbse)**		**2**	**2**	**2**
Lathyrus pratensis (Wiesen-Platterbse)				
Leontodon hispidus (Rauer Löwenzahn)				

Wissenschaftlicher Name (deutscher Name)	Schutz	Gefährdung (Rote Liste) Deutschland	Hessen	Region SW
Lolium perenne (Ausdauernder Lolch)				
Lotus corniculatus (Gewöhnlicher Hornklee)				
Luzula campestris (Hasenbrot)				
Malus domestica (Kultur-Apfel)				
Matricaria recutita (Echte Kamille)				
Medicago lupulina (Hopfenklee)				
Mentha spicata (Ähren-Minze)				
Myosotis arvensis (Acker-Vergissmeinnicht)				
Origanum vulgare (Gewöhnlicher Dost)				
Papaver rhoeas (Klatsch-Mohn)				
Pastinaca sativa (Pastinak)				
Phleum pratense (Wiesen-Lieschgras)				
*Picea abies** (Gewöhnliche Fichte)				
Plantago lanceolata (Spitz-Wegerich)				
Plantago major subsp. *major* (Breit-Wegerich)				
Plantago media (Mittlerer Wegerich)				
Poa annua (Einjähriges Rispengras)				
Poa compressa (Flaches Rispengras)				
Poa pratensis (Gewöhnliches Wiesen-Rispengras)				
Poa trivialis (Gewöhnliches Rispengras)				
Polygonum aviculare (Gewöhnlicher Vogelknöterich)				
Potentilla anserina (Gänse-Fingerkraut)				
Potentilla recta (Hohes Fingerkraut)				
Potentilla reptans (Kriechendes Fingerkraut)				
Prunella vulgaris (Kleine Braunelle)				
Prunus avium (Vogel-Kirsche)				
Prunus domestica subsp. *domestica** (Zwetschge)				
Prunus domestica subsp. *syriaca** (Mirabelle)				
Prunus spinosa (Schlehe)				
Pyrus communis (Birne)				
Ranunculus acris (Scharfer Hahnenfuß)				
Ranunculus bulbosus (Knolliger Hahnenfuß)				
Ranunculus repens (Kriechender Hahnenfuß)				
Reseda luteola (Färber-Resede)				
Rosa canina (Echte Hundsrose)				
Rosa corymbifera (Busch-Rose)				
***Rosa micrantha* (Kleinblütige Rose)**		**3**	**3**	**G**
Rosa rubiginosa (Wein-Rose)				
Rubus armeniacus (Armenische Brombeere)				

Wissenschaftlicher Name (deutscher Name)	Schutz	Gefährdung (Rote Liste) Deutschland	Hessen	Region SW
Rubus fruticosus agg. (Garten-Brombeere)				
Rumex acetosa (Wiesen-Sauerampfer)				
Rumex acetosella (Kleiner Sauerampfer)				
Rumex obtusifolius (Stumpfblättriger Ampfer)				
Sambucus nigra (Schwarzer Holunder)				
Sanguisorba minor subsp. *minor* (Kleiner Wiesenknopf)				
Scorzoneroides autumnalis (Gewöhnlicher Herbstschuppenlöwenzahn)				
Securigera varia (Bunte Kronwicke)				
Senecio jacobaea (Jacobs-Greiskraut)				
Senecio erucifolius (Raukenblättriges Greiskraut)				
Silene latifolia subsp. *alba* (Weiße Lichtnelke)				
Sisymbrium officinale (Weg-Rauke)				
Stellaria graminea (Gras-Sternmiere)				
Stellaria media (Gewöhnliche Vogelmiere)				
Taraxacum sectio *Ruderalia* (Wiesen-Löwenzähne)				
Thlaspi arvense (Acker-Hellerkraut)				
Trifolium dubium (Kleiner Klee)				
Trifolium pratense (Wiesen-Klee)				
Trifolium repens (Weiß-Klee)				
Tripleurospermum perforatum (Geruchlose Kamille)				
Trisetum flavescens (Gewöhnlicher Goldhafer)				
Urtica dioica (Große Brennnessel)				
Verbena officinalis (Gewöhnliches Eisenkraut)				
Veronica arvensis (Feld-Ehrenpreis)				
Veronica chamaedrys (Gamander-Ehrenpreis)				
Veronica filiformis (Faden-Ehrenpreis)				
Veronica officinalis (Wald-Ehrenpreis)				
Veronica persica (Persischer Ehrenpreis)				
Veronica sublobata (Hecken-Ehrenpreis)				
Vicia angustifolia (Schmalblättrige Futter-Wicke)				
Vicia hirsuta (Rauhaarige Wicke)				
Vicia sepium (Zaun-Wicke)				
Vicia tetrasperma (Viersamige Wicke)				
Viola hirta (Rauhaariges Veilchen)				

Tab. VIII: Frisch- und Feuchtgrünlandgesellschaften im NSG „Harheimer Ried" 2002 und 2010. **a** – artenverarmte Glatthafer-Wiese (Arrhenatheretum elatioris), ruderal geprägt, **b** – Kammseggen-Gesellschaft (*Carex-disticha*-[Calthion]-Gesellschaft), **c** – Rohrglanzgras-Bestand (*Phalaris arundinacea*-Bestand).
A – Assoziations-Charakterarten, **V** – Verbands-Charakterarten, **O** – Ordnungs-Charakterarten, **D** – Differentialarten der Assoziationen, **K** – Klassen-Charakterarten.

	a		b			c
lfd. Nr.	1	2	3	4	5	6
Aufn.-Nr.	**4/02**	**10**	**6/02**	**7**	**11**	**9**
Tag	11.	17.	11.	17.	17.	17.
Monat	6.	6.	6.	6.	6.	6.
Jahr	2002	2010	2002	2010	2010	2010
Flächengröße	25	25	25	25	25	25
Deckungsgrad der Krautschicht (%)	98	100	90	100	95	80
Maximale Höhe der Krautschicht (cm)	190	160	160	150	150	170
Artenzahl	**22**	**17**	**27**	**19**	**23**	**8**
A/V Arrhenatherion						
Arrhenatherum elatius	3	3	.	3	+	1
Dactylis glomerata	2b	2b	.	+	.	.
Galium album	1	1	.	.	+	.
Achillea millefolium	.	1	.	.	.	.
V Calthion						
Carex disticha	.	1	1	3	2b	.
Scirpus sylvaticus	.	.	1	+	+	.
Bromus racemosus	.	.	2a	.	.	.
Cirsium oleraceum	.	.	2b	1	.	.
D						
Phalaris arundinacea	.	.	.	.	.	4
O Molinietalia						
Lychnis flos-cuculi	1	+	1	+	+	.
Equisetum palustre	.	.	1	+	+	+
Lythrum salicaria	.	+	1	.	1	.
Deschampsia cespitosa	.	.	r	.	1	.
Filipendula ulmaria	.	.	1	.	+	.
Juncus effusus	.	.	.	.	1	.

lfd. Nr.	a		b			c
	1	2	3	4	5	6
K Molinio-Arrhenatheretea						
Festuca pratensis	1	1	2a	+	.	.
Holcus lanatus	2b	.	2a	.	+	.
Phleum pretense	1	.	1	+	.	.
Poa trivialis	2b	.	1	.	.	.
Lathyrus pratensis	.	.	+	+	1	.
Alopecurus pratensis	1	.	.	.	+	.
Taraxacum officinale	+	.	1	+	+	.
Trifolium repens	.	.	1	.	.	.
Rumex acetosa	1	+	.	.	.	.
Poa pratensis	.	.	.	+	+	.
Ranunculus acris	.	.	1	.	.	.
Trifolium pratense	+	.	2a	.	.	.
Bellis perennis	.	.	+	.	.	.
O Agrostietalia						
Ranunculus repens	2a	.	2a	2a	+	.
Juncus inflexus	.	+	2a	2a	4	.
Sonstige Arten:						
Symphytum officinale	2a	2a	2a	2b	1	+
Cirsium arvense	2a	2b	.	2a	.	1
Carex flacca	.	+	.	.	.	.
Festuca rubra	.	1	.	1	.	.
Carex hirta	.	+	1	.	.	.
Carex acuta	+	.	.	.	.	.
Ajuga reptans	.	.	+	+	.	.
Moose						
Calliergonella cuspidata	.	.	.	.	2b	

Außerdem je einmal in lfd. Nr. 1: *Phalaris arundinacea* 1, *Vicia cracca* +, *Heracleum sphondylium* +, *Bromus hordeaceus* 1, *Vicia sepium* +, *Elymus repens* +; lfd. Nr. 2: *Centaurea jacea* +, *Equisetum arvense* 1 ; lfd. Nr. 3 : *Cerastium holosteoides* 1, *Cardamine pratensis* +, *Sanguisorba officinalis* + ; lfd. Nr. 4: *Lycopus europaeus* 1; lfd. Nr. 5: *Cirsium vulgare* +, *Mentha* cf. *arvensis* +, *Angelica sylvestris* +, *Lysimachia nummularia* 1, *Carex panicea* 1; lfd. Nr. 6: *Galium aparine* +, *Urtica dioica* +, *Calystegia sepium* +.

Tab. IX: Feuchtwiesen- und Flutrasengesellschaften im NSG „Harheimer Ried" 2002 und 2010.
a – Wassergreiskraut-Wiese (Bromo-Senecionetum aquatici), **b** – salzbeeinflusster Flutrasen (*Carex-otrubae-Eleocharis-uniglumis*-[Agrostietalia]-Gesellschaft).
A – Assoziations-Charakterarten, **D** – Differentialarten der Assoziationen, **V** – Verbands-Charakterarten, **O** – Ordnungs-Charakterarten, **K** – Klassen-Charakterarten.

	a					b	
lfd. Nr.	1	2	3	4	5	6	7
Aufn.-Nr.	**8**	**1/02**	**2/02**	**3/02**	**13**	**5/02**	**12**
Tag	17.	11.	11.	11.	17.	11.	17.
Monat	6.	6.	6.	6.	6.	6.	6.
Jahr	2010	2002	2002	2002	2010	2002	2010
Flächengröße	25	25	25	25	25	25	25
Deckungsgrad der Krautschicht (%)	90	95	90	80	95	85	95
Maximale Höhe der Krautschicht (cm)	140	160	70	60	140	140	130
Artenzahl	**22**	**29**	**23**	**14**	**18**	**23**	**19**
A							
Senecio aquaticus	1	1	3	+	1	+	.
D							
Carex otrubae	.	.	.	.	+	1	3
Agrostis stolonifera	.	.	.	.		3	1
Eleocharis uniglumis	.	.	.	.	.	2a	1
Plantago intermedia	+	.	.	.	.	+	.
Festuca arundinacea	.	.	.	.	+	.	2a
V Calthion							
Carex disticha	3	2a	2a	2a	2a	.	.
Scirpus sylvaticus	1	.	.	.	.	.	1
Bromus racemosus	.	1	.	.	.	1	+
O Molinietalia							
Lychnis flos-cuculi	+	2a	2a	2a	+	.	.
Equisetum palustre	+	+	1	.		+	+
Lythrum salicaria	1		1	+	1	.	2a
Deschampsia cespitosa	1	+	.	.	2a	1	1
Filipendula ulmaria	.	+	.	.	.	.	.
Juncus effusus	.	+	.	.	.	.	.
K Molinio-Arrhenatheretea							
Festuca pratensis	1	2a	1	+	.	+	.
Holcus lanatus	+	2b	1	.	.	1	2a

lfd. Nr.	a 1	2	3	4	5	b 6	7
Phleum pretense	+	+		.	+	1	+
Poa trivialis	.	1	1	.	.	1	+
Lathyrus pratensis	+	+	.	.	+	.	.
Alopecurus pratensis	.	+	+	.	.	.	+
Taraxacum officinale	.	1	.	.	.	.	.
Trifolium repens	.	+	+	.	.	+	.
Rumex acetosa	.	+	+	.	.	.	.
Poa pratensis	+	.	.	.	.	.	+
Ranunculus acris	.	1	+	.	.	.	.
Trifolium pratense	.	1	.	.	.	.	.
Bellis perennis	.	+	.	.	.	.	.
O Agrostietalia							
Ranunculus repens	1	2b	2b	2b	2a	2b	1
Juncus inflexus	3	2b	+	1	3	2a	.
Juncus gerardii et *compressus*	1	.	2a	2b	1	2b	2a
Lotus tenuifolius	.	.	.	.	.	1	.
Sonstige Arten:							
Symphytum officinale	1	2a	1	r	1	.	1
Cirsium arvense	1	.	.	.	+	.	+
Carex flacca	.	.	+	.	+	+	.
Polygonum amphibium	.	1	+	+	.	.	.
Eleocharis palustris	.	.	1	3	.	1	.
Juncus articulatus	.	.	1	1	.	1	.
Carex panicea	.	+	1	.	.	.	.
Carex acuta	.	.	2b	+	.	.	.
Valeriana pratensis	.	2a	+	.	.	.	.
Calystegia sepium	.	1	.	.	.	.	.
Carex tomentosa	.	.	.	.	+	+	.
Arrhenatherum elatius	.	r	.	.	.	.	.
Lysimachia nummularia	.	.	.	.	.	2a	.
Moose							
Calliergonella cuspidata	.	.	.	.	2b	.	.

Außerdem je einmal in lfd. Nr. 1: *Carex hirta* +, *Festuca rubra* +, *Iris pseudacorus* +, *Lycopus europaeus* 1; lfd Nr. 2: *Rumex crispus* +; lfd. Nr. 4: *Galium palustre* 1; lfd. Nr. 5: *Equisetum arvense* +; lfd. Nr. 7: *Dactylis glomerata* +.

Tab. X: Liste der im Harheimer Ried 2010 nachgewiesenen Höheren Pflanzen.
Kategorien der Roten Listen Deutschlands (Korneck et al. 1996, 1998), Hessens und Hessens Region SW (Hemm et al. 2008): **0** – ausgestorben, **1** – vom Aussterben bedroht, **2** – stark gefährdet, **3** – gefährdet, **G** – Gefährdung anzunehmen, **R** – extrem selten, **V** – Vorwarnliste, zurückgehende Art, **D** – Daten mangelhaft. Status: ***** – angepflanzte bzw. kultivierte Art. Schutz: § – besonders geschützt nach Bundesnaturschutzgesetz (Anlage 1 Bundesartenschutzverordnung).

Wissenschaftlicher Name		Gefährdung (Rote Liste)		
(deutscher Name)	Schutz	Deutschland	Hessen	Region SW
Acer campestre (Feld-Ahorn)				
Acer platanoides (Spitz-Ahorn)				
Achillea millefolium (Gewöhnliche Wiesenschafgarbe)				
Achillea ptarmica (Sumpf-Schafgarbe)		V		
Aegopodium podagraria (Giersch)				
Agrimonia eupatoria (Gewöhnlicher Odermennig)				
Agrostis capillaris (Rotes Straußgras)				
Agrostis stolonifera (Weißes Straußgras)				
Ajuga reptans (Kriechender Günsel)				
Alisma plantago-aquatica (Gewöhnlicher Froschlöffel)				
Alliaria petiolata (Lauchhederich)				
Alnus glutinosa (Schwarz-Erle)				
*Alnus incana** (Grau-Erle)				
Alopecurus pratensis (Wiesen-Fuchsschwanz)				
Angelica sylvestris (Wald-Engelwurz)				
Anthoxanthum odoratum (Ruchgras)				
Anthriscus sylvestris (Wiesenkerbel)				
Arctium lappa (Große Klette)				
Arctium tomentosum (Filzige Klette)				
Arrhenatherum elatius (Glatthafer)				
Artemisia vulgaris (Gewöhnlicher Beifuß)				
Bellis perennis (Gänseblümchen)				
Berula erecta (Aufrechter Merk)				
Betula pendula (Hänge-Birke)				
Brachypodium sylvaticum (Wald-Zwenke)				
Bromus hordeaceus (Flaum-Trespe)				
***Bromus racemosus* (Traubige Trespe)**		**3**	**3**	**3**
Calamagrostis epigejos (Land-Reitgras)				
Calystegia sepium (Zaunwinde)				
Cardamine pratensis (Wiesen-Schaumkraut)				
Carduus crispus (Krause Distel)				
Carex acuta (Schlanksegge)				
Carex acutiformis (Sumpf-Segge)				

Wissenschaftlicher Name (deutscher Name)		Gefährdung (Rote Liste)		
	Schutz	Deutschland	Hessen	Region SW
***Carex distans* (Lücken-Segge)**		**3**	**2**	**3**
Carex disticha (Kamm-Segge)				
Carex flacca (Blau-Segge)				
Carex hirta (Behaarte Segge)				
Carex otrubae (Hain-Fuchssegge)		V	V	V
Carex panicea (Hirsen-Segge)		V	V	V
Carex spicata (Dichtährige Segge)				
***Carex tomentosa* (Filz-Segge)**		**3**	**3**	**3**
Carpinus betulus (Hainbuche)				
Centaurea jacea (Wiesen-Flockenblume)				
Cerastium holosteoides (Gewöhnliches Hornkraut)				
Chaerophyllum bulbosum (Rüben-Kälberkropf)				
Chaerophyllum temulum (Hecken-Kälberkropf)				
Cichorium intybus (Gewöhnliche Wegwarte)				
Cirsium arvense (Acker-Kratzdistel)				
Cirsium oleraceum (Kohldistel)				
Cirsium vulgare (Gewöhnliche Kratzdistel)				
Clematis vitalba (Gewöhnliche Waldrebe)				
Cornus sanguinea (Roter Hartriegel)				
*Cornus sericea** (Seidiger Hartriegel)				
Corylus avellana (Gewöhnliche Hasel)				
Crataegus laevigata (Zweigriffeliger Weißdorn)				
Crataegus monogyna (Eingriffeliger Weißdorn)				
Crepis capillaris (Grüner Pippau)				
Dactylis glomerata (Wiesen-Knäuelgras)				
Daucus carota (Wilde Möhre)				
Deschampsia cespitosa (Rasen-Schmiele)				
Echinochloa crus-galli (Gewöhnliche Hühnerhirse)				
Eleocharis palustris (Echte Sumpfbinse)				
***Eleocharis uniglumis* (Einspelzige Sumpfbinse)**		**V**	**3**	**3**
Elymus repens (Kriechende Quecke)				
Epilobium hirsutum (Behaartes Weidenröschen)				
Epilobium tetragonum (Vierkantiges Weidenröschen)				
Equisetum arvense (Acker-Schachtelhalm)				
Equisetum palustre (Sumpf-Schachtelhalm)				
Euonymus europaeus (Pfaffenkäppchen)				
Festuca arundinacea (Rohrschwingel)				
Festuca pratensis (Wiesenschwingel)				
Festuca rubra (Echter Rotschwingel)				

Wissenschaftlicher Name (deutscher Name)	Schutz	Gefährdung (Rote Liste) Deutschland	Hessen	Region SW
Ficaria verna (Scharbockskraut)				
Filipendula ulmaria (Echtes Mädesüß)				
Fragaria vesca (Wald-Erdbeere)				
Fraxinus excelsior (Esche)				
Galeopsis tetrahit (Gewöhnlicher Hohlzahn)				
Galium album (Weißes Labkraut)				
Galium aparine (Gewöhnliches Labkraut)				
Galium palustre (Sumpf-Labkraut)				
Geranium palustre (Sumpf-Storchschnabel)				
Geranium pratense (Wiesen-Storchschnabel)				
Geranium robertianum (Ruprechtskraut)				
Geum urbanum (Echte Nelkenwurz)				
Glechoma hederacea (Gundelrebe)				
Glyceria fluitans (Flutender Schwaden)				
Glyceria maxima (Wasser-Schwaden)				
Glyceria notata (Falt-Schwaden)				
Heracleum sphondylium (Wiesen-Bärenklau)				
Holcus lanatus (Wolliges Honiggras)				
Hypericum perforatum (Echtes Johanniskraut)				
***Iris pseudacorus* (Sumpf-Schwertlilie)**	**§**			
Juglans regia (Walnuss)				
Juncus articulatus (Glanzfrüchtige Binse)				
Juncus bufonius (Kröten-Binse)				
Juncus compressus (Platthalm-Binse)				
Juncus conglomeratus (Knäuel-Binse)				
Juncus effusus (Flatter-Binse)				
***Juncus gerardii* (Salz-Binse)**		**V**	**3**	**3**
Juncus inflexus (Blaugrüne Binse)				
*Kerria japonica** (Japanisches Goldröschen)				
Lamium album (Weiße Taubnessel)				
Lamium maculatum (Gefleckte Taubnessel)				
Lathyrus pratensis (Wiesen-Platterbse)				
Lemna minor (Kleine Wasserlinse)				
Leontodon hispidus (Rauer Löwenzahn)				
Lepidium draba (Pfeil-Kresse)				
Leucanthemum ircutianum (Wiesen-Margerite)				
Ligustrum vulgare (Liguster)				
Linaria vulgaris (Gemeines Leinkraut)				
Lolium perenne (Ausdauernder Lolch)				

Wissenschaftlicher Name (deutscher Name)	Schutz	Gefährdung (Rote Liste) Deutschland	Hessen	Region SW
Lonicera xylosteum (Rote Heckenkirsche)				
Lotus corniculatus (Gewöhnlicher Hornklee)				
Lotus pedunculatus (Sumpf-Hornklee)				
Lychnis flos-cuculi (Kuckucks-Lichtnelke)				
Lycopus europaeus (Ufer-Wolfstrapp)				
Lysimachia nummularia (Pfennigkraut)				
Lysimachia vulgaris (Gewöhnlicher Gilbweiderich)				
Lythrum salicaria (Blut-Weiderich)				
Mahonia aquifolia (Mahonie)				
Medicago lupulina (Hopfenklee)				
Mentha aquatica (Wasser-Minze)				
Mentha x *verticillata* (Wirtel-Minze)				
Myosotis scorpioides (Sumpf-Vergissmeinnicht)				
Pastinaca sativa (Pastinak)				
Persicaria amphibia (Wasser-Knöterich)				
Phalaris arundinacea (Rohr-Glanzgras)				
Phleum pratense (Gewöhnliches Wiesenlieschgras)				
Plantago lanceolata (Spitz-Wegerich)				
Plantago uliginosa (Vielsamiger Wegerich)				
Poa angustifolia (Schmalblättriges Rispengras)				
Poa nemoralis (Hain-Rispengras)				
Poa palustris (Sumpf-Rispengras)				
Poa pratensis (Wiesen-Rispengras)				
Poa trivialis (Gewöhnliches Rispengras)				
Populus canadensis (Kanadische Pappel)				
Populus tremula (Zitter-Pappel)				
Potentilla reptans (Kriechendes Fingerkraut)				
Prunella vulgaris (Kleine Brunelle)				
Prunus avium (Vogel-Kirsche)				
Prunus mahaleb (Felsen-Kirsche)				
Prunus padus (Gewöhnliche Traubenkirsche)				
Prunus spinosa (Schlehe)				
Quercus petraea (Trauben-Eiche)				
Ranunculus acris (Scharfer Hahnenfuß)				
Ranunculus repens (Kriechender Hahnenfuß)				
Reseda luteola (Färber-Resede)				
Robinia pseudoacacia (Robinie)				
Rosa canina (Echte Hundsrose)				
Rubus armeniacus (Armenische Brombeere)				

Wissenschaftlicher Name (deutscher Name)		**Gefährdung (Rote Liste)**		
	Schutz	**Deutschland**	**Hessen**	**Region SW**
Rubus caesius (Kratzbeere)				
Rubus fruticosus agg. (Artengruppe Brombeere)				
Rumex acetosa (Wiesen-Sauerampfer)				
Rumex crispus (Krauser Ampfer)				
Rumex obtusifolius (Stumpfblättriger Ampfer)				
Salix alba (Silber-Weide)				
Salix caprea (Sal-Weide)				
Salix cinerea (Grau-Weide)				
*Salix dasyclados** (Filzast-Weide)				
Salix rubens (Fahl-Weide)				
Salix viminalis (Korb-Weide)				
Salix purpurea (Purpur-Weide)				
Sambucus ebulus (Attich)				
Sambucus nigra (Schwarzer Holunder)				
Sanguisorba officinalis (Großer Wiesenknopf)				
Scirpus sylvaticus (Wald-Simse)				
Scrophularia umbrosa (Geflügelte Braunwurz)				
Securigera varia (Bunte Kronwicke)				
***Senecio aquaticus* (Wasser-Greiskraut)**		**V**	**3**	**3**
Senecio erucifolius (Raukenblättriges Greiskraut)				
Senecio jacobaea (Jacobs-Greiskraut)				
Silaum silaus (Wiesensilge)		V		
Silene dioica (Tag-Lichtnelke)				
Silene latifolia subsp. *alba* (Weiße Lichtnelke)				
Solidago canadensis (Kanadische Goldrute)				
Sorbus aucuparia (Eberesche)				
Sparganium erectum (Aufrechter Igelkolben)				
Stachys palustris (Sumpf-Ziest)				
Stellaria aquatica (Wassermiere)				
Stellaria graminea (Gras-Sternmiere)				
Stellaria media (Gewöhnliche Vogelmiere)				
Symphytum officinale (Arznei-Beinwell)				
Tanacetum vulgare (Rainfarn)				
Taraxacum sectio *Ruderalia* (Wiesenlöwenzahn)				
*Taxus baccata** (Eibe)	§			
Thlaspi arvense (Acker-Hellerkraut)				
Trifolium pratense (Rot-Klee)				
Trifolium repens (Weiß-Klee)				
Tripleurospermum perforatum (Geruchlose Kamille)				

Wissenschaftlicher Name (deutscher Name)	Schutz	Gefährdung (Rote Liste) Deutschland	Hessen	Region SW
Trisetum flavescens (Goldhafer)				
Urtica dioica (Große Brennnessel)				
Valeriana pratensis (Wiesen-Arzneibaldrian)				
Veronica beccabunga (Bachbunge)				
Veronica chamaedrys (Gamander-Ehrenpreis)				
Veronica sublobata (Hecken-Ehrenpreis)				
*Viburnum lantana** (Wolliger Schneeball)				
Viburnum opulus (Gewöhnlicher Schneeball)				
Vicia angustifolia (Schmalblättrige Wicke)				
Vicia cracca (Vogel-Wicke)				
Vicia sepium (Zaun-Wicke)				

Tab. XI: Liste der auf den Schwanheimer Wiesen 2010 nachgewiesenen Höheren Pflanzen.
Kategorien der Roten Listen Deutschlands (Korneck et al. 1996, 1998), Hessens und Hessens Region SW (Hemm et al. 2008):
0 – ausgestorben, **1** – vom Aussterben bedroht, **2** – stark gefährdet, **3** – gefährdet, **G** – Gefährdung anzunehmen,
R – extrem selten, **V** – Vorwarnliste, zurückgehende Art, **D** – Daten mangelhaft. Schutz: **§** – besonders geschützt nach Bundesnaturschutzgesetz (Anlage 1 Bundesartenschutzverordnung).

Wissenschaftlicher Name (deutscher Name)		Gefährdung (Rote Liste)		
	Schutz	Deutschland	Hessen	Region SW
Acer negundo (Eschen-Ahorn)				
Acer pseudoplatanus (Berg-Ahorn)				
Achillea millefolium (Gewöhnliche Wiesenschafgarbe)				
Aesculus hippocastaum (Rosskastanie)				
Agrimonia eupatoria (Gewöhnlicher Odermennig)				
Agrostis capillaris (Rotes Straußgras)				
Agrostis stolonifera (Weißes Straußgras)				
Aira caryophyllea (Nelken-Schmielenhafer)		V	V	V
Ajuga reptans (Kriechender Günsel)				
Allium oleraceum (Ross-Lauch)				
Alnus glutinosa (Schwarz-Erle)				
Alopecurus pratensis (Wiesen-Fuchsschwanz)				
Anemone nemorosa (Buschwindröschen)				
Anthoxanthum odoratum (Grannen-Ruchgras)				
Anthriscus sylvestris (Wiesenkerbel)				
Aphanes arvensis (Gewöhnlicher Ackerfrauenmantel)				
Aphanes australis (Kleinfrüchtiger Ackerfrauenmantel)				
Arabidopsis thaliana (Acker-Schmalwand)				
Arctium lappa (Große Klette)				
Armoracia rusticana (Meerrettich)				
Arrhenatherum elatius (Glatthafer)				
Artemisia vulgaris (Gewöhnlicher Beifuß)				
Asparagus officinalis (Gemüse-Spargel)				
Atriplex patula (Ruten-Melde)				
Ballota nigra subsp. *meridionalis* (Stinkende Schwarznessel)				
Betula pendula (Hänge-Birke)				
Bidens frondosa (Schwarzfrüchtiger Zweizahn)				
Brachypodium sylvaticum (Wald-Zwenke)				
Bromus erectus (Aufrechte Trespe)				
Bromus hordeaceus (Flaum-Trespe)				
Calamagrostis epigejos (Land-Reitgras)				

Wissenschaftlicher Name (deutscher Name)	Schutz	Gefährdung (Rote Liste) Deutschland	Hessen	Region SW
Campanula rotundifolia (Rundblättrige Glockenblume)				
Cardamine hirsuta (Behaartes Schaumkraut)				
Cardamine pratensis (Wiesen-Schaumkraut)				
Carex acutiformis (Sumpf-Segge)				
Carex brizoides (Zittergras-Segge)				
Carex demissa (Aufsteigende Gelbsegge)				
Carex disticha (Kamm-Segge)				
Carex hirta (Behaarte Segge)				
Carex spicata (Dichtährige Segge)				
***Carex vulpina* (Echte Fuchssegge)**		**3**	**3**	**3**
Carpinus betulus (Hainbuche)				
Centaurea scabiosa (Skabiosen-Flockenblume)				
Centaurea jacea agg. (Gewöhnliche Wiesenflockenblume)				
Cerastium holosteoides (Gewöhnliches Hornkraut)				
Cerastium arvense (Acker-Hornkraut)				
Cerastium glutinosum (Bleiches Hornkraut)				
Chenopodium polyspermum (Vielsamiger Gänsefuß)				
Cichorium intybus (Gewöhnliche Wegwarte)				
Cirsium arvense (Acker-Kratzdistel)				
Cirsium vulgare (Gewöhnliche Kratzdistel)				
Colchicum autumnale (Herbst-Zeitlose)				
Convallaria majalis (Maiglöckchen)				
Cornus sanguinea (Roter Hartriegel)				
Corylus avellana (Gewöhnliche Hasel)				
Crataegus monogyna (Eingriffeliger Weißdorn)				
Crepis capillaris (Grüner Pippau)				
Cynoglossum officinale (Gewöhnliche Hundszunge)				
Dactylis glomerata (Wiesen-Knäuelgras)				
Danthonia decumbens (Gewöhnlicher Dreizahn)			V	V
Daucus carota (Wilde Möhre)				
Deschampsia cespitosa (Rasen-Schmiele)				
Deschampsia flexuosa (Draht-Schmiele)				
***Dianthus deltoides* (Heide-Nelke)**	**§**	**V**	**V**	**V**
Digitalis purpurea (Roter Fingerhut)				
Diplotaxis tenuifolia (Stinkrauke)				
Dryopteris carthusiana (Gewöhnlicher Dornfarn)				
Echinochloa crus-galli (Gewöhnliche Hühnerhirse)				

Wissenschaftlicher Name (deutscher Name)	Schutz	Gefährdung (Rote Liste) Deutschland	Hessen	Region SW
Elymus repens (Kriechende Quecke)				
Epilobium ciliatum (Drüsiges Weidenröschen)				
Epilobium parviflorum (Bach-Weidenröschen)				
Epilobium tetragonum (Vierkantiges Weidenröschen)				
Erigeron annuus agg. (Einjähriger Feinstrahl)				
Erigeron canadensis (Kanadischer Katzenschweif)				
Euonymus europaeus (Pfaffenkäppchen)				
Euphorbia esula (Esels-Wolfsmilch)				
Fagus sylvatica (Rotbuche)				
Fallopia convolvulus (Gewöhnlicher Windenknöterich)				
Fallopia dumetorum (Hecken-Windenknöterich)				
Festuca arundinacea (Rohrschwingel)				
Festuca filiformis (Haar-Schwingel)				
Festuca guestfalica (Harter Schafschwingel)				
Festuca pratensis (Wiesen-Schwingel)				
Festuca rubra (Echter Rotschwingel)				
Ficaria verna (Scharbockskraut)				
Frangula alnus (Faulbaum)				
Fraxinus excelsior (Esche)				
Galeopsis tetrahit (Gewöhnlicher Hohlzahn)				
Galium album (Weißes Labkraut)				
Galium verum (Echtes Labkraut)				
Geranium pratense (Wiesen-Storchschnabel)				
Geranium pusillum (Kleiner Storchschnabel)				
Geranium robertianum (Ruprechtskraut)				
Glechoma hederacea (Gundelrebe)				
Gnaphalium uliginosum (Sumpf-Ruhrkraut)				
Helictotrichon pubescens (Flaum-Hafer)				
Heracleum sphondylium (Wiesen-Bärenklau)				
Hieracium pilosella (Kleines Habichtskraut)				
Holcus lanatus (Wolliges Honiggras)				
Holcus mollis (Weiches Honiggras)				
Hypericum maculatum s. l. (Geflecktes Johanniskraut)				
Hypericum perforatum (Echtes Johanniskraut)				
Hypochaeris radicata (Gewöhnliches Ferkelkraut)				
Impatiens glandulifera (Indisches Springkraut)				
Impatiens parviflora (Kleinblütiges Springkraut)				
Juncus articulatus (Glanzfrüchtige Binse)				
Juncus bufonius (Kröten-Binse)				

Wissenschaftlicher Name (deutscher Name)		**Gefährdung (Rote Liste)**		
	Schutz	**Deutschland**	**Hessen**	**Region SW**
Juncus compressus (Platthalm-Binse)				
Juncus conglomeratus (Knäuel-Binse)				
Juncus effusus (Flatter-Binse)				
Knautia arvensis (Wiesen-Knautie)				
***Koeleria macrantha* (Zierliche Kammschmiele)**			**3**	**V**
Lactuca serriola (Kompass-Lattich)				
Lamium album (Weiße Taubnessel)				
Lamium purpureum (Rote Taubnessel)				
Lapsana communis (Rainkohl)				
Lathyrus pratensis (Wiesen-Platterbse)				
Leucanthemum ircutianum (Wiesen-Margerite)				
Ligustrum vulgare (Liguster)				
Linaria vulgaris (Gewöhnliches Leinkraut)				
Lonicera periclymenum (Wald-Geißblatt)				
Lotus corniculatus (Gewöhnlicher Hornklee)				
Luzula campestris (Feld-Hainsimse)		V		
Lychnis flos-cuculi (Kuckucks-Lichtnelke)				
Lycopus europaeus (Ufer-Wolfstrapp)				
Lysimachia nummularia (Pfennigkraut)				
Lysimachia vulgaris (Gewöhnlicher Gilbweiderich)				
Lythrum salicaria (Blut-Weiderich)				
Maianthemum bifolium (Schattenblümchen)				
Medicago lupulina (Hopfenklee)				
Mentha x *verticillata* (Wirtel-Minze)				
Milium effusum (Flattergras)				
Moehringia trinervia (Wald-Nabelmiere)				
Molinia arundinacea (Rohr-Pfeifengras)				
Myosotis arvensis (Acker-Vergissmeinnicht)				
***Myosotis discolor* (Buntes Vergissmeinnicht)**		**3**	**V**	**V**
Myosotis ramosissima (Hügel-Vergissmeinnicht)				
Nardus stricta (Borstgras)		V	V	V
Oenothera biennis (Gewöhnliche Nachtkerze)				
***Peplis portula* (Sumpfquendel)**			**3**	**3**
Persicaria hydropiper (Wasserpfeffer)				
Persicaria lapathifolia (Gewöhnlicher Ampfer-Knöterich)				
Persicaria maculosa (Floh-Knöterich)				
Persicaria mitis (Milder Knöterich)				
Phalaris arundinacea (Rohr-Glanzgras)				
Phleum pratense (Gewöhnliches Wiesen-Lieschgras)				

Wissenschaftlicher Name (deutscher Name)	Schutz	Gefährdung (Rote Liste) Deutschland	Hessen	Region SW
Phragmites australis (Schilf)				
Pimpinella saxifraga (Kleine Pimpernell)				
Pinus sylvestris (Wald-Kiefer)				
Plantago lanceolata (Spitz-Wegerich)				
Plantago major subsp. *major* (Breit-Wegerich)				
Plantago uliginosa (Vielsamiger Wegerich)				
Poa angustifolia (Schmalblättriges Rispengras)				
Poa annua (Einjähriges Rispengras)				
Poa nemoralis (Hain-Rispengras)				
Poa pratensis (Gewöhnliches Wiesen-Rispengras)				
Poa trivialis (Gewöhnliches Rispengras)				
Polygonatum multiflorum (Vielblütige Weißwurz)				
Polygonum arenastrum (Gleichblättriger Vogelknöterich)				
Populus canadensis (Kanadische Pappel)				
Populus tremula (Espe)				
Potentilla argentea (Silber-Fingerkraut)				
Potentilla neumanniana (Frühlings-Fingerkraut)				
Potentilla reptans (Kriechendes Fingerkraut)				
Primula veris **(Arznei-Schlüsselblume)**	**§**	**V**	**V**	**V**
Prunella vulgaris (Kleine Braunelle)				
Prunus avium (Vogel-Kirsche)				
Prunus serotina (Späte Traubenkirsche)				
Prunus spinosa (Schlehe)				
Pteridium aquilinum (Adlerfarn)				
Quercus petraea (Trauben-Eiche)				
Quercus robur (Stiel-Eiche)				
Ranunculus acris (Scharfer Hahnenfuß)				
Ranunculus auricomus agg. (Gold-Hahnenfuß)				
Ranunculus bulbosus (Knolliger Hahnenfuß)				
Ranunculus repens (Kriechender Hahnenfuß)				
Rhinanthus alectorolophus (Zottiger Klappertopf)		V	V	
Rhinanthus minor (Kleiner Klappertopf)		V		
Rorippa palustris (Gewöhnliche Sumpfkresse)				
Rosa canina (Gewöhnliche Hundsrose)				
Rosa rubiginosa (Wein-Rose)				
Rubus armeniacus (Armenische Brombeere)				
Rubus fruticosus agg. (Brombeere)				
Rumex acetosa (Wiesen-Sauerampfer)				

Wissenschaftlicher Name (deutscher Name)		**Gefährdung (Rote Liste)**		
	Schutz	**Deutschland**	**Hessen**	**Region SW**
Rumex acetosella (Kleiner Sauerampfer)				
Rumex crispus (Krauser Ampfer)				
Rumex obtusifolius (Stumpfblättriger Ampfer)				
Rumex palustris (Sumpf-Ampfer)				
Rumex thyrsiflorus (Straußblütiger Sauerampfer)				
Salix cinerea (Grau-Weide)				
Salix rubens (Fahl-Weide)				
Salvia pratensis (Wiesen-Salbei)		V		
Sanguisorba minor (Kleiner Wiesenknopf)				
Sanguisorba officinalis (Großer Wiesenknopf)		V		
***Saxifraga granulata* (Knöllchen-Steinbrech)**	**§**	**V**		**V**
Scleranthus polycarpos (Triften-Knäuelkraut)				
Scorzoneroides autumnalis (Herbst-Löwenzahn)				
Scrophularia nodosa (Knotige Braunwurz)				
Senecio jacobaea (Jacobs-Greiskraut)				
Senecio vulgaris (Gewöhnliches Kreuzkraut)				
Silaum silaus (Wiesensilge)				
Silene latifolia subsp. *alba* (Weiße Lichtnelke)				
Silene vulgaris (Gewöhnlicher Taubenkropf)				
Sisymbrium officinale (Weg-Rauke)				
Solanum physalifolium (Glanzfrüchtiger Nachtschatten)				
Solidago canadensis (Kanadische Goldrute)				
Solidago gigantea (Späte Goldrute)				
Sorbus aucuparia (Eberesche)				
Spergularia rubra (Rote Schuppenmiere)				
Stellaria graminea (Gras-Sternmiere)				
Stellaria holostea (Große Sternmiere)				
Stellaria media (Gewöhnliche Vogelmiere)				
Tanacetum vulgare (Rainfarn)				
Taraxacum sectio *Erythrosperma* (Artengruppe Rotfruchtlöwenzahn)				
Taraxacum sectio *Ruderalia* (Artengruppe Wiesenlöwenzahn)				
Teucrium scorodonia (Salbei-Gamander)				
Thalictrum flavum (Frühe Wiesenraute)		V		
***Thalictrum minus* subsp. *pratense* (Frühe Wiesenraute)**		**V**	**3**	**3**
Thlaspi arvense (Acker-Hellerkraut)				
Thymus pulegioides (Feld-Thymian)				

Wissenschaftlicher Name (deutscher Name)	Schutz	Gefährdung (Rote Liste) Deutschland	Hessen	Region SW
Tilia cordata (Winter-Linde)				
Torilis japonica (Gewöhnlicher Klettenkerbel)				
Tragopogon prastensis (Wiesen-Bocksbart)				
Trifolium dubium (Kleiner Klee)				
Trifolium pratense (Rot-Klee)				
Trifolium repens (Weiß-Klee)				
Tripleurospermum perforatum (Geruchlose Kamille)				
Trisetum flavescens (Goldhafer)				
Turritis glabra (Turmkraut)				
Tussilago farfara (Huflattich)				
Urtica dioica (Große Brennnessel)				
Valerianella locusta (Echter Feldsalat)				
Verbena officinalis (Gewöhnliches Eisenkraut)				
Veronica arvensis (Feld-Ehrenpreis)				
Veronica chamaedrys (Gamander-Ehrenpreis)				
Veronica officinalis (Wald-Ehrenpreis)				
Veronica serpyllifolia (Quendel-Ehrenpreis)				
Vicia angustifolia (Schmalblättrige Futterwicke)				
Vicia cracca (Vogel-Wicke)				
Vicia hirsuta (Rauhaarige Wicke)				
Vicia sepium (Zaun-Wicke)				
Vicia tetrasperma (Viersamige Wicke)				
Vulpia myuros (Mäuseschwanz-Federschwingel)				

IMPRESSUM

HERAUSGEBER
Prof. Dr. Dr. h. c. Volker Mosbrugger, Senckenberg Gesellschaft für Naturforschung, Senckenberganlage 25, 60325 Frankfurt am Main

AUTOREN DES BANDES
Dr. Indra Starke-Ottich, Dipl.-Geogr. Dirk Bönsel, PD Dr. Thomas Gregor, Dipl.-Biol. Andreas Malten, Dipl.-Biol. Christina Müller, Prof. Dr. Georg Zizka, Abteilung Botanik und molekulare Evolutionsforschung, Senckenberg Forschungsinstitut und Naturmuseum Frankfurt und Fachbereich Biowissenschaften, Goethe-Universität, Senckenberganlage 25, 60325 Frankfurt am Main, biotopkartierung@senckenberg.de

Mit Beiträgen von: Nicole Frölich, Benjamin T. Hill, Egbert Korte, Hermine Lotz-Winter, Wolfgang A. Nässig, Meike Piepenbring, Helmut Sandau, Mandy Schneidewind, Koloman Stich, Franziska Walther, Petra Zub

LEKTORAT
Susanne Warmuth, Lektorat und Redaktion, Darmstadt

LAYOUT, SATZ UND LITHOGRAFIE
Sandra Seibert, simply-s, Frankfurt am Main

DRUCK UND BUCHBINDERISCHE VERARBEITUNG
Henrich Druck + Medien GmbH, Frankfurt am Main

VERTRIEB
E. Schweizerbart'sche Verlagsbuchhandlung (Nägele u. Obermiller), Johannesstraße 3 A, 70176 Stuttgart
www.schweizerbart.de
E-Mail: mail@schweizerbart.de
Informationen zu diesem Titel:
www.schweizerbart.de/9783510614042

Dieser Band der Kleinen Senckenberg-Reihe wurde mit Unterstützung des Umweltamtes der Stadt Frankfurt am Main ermöglicht.

www.senckenberg.de

ISBN 978-3-510-61404-2

Printed in Germany

FSC www.fsc.org
MIX
Papier aus verantwortungsvollen Quellen
FSC® C016059